새로운 NCS 경보설비 실시설계

김영호 · 김용규 지음

도서출판 W+위즈덤플

머리말

그냥 아무 생각 없이 살고 있었다.

누가 무심코 한마디 툭 던진다.

"규정이 많이 바뀌었는데, 책 한번 써보시지"

그러나 이 말이 잔잔한 호수에 돌멩이를 던졌다.

에이 놀자, 한참 있다가 〉 심심, 멀뚱멀뚱 〉 한번 해 볼까, 글쎄 좀 그렇지 〉 어느 날 갑자기 자만심 급증 〉 그래 까짓껏, 못 먹어도 GO다.

그렇게 시작되었다.

그러나 현실은 녹녹치 않았으니 …

찾아봐야 할 것은 많고, 있는 자료는 그저 그렇고, 거기다가 아는 것도 그리 많지 않고

"어, 이게 아닌데 … … …, 어떻게 하지?"

그래서 방향 전환을 했다.

찾은 만큼 쓰고, 있는 자료로 정리하자고,

잘 모르는 것은 설계실무에 있는 우리 직원을 괴롭히기로

그렇게 해서 나온 책이 이 책이다.

그래서 아주 많은 내용이 있거나, 높은 수준의 기술을 담지 못했다.

그저 현재에 맞게 내용이 수정되었다는 정도로 이해해 주셨으면 한다.

NCS를 공부하는 학생이나 소방전기설계에 종사하는 기술자들에게 자그마한 도움이 되었으면 하는 바람이다.

불쑥불쑥 전화를 걸어 물어보고, 설계자료를 요청하는데도 편안하게 대해 준 웅진엔지니어링 설계팀, "고마워, 반은 자네들이 쓴 거야"

요 몇 달 부지런히 나가는데도 잔소리 없이 진짜 묵묵히 지켜봐 준 우리 가족들, "지금처럼 서로 이해하며, 행복하게 살자꾸나"

한라산 자락에서　　저자 일동

차례

Chapter 1

설계도면 작성하기

Chapter 1

1.1 허가동의용 기본설계 도면 작성

[필요지식]

1.1.1 소방시설 설치 및 관리에 관한 법률

1) 최근 현황

2023년부터는 「화재예방, 소방시설 설치·유지 및 안전관리에 관한 법률」이 폐지되고 이 법률이 「화재의 예방 및 안전관리에 관한 법률」과「소방시설 설치 및 관리에 관한 법률」로 구분되어 시행되고 있다.

「소방시설 설치 및 관리에 관한 법률」과 「화재의 예방 및 안전관리에 관한 법률」에서 소방기술자에게 필요한 내용을 갖추려 나타낸 것이 〈표 1〉이다.

<표 1> 소방시설법과 화재예방법의 비교

구분	소방시설 설치 및 관리에 관한 법률[1]	화재의 예방 및 안전관리에 관한 법률[2]
목적	소방시설등의 설치, 관리와 소방용품 성능관리에 필요한 사항을 규정	화재의 예방과 안전관리에 필요한 사항을 규정
법률 구성	법률, 시행령, 시행규칙	법률, 시행령, 시행규칙
주요 내용	• 건축허가등의 동의 • 소방시설의 내진설계기준 • 성능위주설계 • 주택에 설치하는 소방시설 • 자동차에 설치 또는 비치하는 소화기 • 특정소방대상물에 설치하는 소방시설의 관리 • 소방시설기준 적용의 특례 • 건설현장의 임시소방시설 설치 및 관리 • 소방용품의 내용연수 • 특정소방대상물의 방염 • 소방시설등의 자체점검 • 소방용품의 형식승인 등	• 소방안전관리대상물(특급, 1급, 2급, 3급) • 소방안전관리자(특급, 1급, 2급, 3급) • 소방계획서 • 건설현장 소방안전관리 • 소방안전교육 및 소방훈련 • 공공기관의 소방안전관리 등

1) 「소방시설 설치 및 관리에 관한 법률 (약칭 : 소방시설법)」 (시행 2023.7.4.)
2) 「화재의 예방 및 안전관리에 관한 법률 (약칭 : 화재예방법)」 (시행 2023.10.12.)

2) 소방시설 및 소방시설등

'소방시설'[3]은 소화설비, 경보설비, 피난구조설비, 소화용수설비, 소화활동설비로서 대통령령으로 정하는 것을 말한다. '소방시설등'[4]은 앞서 말한 소방시설과 비상구(非常口), 그 밖에 소방관련시설로서 대통령령으로 정하는 것을 말한다. 여기서 '그 밖에 소방관련시설'을 대통령령[5]에서 찾아보면 방화문 및 자동방화셔터가 '소방시설등'에 추가됨을 확인할 수 있다.

「소방시설법 시행령」에서 규정하는 '소방시설'과 '소방시설등'을 비교하여 나타내면 〈표 2〉와 같다.

<표 2> 소방시설과 소방시설등의 비교

구분	소방시설	소방시설등
구성 범위	소방시설	소방시설 + 방화시설 일부
시스템 범위	Active System	Active System + Passive System 일부
종류	• 소화설비 • 경보설비 • 피난구조설비 • 소화용수설비 • 소화활동설비	• 소화설비 • 경보설비 • 피난구조설비 • 소화용수설비 • 소화활동설비 • 비상구 • 방화문 • 자동방화셔터
적용 법규	소방 관련법	소방관련법 + 건축 관련법

3) 경보설비

소방시설의 일부인 경보설비는 「소방시설법 시행령」[별표 1]에 정의 및 종류가 규정되어 있는데, 이를 나타낸 것이 〈표 3〉이다.

3) 「소방시설법」 제2조제1항제1호 (시행 2023.7.4.)
4) 「소방시설법」 제2조제1항제2호 (시행 2023.7.4.)
5) 「소방시설법 시행령」 제4조 (시행 2023.3.7.)

<표 3> 경보설비의 정의와 종류

정의	화재발생 사실을 통보하는 기계, 기구 또는 설비
종류	• 단독경보형 감지기 • 비상경보설비(비상벨설비, 자동식사이렌설비) • 자동화재탐지설비 • 시각경보기 • 화재알림설비 (시행일 : 2023.12.1.) • 비상방송설비 • 자동화재속보설비 • 통합감시시설 • 누전경보기 • 가스누설경보기

1.1.2 화재안전기술기준

1) 최근 현황

국가화재안전기준(National Fire Safety Code, NFSC)이 2023년부터는 폐지되면서, 이 기준이 화재안전성능기준(National Fire Performance Code, NFPC)과 화재안전기술기준(National Fire Technical Code, NFTC)으로 계승되었다. 이 두 기준이 법적 소방설비 설치기준으로 사용되고 있다. NFPC는 성능기준으로 각 소방설비의 주요 성능을 규정하는 기본 기준인 반면 NFTC는 NFPC에 구체적인 기술기준을 추가한 상세기준이다. NFPC는 개정작업이 어려움이 있는 반면 NFTC는 변화하는 현실에 맞게 개정이 용이하도록 만든 기준으로 볼 수 있다.

NFPC와 NFTC를 비교한 내용을 〈표 4〉에 나타내었다.

<표 4> 화재안전성능기준과 화재안전기술기준의 비교

구분	화재안전성능기준 (NFPC)	화재안전기술기준 (NFTC)
개념	각 소방시설의 기본 기술기준	각 소방시설의 상세 기술기준
주무부서	소방청	국립소방연구원
범위	기본 성능기준	기본 성능기준 + 상세기준
적용 [예] 자동화재탐지설비	적용 기준 : NFPC 203	적용 기준 : NFT 203
	부착높이별 감지기 종류 : 표 有	부착높이별 감지기 종류 : 표 有
	설치장소별 감지기 적응성 : 표 無	설치장소별 감지기 적응성 : 표 有

2) NFPC와 NFTC의 적용

NFPC와 NFTC는 둘 다 '소방시설법'에 의해 검토하여 설계, 시공, 감리, 점검 및 안전관리에 적용해야 할 기술기준이다. 그러나 설계, 시공, 감리, 점검 및 안전관리 업무에 두 가지 기술기준을 검토하는 일은 시간적으로 비경제적이므로 NFPC와 NFTC의 상관관계를 살펴볼 필요가 있다.

일례로 NFTC 203인 「자동화재탐지설비 및 시각경보장치의 화재안전기술기준」의 1.2.2에는 '이 기준에 적합한 경우에는 「자동화재탐지설비 및 시각경보장치의 화재안전성능기준(NFPC 203)」을 충족하는 것으로 본다'고 기술하고 있다. 따라서 더 넓은 범위의 상세기준을 들여다보는 NFTC 검토로 NFPC 검토를 갈음할 수 있어 보인다.

참고로 소화기구(NFTC 101), 옥내소화전설비(NFTC 102), 스프링클러설비(NFTC 103), 유도등설비(NFTC 303), 비상콘센트설비(NFTC 504)의 NFTC에서도 상기와 같은 조항이 있어 NFPC 갈음이 가능하다 하겠다.

3) NFTC의 경보설비 분야

NFTC의 Code번호는 NFTC 100번대(1□□)는 소화설비이고, 200번대(2□□)는 경보설비, 300번대(3□□)는 피난구조설비, 400번대(4□□)는 소화용수설비, 500번대(5□□)는 소화활동설비를 나타낸다. 물론 화재안전성능기준인 NFPC의 Code번호 구성체계 또한 NFTC와 동일하다.

현재 NFTC 관련 내용은 '법제처 종합법령센터' → '행정규칙' → '현행 행정규칙 확인' 후 → 해당 기술기준 명칭 또는 Code 번호로 검색이 가능하며 내려받기 또한 가능하다.

법제처 종합법령센터에서 검색 후 NFTC의 경보설비분야만을 정리하여 〈표 5〉에 나타내었다.

<표 5> NFTC의 경보설비 분야

Code 번호	명칭
NFTC 201	비상경보설비 및 단독경보형감지기의 화재안전기술기준
NFTC 202	비상방송설비의 화재안전기술기준
NFTC 203	자동화재탐지설비 및 시각경보장치의 화재안전기술기준
NFTC 204	자동화재속보설비의 화재안전기술기준
NFTC 205	누전경보기의 화재안전기술기준
NFTC 206	가스누설경보기의 화재안전기술기준
NFTC 207	화재알림설비의 화재안전기술기준

1.1.3 기본설계와 실시설계

설계업무를 시간에 따라 정리해 보면, 계획설계(건축심의 단계) → 기본설계(건축허가 동의 단계) → 실시설계(소방공사 착공 단계)로 보통 진행한다.

계획설계는 건축법령에 의해 건축심의가 필요한 경우, 재난관련법에 의해 사전재난영향성 검토를 요청받은 경우 등에 진행하는 설계단계이다. 일반적으로 건축물 규모가 대규모 이상인 경우에 법적으로 해당되어 진행한다.

중, 소규모 건축물에서는 보통 계획설계 대상물에 해당되지 않아 기본설계 → 실시설계로 설계업무를 진행한다.

1) 기본설계

기본설계는 건축허가 동의 단계로 건축 허가청이 관할소방서에 제출할 설계도서를 작성하는 단계이다. 이때 제출하는 설계도서에는 소방전기도면(계통도, 평면도 등), 소방기계도면(계통도, 평면도 등), 소방기계 계산서(펌프, 송풍기 등), 소방시설 설치계획표(갑지, 을지)가 있다.

물론 공공기관 발주처에 제출해야 하는 공사원가계산서, 내역서, 물량산출서, 일위대가표, 단가비교표, 시방서 등도 이때 작성하여야 한다. 소방 설계업자가 발주처와 계약을 하고 반드시 진행하여야 하는 가장 기본이 되는 설계업무이다.

2) 실시설계

실시설계는 소방공사 착공 단계에 진행하는 설계업무이다. 기본설계 내용을 구체화하는 것이 실시설계 업무로 정리되지 않았거나 미진한 사항을 완료하는 설계업무이다.

건축허가가 완료된 후에 건축물 내 사소한 면적 증감, 내부 용도의 일부 변경, 배치 형태 일부 변경 등 건축허가를 변경하지 않는 범위 내에서 건축물이 변경되는 경우에 진행한다. 일반적으로 소방시설 공사업자가 착공신고를 하는 경우에 첨부하는 소방도면을 재작성하는 업무를 말한다.

사소한 변경이 없는 경우에는 기본설계 도면으로 착공신고가 가능하다. 사소한 변경이 있더라도 감리원과 협의하여 착공신고 시 반영하지 않고 준공 시 준공도면에 반영하여 처리할 수도 있다.

1.1.4 건축허가 동의 대상물과 동의 제외 대상물

건축물을 신축하려면 건축주는 건축허가청인 시청, 구청 등에 건축허가 신청을 하여야 한다. 건축허가 신청을 받은 시청, 구청은 건축주가 제출한 소방설계도서가 적합하게 설계되어 있는지 여부를 확인하기 위해 관할 소방서에 건축허가 동의 신청을 한다. 따라서 관할 소방서의 건축허가 동의가 있어야만 건축허가청이 건축허가를 내줄 수 있게 되는 것이다.

관할소방서의 소방 설계도서를 검토받아야 하는 '건축허가 동의 대상물'은 건축허가 전에 소방 설계도서를 작성하여야 하는 대상물이 된다. 건축허가 동의 대상물에 해당하지 않거나, 제외되는 대상물은 소방설계를 법적으로 진행할 필요는 없다.

1) 건축허가 동의 대상물

건축허가 동의 대상물은 「소방시설 설치 및 관리에 관한 법률 시행령 (약칭 : 소방시설법 시행령」(시행 2023.3.7.)의 제7조제1항에서 규정하고 있다.

관련 내용을 찾아보면 복잡하게 나열되어 있어서 소방기술자들이 보다 쉽게 파악할 수 있도록 〈표 6〉에 간단히 정리하였다.

<표 6> 건축허가 동의대상물

구분	동의 대상 기준	
연면적	일반 건축물	400 ㎡ 이상
	학교시설	100 ㎡ 이상
	노유자시설 및 수련시설	200 ㎡ 이상
	정신의료기관(입원실이 없는 정신건강의학과 의원 제외)	300 ㎡ 이상
	장애인 의료재활시설	300 ㎡ 이상
지하층, 무창층	일반 건축물 바닥면적	150 ㎡ 이상
	공연장 바닥면적	100 ㎡ 이상
차고, 주차장	차고, 주차장으로 사용되는 바닥면적	200 ㎡ 이상
	기계장치에 의한 주차시설	20대 이상
층수	일반 건축물	6층 이상
용도	• 항공기 격납고, 관망탑, 항공관제탑, 방송용 송수신탑 • 입원실이 있는 의원, 조산원, 산후조리원, 위험물 저장 및 처리시설, 풍력발전소, 전기저장시설, 지하구	용도만 맞으면 동의대상에 해당됨

	• 노인주거복지시설, 노인의료복지시설, 재가노인복지시설 • 요양병원(의료재활시설은 제외)	
	단독주택, 공동주택에 설치되는 시설은 제외한다. • 학대피해노인 전용쉼터 • 아동복지시설(아동상담소, 아동전용시설, 지역아동센터는 제외) • 장애인 거주시설 • 정신질환자 관련 시설(공동생활가정을 제외한 재활훈련시설, 종합시설 중 24시간 주거를 제공하지 않는 시설은 제외) • 노숙인자활시설, 노숙인재활시설, 노숙인요양시설 • 결핵환자나 한센인이 24시간 생활하는 노유자시설	
	공장, 창고로서 특수가연물을 저장, 취급하는 것	750배 이상
	가스시설로서 지상 노출된 탱크의 저장용량 합계	100톤 이상

2) 건축허가 동의 제외 대상물

건축허가 동의에서 제외되는 대상물은「소방시설 설치 및 관리에 관한 법률 시행령」제7조 제2항에서 규정하고 있다. 관련 내용을 찾아 〈표 7〉에 정리하였다.

<표 7> 건축허가 동의 제외 대상물

제외 조건	제외 대상
설치된 소화기구, 자동소화장치, 누진경보기, 단독경보형감지기, 가스누설경보기, 피난구조설비(비상조명등은 제외)가 화재안전기준에 적합한 경우	해당 특정소방대상물
증축, 용도변경으로 추가로 소방시설이 설치되지 않는 경우	해당 특정소방대상물
소방시설공사의 착공신고 대상에 해당하지 않는 경우	해당 특정소방대상물

[수행 내용]

1.1.5 소방서 허가 동의를 신청한다.

(1) 건축허가 동의 절차 알아보기

건축허가 동의 절차를 알아보기 위해서는 「소방시설 설치 및 관리에 관한 법률 시행규칙(약칭 : 소방시설법 시행규칙」(시행 2023.4.19.)의 제3조제1항 에서 같은 조 제6항까지를 살펴보면 된다.

상기 법규 내용을 아래와 같이 간단히 정리할 수 있겠다.

① 건축물 등의 신축, 증축, 개축, 재축, 이전, 용도변경 또는 대수선의 허가, 협의 및 사용승인의 동의 요구는 허가, 협의 및 사용승인의 권한이 있는 행정기관이 동의대상물의 시공지 또는 소재지를 관할하는 소방본부장 또는 소방서장에게 해야 한다.

② 행정기관은 건축허가등의 동의를 요구하는 경우에는 동의요구서(전자문서로 된 요구서 포함)에 첨부물을 첨부해야 한다.

③ 동의 요구를 받은 소방본부장 또는 소방서장은 건축허가등의 동의 요구 서류를 접수한 날로부터 5일(허가를 신청한 건축물 등이 특급 소방안전관리대상물인 경우에는 10일) 이내에 동의 여부를 회신해야 한다.

④ 소방본부장 또는 소방서장은 3)에도 불구하고 동의요구서 및 첨부서류의 보완이 필요한 경우에는 4일 이내의 기간을 정하여 보완을 요구할 수 있다. 이 경우 보완기간은 3)에 따른 회신 기간에 산입하지 않으며 보완 기간 내에 보완하지 않는 경우에는 동의요구서를 반려해야 한다.

⑤ 건축허가등의 동의를 요구한 기관이 그 건축허가등을 취소했을 때에는 취소한 날부터 7일 이내에 건축물 등의 시공지 또는 소재지를 관할하는 소방본부장 또는 소방서장에게 그 사실을 통보해야 한다.

⑥ 소방본부장 또는 소방서장은 3)에 따라 동의 여부를 회신하는 경우에는 별지 제1호서식의 건축허가등의 동의대장에 이를 기록하고 관리해야 한다.

건축허가 동의 절차를 보다 쉽게 이해할 수 있도록 1차와 2차로 나눠 그림으로 나타내었다. 1차에는 건축허가 신청에서 보완을 요구하는 행정 절차를, 2차에는 보완 제출에서 허가를 통보하는 행정 절차를 나타내었다.

■ 신청하여 보완하는 경우(1차)

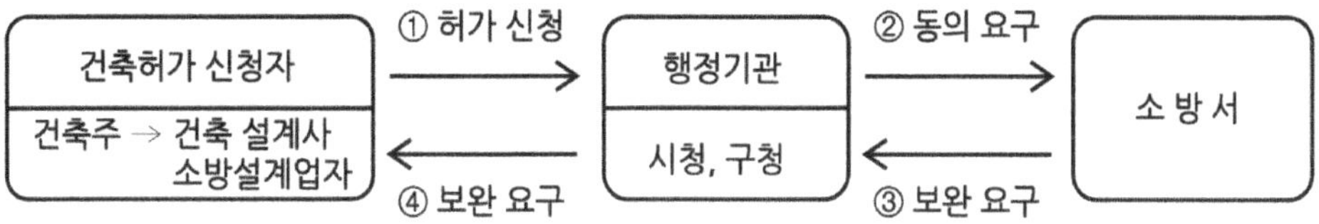

■ 보완하여 동의하는 경우(2차)

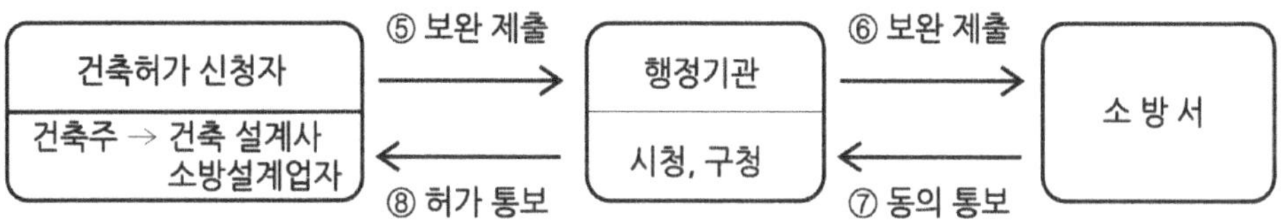

<그림 1> 건축허가 동의 절차 흐름도

(2) 건축허가 동의 서류 알아보기

건축허가 동의를 위해 제출해야 하는 서류는 「소방시설 설치 및 관리에 관한 법률 시행규칙」 제3조제2항에 규정되어 있다. 제출서류는 소방설계업자가 준비해야 하는 서류가 있고, 건축설계사가 준비해야 하는 서류가 있어 이를 구분하여 〈표 8〉에 나타내었다.

<표 8> 건축허가 동의 시 제출 서류

제출 서류	준비 주체
동의요구서	건축설계사
건축허가신청서 등 건축허가등을 확인할 수 있는 서류의 사본	건축설계시
건축물 설계도서 • 건축물 개요 및 배치도 • 주단면도 및 입면도 • 층별 평면도(용도별 기준층 평면도 포함) • 방화구획도(창호도 포함) • 실내·실외 마감재료표 • 소방자동차 진입 동선도 및 부서 공간 위치도(조경계획 포함)	 건축설계사 건축설계사 건축설계사 건축설계사 건축설계사 건축설계사
소방시설 설계도서 • 소방시설(기계·전기분야)의 계통도(시설별 계산서 포함) • 소방시설별 층별 평면도 • 실내장식물 방염대상물품 설치 계획(건축물 마감재료 제외) • 소방시설의 내진설계 계통도 및 기준층 평면도(내진 시방서, 상세 설계도면 제외)	소방설계업자 소방설계업자 건축설계사 소방설계업자

소방시설 설치계획표	소방설계업자
임시소방시설 설치계획표(설치시기, 위치 등 세부사항 포함)	소방설계업자
소방시설설계업등록증	소방설계업자
소방시설을 설계한 기술인력의 기술자격증 사본	소방설계업자
소방시설설계 계약서 사본	소방설계업자

1.1.6 기본설계 도시 기호를 사용한다.

(1) KS 도시 기호 사용하기

KS(Korean Industrial Standards)는 한국산업표준을 말한다. KS Code는 국가기술표준원에서 보유하고 있는 KS표준 열람 서비스인 'e나라 표준인증'에서 검색하여 열람이 가능하다. e나라 표준인증 〉 국가표준 〉 표준번호를 입력하여 KS Code의 원문을 살펴볼 수 있다.

도시기호와 관련된 KS Code는 'KS C 0301, 옥내배선용 그림 기호'이다. 이는 일반 옥내배선에서 전등, 통신, 신호, 재해방지, 피뢰설비 등의 배선 기기 및 그들의 부착위치, 부착방법을 표시하는 도면에 사용하는 그림기호를 규정하기 위한 코드[6]로, 소방전기분야 도면과 관련해서는 'KS C 0301 중 6. 방화'를 참조하면 된다.

'6. 방화'에서 자동화재탐지설비와 관련된 도시 기호는 '6.1 자동 화재검지 설비'이다. 여기의 내용을 간추려 아래 그림에 나타내었다.

명칭	그림 기호	적 요
차동식 스폿형 감지기		필요에 따라 종별을 방기한다.
보상식 스폿형 감지기		필요에 따라 종별을 방기한다.
정온식 스폿형 감지기		• 필요에 따라 종별을 방기한다. • 방수인 것은 로 한다. • 내산인 것은 로 한다. • 내알칼리인 것은 로 한다. • 방폭인 것은 EX를 방기한다.
연기 감지기		• 필요에 따라 종별을 방기한다. • 점검 박스붙이인 경우는, 로 한다. • 매입인 것은 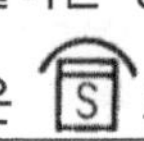로 한다.

6) 「KS C 0301:1990, 옥내 배선용 그림 기호」 (개정확인일 2020.11.20.)

감지선		• 필요에 따라 종별을 방기한다. • 감지선과 전선의 접속점은  로 한다. • 가건물 및 천정안에 시설할 경우는  로 한다. • 관통 위치는  로 한다.
공기관		• 배선용 그림기호보다 굵게 한다. • 가건물 및 천정안에 시설할 경우는  로 한다. • 관통 위치는  로 한다.
열전대		가건물 및 천정 안에 시설할 경우는  로 한다.
열반도체		
차동식 분포형 감지기의 검출부		필요에 따라 종별을 방기한다.
P형 발신기		• 옥외용인 것은  로 한다. • 방폭인 것은 EX를 방기한다.
회로 시험기		
경보벨		• 방수용인 것은  로 한다. • 방폭인 것은 EX를 방기한다.
수신기		다른 설비의 기능을 갖는 경우는 필요에 따라 해당설비의 그림기호를 방기한다. 보기 : 가스누설 경보설비와 일체인 것 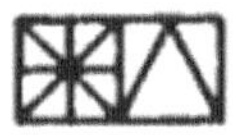 가스누설 경보설비 및 방배연 연동과 일체인 것 
부수신기 (표시기)		
중계기		
표시등		

<그림 2> KS C 0301 중 자동 화재검지 설비 도시 기호

(2) 소방청 도시 기호 사용하기

소방청에서 도시 기호가 언급된 것은 소방청 고시인 「소방시설 자체점검사항 등에 관한 고시」의 별표가 있다. 별표가 소방청에서 관리되는 소방관련 규정이므로 앞 전의 KS 도시기호에 비해 우선적으로 설계에 적용해야 하는 도시기호로 판단된다.

'[별표] 소방시설 도시기호'[7]는 배관, 관이음쇠, 헤드류, 밸브류, 계기류 등으로 기계분야를 포함한 전체의 소방설비 도시기호를 제시하고 있다. 그래서 소방전기설계에 꼭 필요한 경보설비기기류를 중심으로 하여 간단히 아래에 그림으로 정리하였다.

분류	명 칭	도시기호	분류	명 칭	도시기호
소화전	송수구	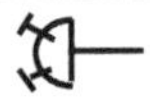	경보설비기기류	차동식스포트형감지기	
	방수구	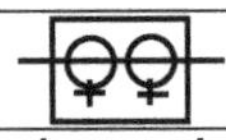		보상식스포트형감지기	
스트레이너	Y형	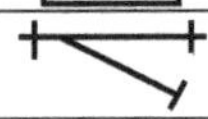		정온식스포트형감지기	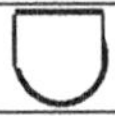
	U형	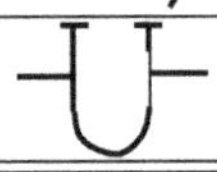		연기감지기	
저장탱크류	고가수조(물올림장치)			감지선	
	압력챔버			공기관	
	포말원액탱크	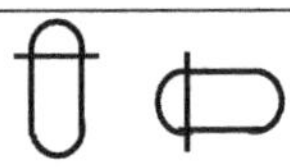 (수직) (수평)		열전대	
레듀셔	편심레듀셔	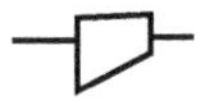		열반도체	
	원심레듀셔	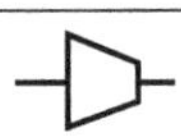		차동식분포형감지기의검출기	
혼합장치류	프레져프로포셔너	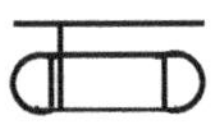		발신기셋트 단독형	
	라인프로포셔너	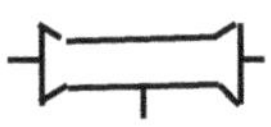		발신기셋트 옥내소화전내장형	
	프레져사이드프로포셔너	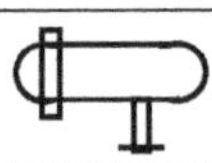		경계구역번호	
	기 타	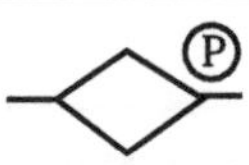		비상용누름버튼	
펌프류	일반펌프			비상전화기	
				비상벨	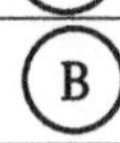
				싸이렌	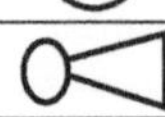

분류	명 칭	도시기호	분류	명 칭	도시기호
	펌프모터(수평)			모터싸이렌	
	펌프모토(수직)				
저장용기류	분말약제 저장용기			전자싸이렌	
	저장용기			조작장치	E P
				증폭기	AMP

분류	명 칭	도시기호	분류	명 칭	도시기호
경보설비기기류	기동누름버튼		경보설비 기기류	종단저항	Ω
	이온화식감지기 (스포트형)	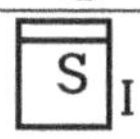	제연설비	수동식제어	
	광전식연기감지기 (아나로그)	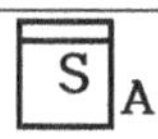		천장용배풍기	
	광전식연기감지기 (스포트형)	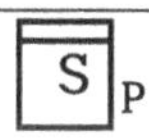		벽부착용 배풍기	
	감지기간선, HIV1.2mm×4(22C)	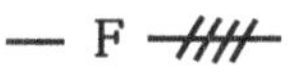		배풍기 일반배풍기	
	감지기간선, HIV1.2mm×8(22C)			배풍기 관로배풍기	
	유도등간선 HIV2.0mm×3(22C)	—— EX ——		댐퍼 화재댐퍼	
	경보부저			댐퍼 연기댐퍼	
	제어반	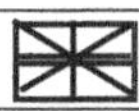		댐퍼 화재/연기 댐퍼	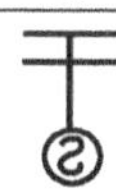
	표시반	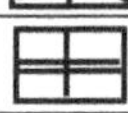			
	회로시험기		스위치류	압력스위치	
	화재경보벨			탬퍼스위치	TS

7) 「소방시설 자체점검사항 등에 관한 고시」 (시행 2022.12.1.) [별표]

	명칭	도시기호		명칭	도시기호
	시각경보기 (스트로브)		방연·방화문	연기감지기(전용)	S
	수신기			열감지기(전용)	
	부수신기			자동폐쇄장치	ER
	중계기			연동제어기	
				배연창기동 모터	M
	표시등			배연창수동조작함	
	피난구유도등		피뢰침	피뢰부(평면도)	
	통로유도등			피뢰부(입면도)	
	표시판				
	보조전원	T R		피뢰도선 및 지붕위 도체	

<그림 3> 소방시설 도시기호 중 경보설비기기류

그러나 KS 도시기호 및 소방청 고시 별표의 도시기호가 다양한 소방시설의 종류를 담아내지 못하거나 진부한 내용 또는 미련하지 못해서 일반적으로는 잘 사용하지 않는 것이 현 실정이다.

따라서 소방설계업체에서는 KS 도시기호 및 소방청 고시 별표의 도시기호를 참고로 하여 현실에 맞게 변형하거나 아니면 새로 만들어 사용하고 있다.

1.1.7 기본설계 절차를 익힌다.

기본설계는 소방설계업자가 관할소방서에 건축허가 동의를 위해 제출해야 하는 설계도서를 작성하는 단계이다. 이때 작성해야 할 설계도서는 크게는 소방전기도면 및 그에 따른 관련 서류를 말한다.

소방전기도면은 도면목록표, 범례, 설비별 계통도, 각 층별 평면도, 기구 상세도 등으로 구성되어지고, 관련 서류는 소방시설 설치계획표(갑지, 을지)를 우선 생각해 볼 수 있다.

(1) 도면 목록표 작성하기

도면 목록표는 소방전기도면에서 제일 앞장에 배치되는 도면이다. 소방전기도면 전체가 어떻게 구성되어 있는지 보여주는 일종의 일람표로 이해하면 된다.

DWG. NO.	D R A W I N G T I T L E	SCALE(A3기준)
F - 01	도면목록표 및 소방설비용 범례	1/NONE
F - 02	소방설비 간선 계통도	1/NONE
F - 03	지상 1층 경보설비 평면도	1/100
F - 04	지상 2층 경보설비 평면도	1/100
F - 05	지상 1층 피난설비 평면도	1/100
F - 06	지상 2층 피난설비 평면도	1/100
F - 07	소방설비 일반 상세도	1/NONE

<그림 4> 도면 목록표

목록표는 일반적으로 도면번호, 도면 제목 및 스케일로 구성되어 있으며 작성 내용은 아래 그림을 참조하면 되겠다. 또한 목록표는 일정 서식이 있는 것이 아니기 때문에 상황에 맞게 자유롭게 변경하여도 된다.

(2) 범례 작성하기

범례는 도면 목록표와 설비별 계통도 사이에 위치하는 도면이다. 설비별 계통도 및 각 층별 평면도에 표시된 도시기호가 어떠한 품명인지, 어떤 성능이 있는 것인지와 설치위치 등을 나타내는 도면이다.

구체적으로는 심볼 기호, 명칭, 규격, 설치위치 등으로 항목이 구성되어 있으며, 표준서식이 있는 것이 아니기 때문에 항목 구성은 자유롭다. 그러나 명칭, 규격 및 설치위치는 시공 및 감리업무에 도움을 줄 수 있도록 가능한 한 구체적으로 기술하는 것이 좋겠다.

심 볼	명 칭	규 격	설 치 위 치	비 고
* 기 기				
	화재수신반 (벽부형)	P형 1급 화재수신반	바닥에서 상단까지 1,500mm	
P W R	전원반		바닥에서 상단까지 1,500mm	
	발신기세트 (매립형, 단독형)	SUS 250x650x1.2T	바닥에서 상단까지 1,500mm	
* 소 화 설 비				
3.3Kg	ABC 분말소화기 (받침대포함)	3.3Kg	도면참조	
* 경 보 설 비				
Ⓟ	발신기	P형 1급 DC 24V 90dB	발신기함에 부착	
Ⓑ	경종	DC 24V	발신기함에 부착	
Ⓛ	표시등	DC 24V	발신기함에 부착	
	차동식감지기 (열감지기)	스포트형 2종	천정면 부착	
	정온식감지기 (열감지기)	스포트형 1종	천정면 부착	
	광전식감지기 (연기감지기)	광전식 2종	천정면 부착	
Ω	종단저항		발신기함에 내장	
	청각장애인용시각경보기		바닥에서 2,000mm 이상 2,500mm 이하	
* 피 난 설 비				
S	피난구 유도등(소형)	LED 고효율	피난구 상부	Ni-Cd 축전지내장
	계단통로 유도등	LED 고효율	바닥에서 1,000MM 이하	Ni-Cd 축전지내장

<그림 5> 범례

(3) 설비별 계통도 작성하기

계통도는 건축물의 층별에 설치되는 소방시설을 수직 단면상에 나타낸 도면이다. 소방전기도면에서는 설치된 각 소방시설 간 간선을 표시하게 된다. 자동화재탐지설비를 예를 들어 설명하면 각 층별로 발신기세트를 그린 후 회로를 산정하여 종단저항을 추가한다. 여기에 수신기에 이르는 간선 수와 필요한 주기사항을 기재하면 된다.

계통도는 가능한 한 설비별(자동화재탐지설비, 유도등설비), 동별(A동, B동)로 구분하여 작성하는 것이 좋으나, 도면이 복잡하지 않은 상황에서는 함께 작성하여도 큰 문제는 없다.

자동화재탐지설비 계통도를 〈그림 6〉에, 자동화재탐지설비 간선 및 주기사항을 〈그림 7〉에 나타내었다.

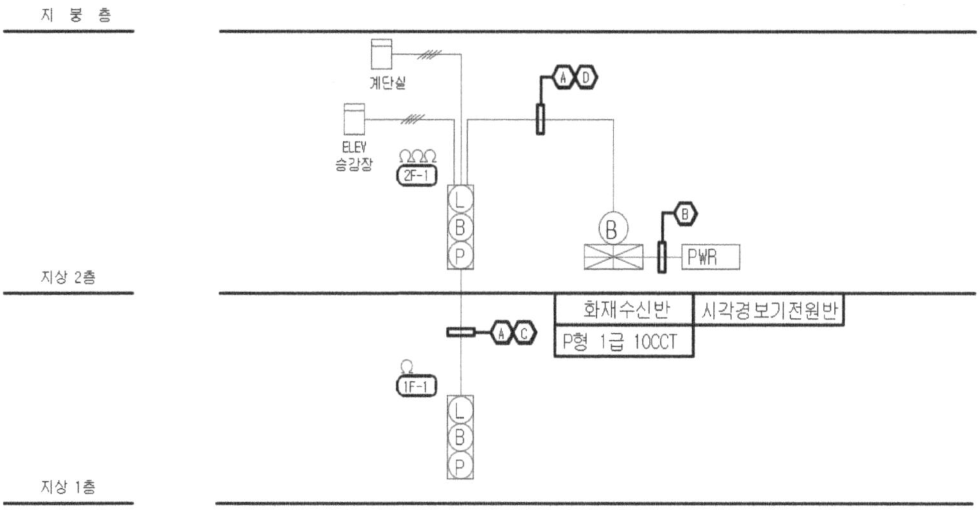

<그림 6> 자동화재탐지설비 계통도

화재수신반

화재수신반 10CCT (주경종 100A)	시각경보기 연동
자동화재탐지설비: 4회로	오동작 방지회로 내장
예비: 6회로	예비전원 및 기록장치내장

주기사항

1. 현장 여건과 상이한 부분은 반드시, 감독관과 사전 협의 후 시공한다.
2. 타공사업자 시공부분은 반드시, 해당업자와 사전 협의 후 시공한다.
3. 모든 소방기자재는 KFI인증 및 KC인증을 득한 제품을 사용한다.

소방간선주기 - 1

NO	CABLE SCHEDULE	NO	CABLE SCHEDULE
A	HFIX 2-2.5Sq (HI 16C)	C	HFIX 7-2.5Sq (HI 22C)
B	HFIX 4-2.5Sq (HI 22C)	D	HFIX 10-2.5Sq (HI 28C)

<그림 7> 자동화재탐지설비 간선 및 주기사항

(4) 각 층별 평면도 작성하기

소방전기도면 평면도는 건축도면의 층별 평면도에 해당 층에 해당하는 소방시설을 평면상에 배치한 도면이다. 자동화재탐지설비 설계에서는 해당 건축 평면도(지하 1층, 1층, 2층 등)에 각 실별, 복도, 계단 등에 적용 가능한 감지기를 적정한 수로 배치한 후 발신기세트를 수평거리 및 보행거리에 맞게 배치하면 된다.

배치 후 배관라인을 그리는데 가능한 한 짧게 그려야 시공비를 절감할 수 있는 경제적인 설계가 될 수 있다. 이후 전선수가 표기된 소방간선주기, 주기사항 및 집계표를 넣으면 완성하게 된다. 주기사항 및 집계표는 설계자가 판단하여 기재한 사항으로 꼭 필요한 항목은 아니나 설계에 반영하면 설계자의 의도를 시공자 및 감리원에게 명확하게 전달할 수 있는 이점이 있다.

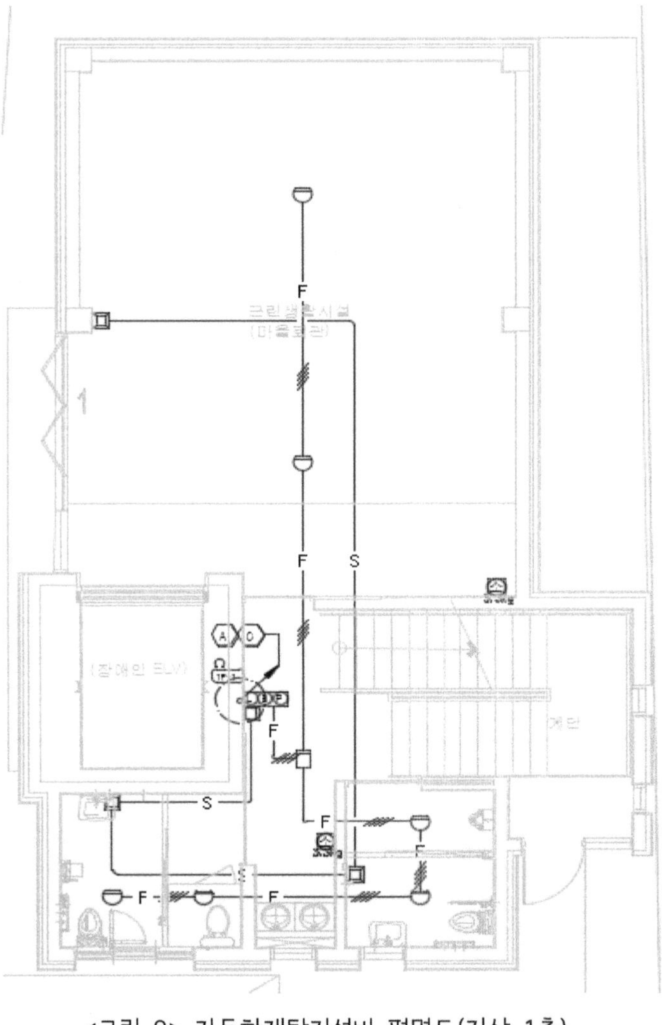

<그림 8> 자동화재탐지설비 평면도(지상 1층)

심볼	내용	수량
소 3.5kg	소화기(받침대 적용)	2EA
LBP	발신기세트(단독형)	1EA
	차동식 감지기	6EA
	광전식 감지기	1EA
	시각경보기	4EA

<그림 9> 소방시설 층별 집계표

(5) 기구 상세도 작성하기

자동화재탐지설비 기구 상세도는 수신기, 감지기 등의 제품 모양을 나타낸 도면으로 제품 구성, 크기, 규격 등을 표현한다. 설계자가 판단하여 가장 무난한 제조사의 제품을 선정한 후 제조사의 캐드도면을 참조하여 작성한다. 그리고 시비가 생길 수 있으므로 보통 제조사의 상품명 등은 기재하지 않는다.

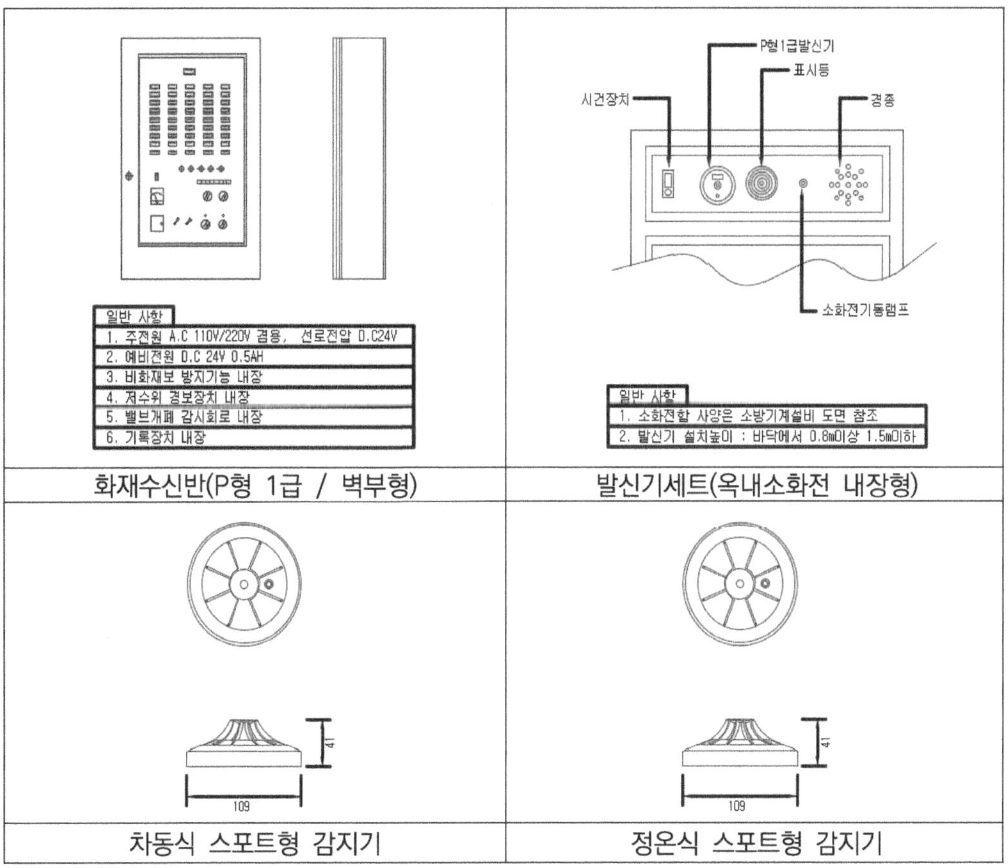

<그림 10> 자동화재탐지설비 기구 상세도

(6) 소방시설 설치계획표 작성하기

건축동의 신청을 위해 소방설계업자가 작성하는 서식으로 「소방시설 설치 및 관리에 관한 법률 시행규칙」[8] 제3조제2항에 의해 관할 소방서에 제출하도록 규정되어 있다. 그러나 제출 규정은 있으나 관련 서식은 「소방시설 설치 및 관리에 관한 법률 시행규칙」에 규정되어 있지 않다. 이는 설계자의 자율성을 존중해 준 것으로 보이며 원활한 설계업무를 위해서는 자체 제작 서식을 사용하여도 문제가 없을 것으로 판단된다.

1.1.8 경계구역을 설정한다.

경계구역은 하나의 감지기회로에 몇 개까지의 감지기를 연결할 수 있는지를 판단하는 문제이다. 하나의 감지기회로에 많은 수의 감지기를 연결하면 할수록 경계구역 면적 및 길이는 증가하게 된다. 경계구역 면적 및 길이가 증가할수록 감지기회로수(경계구역수)는 적어지는 장점이 있는 반면 많은 감지기가 하나의 지구표시등에 표시되므로 유지관리가 어려운 단점이 있다.

회로수(경계구역수)를 산정해야만 각 발신기세트간 간선 가닥수(P형시스템인 경우) 또는 중계기수(R형 시스템인 경우)를 결정할 수 있다. 또한 최종 산정된 회로수를 근거로 하여 자동화재탐지설비의 수신기 사양을 결정하게 된다.

경계구역 설정과 관련된 규정은 「자동화재탐지설비 및 시각경보장치의 화재안전기술기준(NFTC 203)」[9]의 2.1 경계구역에서 찾아 아래에 정리하였다.

1. 자동화재탐지설비의 경계구역은 다음의 기준에 따라 설정해야 한다. 다만, 감지기의 형식승인 시 감지거리, 감지면적 등에 대한 성능을 별도로 인정받은 경우에는 그 성능인정범위를 경계구역으로 할 수 있다.
   1) 하나의 경계구역이 2 이상의 **건축물**에 미치지 않도록 할 것.
   2) 하나의 경계구역이 2 이상의 **층**에 미치지 않도록 할 것. 다만, **500 ㎡** 이하의 범위 안에서는 2개의 **층**을 **하나**의 경계구역으로 할 수 있다.
   3) 하나의 경계구역의 면적은 **600 ㎡** 이하로 하고 한 변의 길이는 **50 m** 이하로 할 것. 다만, 해당 특정소방대상물의 주된 출입구에서 그 내부 전체가 보이는 것에 있어서는 한 변의 길이가 **50 m**의 범위 내에서 **1,000 ㎡** 이하로 할 수 있다.

8) 「소방시설 설치 및 관리에 관한 법률 시행규칙」 (시행 2023.4.19.)
9) 「자동화재탐지설비 및 시각경보장치의 화재안전기술기준(NFTC 203)」 (시행 2022.12.1.)

2. **계단**(직통계단 외의 것에 있어서는 떨어져 있는 상하 계단의 상호 간의 수평거리가 5m 이하로서 서로 간에 구획되지 아니한 것에 한한다. 이하 같다)·**경사로**(에스컬레이터경사로 포함)·**엘리베이터 승강로**(권상기실이 있는 경우에는 권상기실)·**린넨슈트·파이프 피트** 및 **덕트** 기타 이와 유사한 부분에 대하여는 **별도**로 경계구역을 설정하되, 하나의 경계구역은 높이 **45 m** 이하(**계단** 및 **경사로에 한한다**)로 하고, **지하층**의 **계단** 및 **경사로**(지하층의 층수가 **한 개 층**일 경우는 **제외**한다)는 **별도**로 하나의 경계구역으로 해야 한다.
3. 외기에 면하여 상시 개방된 부분이 있는 **차고·주차장·창고** 등에 있어서는 외기에 면하는 각 부분으로부터 **5 m** 미만의 범위 안에 있는 부분은 경계구역의 면적에 산입하지 않는다.
4. **스프링클러설비·물분무등소화설비** 또는 **제연설비**의 화재감지장치로서 화재감지기를 설치한 경우의 경계구역은 해당 소화설비의 **방호구역** 또는 **제연구역**과 **동일**하게 설정할 수 있다.

[예제 1]

어느 건물의 거실 평면도이다. 거실의 최소 경계구역수를 구하시오.

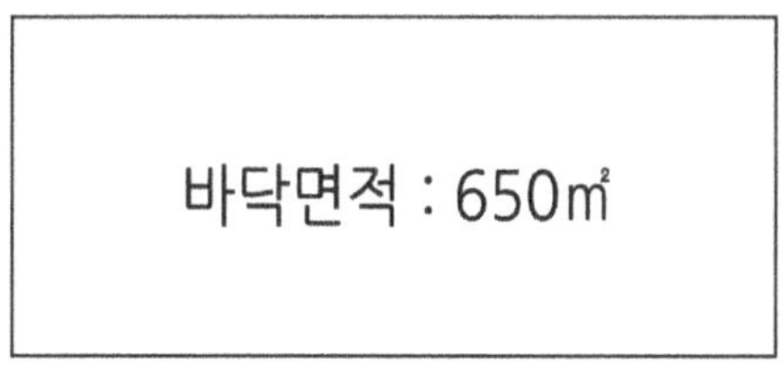

풀이

$$\frac{650m^2}{600m^2/개} ≒ 1.08개 \Rightarrow 정답 : 2개$$

[예제 2]

어느 건물의 거실 평면도이다. 거실의 최소 경계구역수를 구하시오.

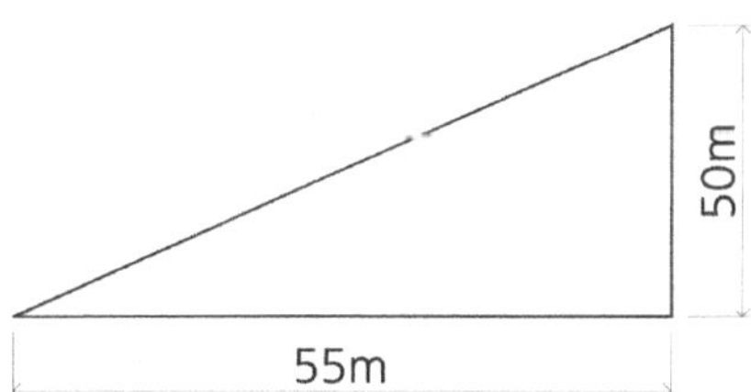

풀이

- 바닥면적 $(S) = \frac{1}{2} \times 밑변길이(a) \times 높이(h) = \frac{1}{2} \times 55m \times 50m = 1{,}375m^2$
- 면적 경계구역수 산정 : $\frac{1{,}375m^2}{600m^2/개} ≒ 2.29개 \Rightarrow 3개$
- 길이 경제구역수 산정
  - 밑변 : $\frac{55m}{50m/개} = 1.1개 \Rightarrow 2개$

	- 높이 : $\frac{50m}{50m/개} = 1개 \Rightarrow 1개$ - 빗변 : $\frac{\sqrt{(55m)^2 + (50m)^2}}{50m/개} \fallingdotseq 1.49개 \Rightarrow 2개$ ∴ 가장 큰 값인 3개가 정답이 된다. (주의) 빗변도 한 변에 해당하므로 반드시 빗변 길이도 검토해야 한다.
[예제 3]	다음은 1층이 근린생활시설인 건물이다. 건물의 최소 경계구역수를 구하시오. 단, 주어진 그림 외의 조건은 무시한다. 
풀이	• 1층, 면적경계구역수 산정 : $\frac{1,000m^2}{600m^2/개} \fallingdotseq 1.67개 \Rightarrow 2개$ • 옥상이 층에 해당하는지 여부를 검토한다. - 옥상면적이 건축면적의 1/8을 초과하면 층에 해당됨 - $\frac{1,000m^2}{8} = 125m^2$ - 옥상이 125 ㎡를 초과한 150 ㎡이므로 층에 해당 ⇒ 면적에 관계없이 경계구역 요함 ⇒ 옥상층 1경계구역 설정 ∴ 2개+1개인 3개가 정답이 된다. (참고) 사업계획 승인대상인 공동주택 중 세대별 전용면적이 85㎡ 이하인 경우에는 1/6를 초과해야 층에 해당한다.
[예제 4]	지하 2층, 지상 15층 건물에 다음 개념도와 같이 사무실 및 계단, 엘리베이터(E/V), 파이프 피트가 설치되었다. 건물의 최소 경계구역수를 구하시오. 단, 옥상을 포함한 각 층의 층고는 4 m이며, 주어진 조건 외에는 무시한다.

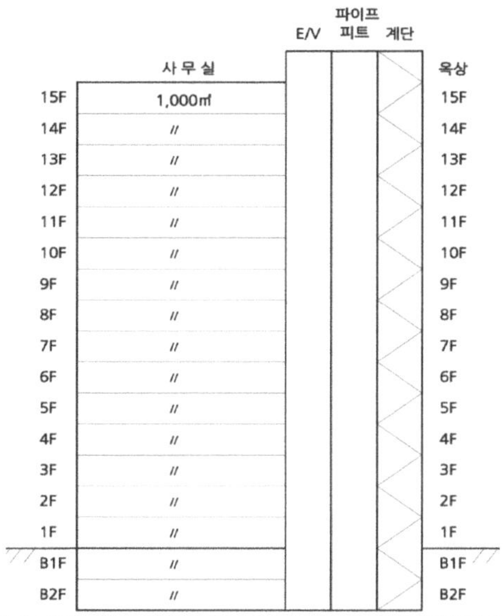

풀이

- 사무실, 면적 경계구역수 산정

  $$\frac{1,000m^2}{600m^2/개} \fallingdotseq 1.67개 \Rightarrow 2개/층 \Rightarrow \frac{2개}{층} \times 17층 = 34개$$

- 엘리베이터(E/V) 경계구역수 산정

  면적, 높이 규정은 없고, 개수규정만 있으므로, 1개소 ⇒ 1개

- 파이프피트 경계구역수 산정

  면적, 높이 규정은 없고, 개수규정만 있으므로, 1개소 ⇒ 1개

- 계단 경계구역수 산정
  - 지하층 계단 : 2층(B2F, B1F) × 4 m/층 = 8 m, 45 m 이하이므로 1개 가능 ⇒ 1개
  - 지상층 계단 : 16층(1F ~ 옥상) × 4 m/층 = 64 m

  $$\frac{64m}{45m/개} \fallingdotseq 1.42개 \Rightarrow 2개$$

∴ 경계구역수 = 34개+1개+1개+1개+2개 = 39개가 정답이 된다.

(주의) 계단의 경계구역을 산출하는 경우에는 도면에서 계단 상부의 높이를 꼭 확인하여야 한다. 일반적으로 계단 연기감지기는 화재 시 발생하는 연기에 의해 조기 감지할 수 있도록 계단 최상부인 옥상에 설치한다. 따라서 계단 경계구역을 산정할 때는 옥상 높이를 주의 깊게 살펴봐야 한다.

1.2 실시설계 및 시공용 도면 작성

[필요 지식]

1.2.1 경보설비의 화재안전기술기준

경보설비의 화재안전기술기준으로는 「비상경보설비 및 단독경보형감지기의 화재안전기술기준(NFTC 201)」, 「비상방송설비의 화재안전기술기준(NFTC 202)」, 「자동화재탐지설비 및 시각경보장치의 화재안전기술기준(NFTC 203)」, 「자동화재속보설비의 화재안전기술기준(NFTC 204)」, 「누전경보기의 화재안전기술기준(NFTC 205)」, 「가스누설경보기의 화재안전기술기준(NFTC 206)」, 「화재알림설비의 화재안전기술기준(NFTC 207)」이 있다.

이 중에서 자동화재탐지설비가 경보설비의 기본이 되는 설비이다. 자동화재탐지설비의 가장 큰 특징은 감지기를 설치한다는 점이다. 감지기가 있어 화재를 자동으로 감지할 수 있고, 자동으로 타 설비에 신호를 주어 작동하게도 할 수 있다. 따라서 감지기가 설치되지 않아 자동으로 화재신호를 감지할 수 없는 시각경보장치, 비상방송설비, 자동화재속보설비 등은 자동화재탐지설비와 함께 설치되어야만 본 기능을 수행할 수 있다.

여기에서는 경보설비에서 가장 많이 설계, 시공되는 자동화재탐지설비· 시각경보장치·비상방송설비의 화재안전기술기준을 용어를 정의하는 수준으로 살펴보도록 하겠다.

(1) 「자동화재탐지설비 및 시각경보장치의 화재안전기술기준(NFTC 203)」[10]

NFTC 203의 1.7에는 용어의 정의를 규정하고 있으며, 규정된 용어의 정의는 1.7.1.1 '경계구역'에서 1.7.2.3의 '유·무선식'에 이른다. 규정된 용어의 정의를 정리하면 아래와 같다.

1) **"경계구역"**이란 특정소방대상물 중 **화재신호**를 발신하고 그 신호를 수신 및 유효하게 **제어**할 수 있는 **구역**을 말한다.

(해설) 일반적으로 경계구역은 P형 시스템에서는 수신기의 지구표시등으로 나타나고, R형 시스템에서는 수신기 화면에 회로번호(포인트)로 표시된다.

10) 「자동화재탐지설비 및 시각경보장치의 화재안전기술기준(NFTC 203)」 (시행 2022.12.1.)

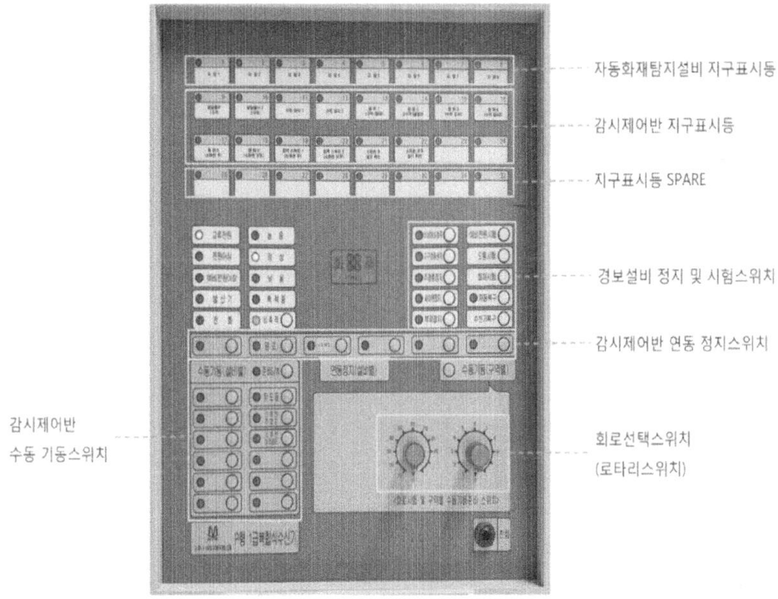

<그림 11> P형 복합식수신기에서의 자동화재탐지설비 지구표시등

2) **"수신기"**란 **감지기**나 **발신기**에서 발하는 화재신호를 **직접 수신**하거나 **중계기**를 통하여 **수신**하여 화재의 발생을 표시 및 경보하여 주는 장치를 말한다.

(해설) P형 시스템은 일반감지기, 발신기세트, P형 수신기로 구성이 되며, R형 시스템은 일반감지기, 아날로그감지기, 발신기세트, 중계기, R형 수신기로 구성된다. 따라서 통신신호를 사용하는 아날로그감지기와 중계기를 사용할 수 있는 시스템이 R형 시스템이다.

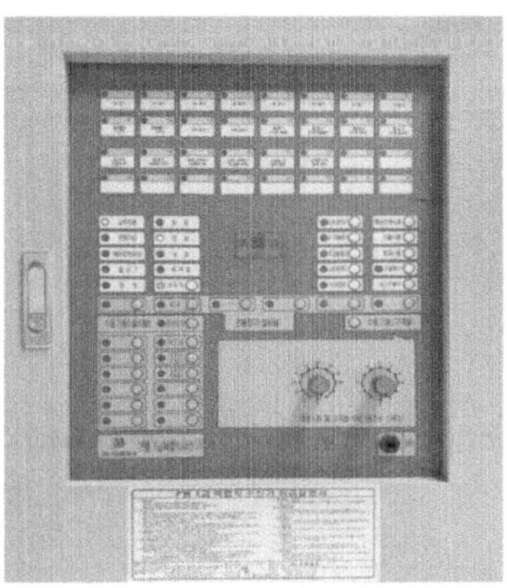

<그림 12> P형 복합식수신기와 R형 복합식수신기

3) **"중계기"**란 **감지기 · 발신기** 또는 **전기적인 접점** 등의 작동에 따른 **신호**를 받아 이를 **수신기**에 **전송**하는 장치를 말한다.

(해설) 중계기는 R형 시스템에 사용하는 것으로서 전기적 전류신호와 통신신호를 상호간에 변환시켜 주는 신호변환장치이다. 중계기는 보통 입력수와 출력수로 종류를 구분하는데 1/1 중계기, 2/2 중계기, 4/4 중계기가 생산되며, 설계에서는 보통 2/2 중계기와 4/4 중계기를 널리 사용한다.

- 2/2 중계기 : 하나의 중계기에 입력단자 2개, 출력단자 2개 존재
- 4/4 중계기 : 하나의 중계기에 입력단자 4개, 출력단자 4개 존재

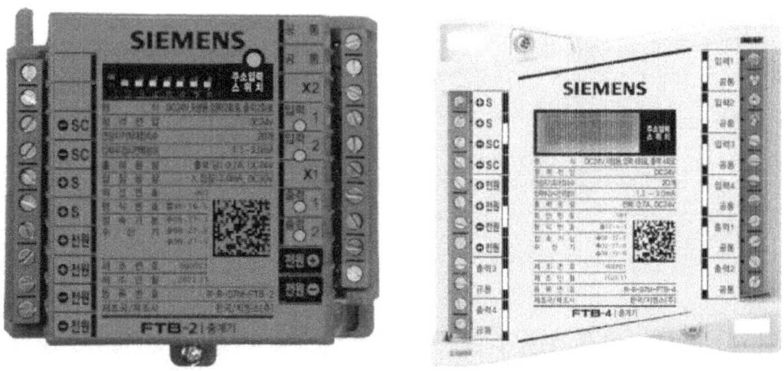

<그림 13> 중계기(왼쪽:2/2 중계기, 오른쪽:4/4 중계기)

4) **"감지기"**란 화재 시 발생하는 **열, 연기, 불꽃** 또는 **연소생성물**을 자동적으로 감지하여 수신기에 화재신호 등을 발신하는 장치를 말한다.

(해설) 감지기는 크게 열감지기, 연기감지기, 특수감지기로 구분해 볼 수 있다. 열감지기에는 차동식, 정온식, 보상식 감지기가 있으며, 연기감지기에는 광전식, 이온화식이 있다. 특수감지기는 화재안전기술기준에는 8종류를 규정하고 있으나, 그중에 불꽃감지기, 광전식 분리형 감지기, 아날로그감지기, 정온식 감지선형 감지기가 주로 설계에 반영된다.

<그림 14> 차동식 감지기(공기식)

<그림 15> 차동식 감지기(반도체식)

(해설) 차동식 감지기는 주위온도가 일정 온도 상승률(⊿℃/⊿t) 이상일 때 작동하는 감지기로 스포트형과 분포형으로 구분된다. 스포트(Spot)형은 일부분의 열 상승에 의해 동작하는 감지기이고, 분포형은 넓은 범위의 열 상승에 의해 동작하는 감지기이다. 차동식 스포트형 감지기는 주방, 보일러실 등을 제외한 대부분의 실에 설계되어 가장 많이 사용하는 감지기이다. 차동식 분포형 감지기는 층고가 높거나 지하 피트 등에 일부 설계하였으나 현재는 설계 빈도가 적은 실정이다. 차동식 스포트형 감지기는 다시 공기식, 반도체식 등으로 구분할 수 있다. 요즘은 감지기 비화재보 개선을 위해 감열실의 공기팽창에 의해 작동하는 공기식보다는 반도체 선세에 의한 급격한 온도변화를 감지하는 반도체식을 주로 사용한다.

<그림 16> 정온식감지기(바이메탈식)

<그림 17> 정온식감지기(반도체식)

(해설) 정온식 감지기는 주위온도가 해당 온도에 도달했을 때 작동하는 감지기로 스포트형과 감지선형으로 구분된다. 스포트(Spot)형은 일부분의 열 상승에 의해 동작하는 감지기로 특정 용도인 주방, 보일러실 등 다량의 화기를 취급하는 거실에 주로 설계한다. 감지선형은 외관이 전선 형태로 만들어져 피트 등 지하공간에 설계되는 감지기로 설계 빈도는 스포트형에 비해 적은 편이다.

정온식 스포트형 감지기는 다시 바이메탈식, 반도체식 등으로 구분할 수 있다. 현재는 감지기 비화재보 개선을 위해 금속의 열팽창에 의해 작동하는 바이메탈식보다는 반도체 선세에 의해 정온점에 도달했을 때 작동하는 반도체식을 주로 사용한다.

<그림 18> 광전식 연기감지기

(해설) 연기감지기 종류는 일반 연기감지기와 특수 연기감지기로 크게 구분해 볼 수 있다. 일반 연기감지기에는 광전식, 이온화식이 있으며 특수 연기감지기에는 광전식 분리형 감지기와 광전식 공기흡입형 감지기가 있다.

광전식 연기감지기는 감지기 내부에 유입된 연기가 산란하는 빛의 증가를 검출하는 감지기인 반면 이온화식 연기감지기는 방사선원인 아메리슘 241(Am 241)이 연기에 의해 변화하는 이온전류를 검출하는 감지기이다.

일반 연기감지기는 피난경로인 계단, 경사로, 복도 등과 화재 초기 감지가 필요한 공동주택 침실, 병원의 입원실 등에 설계되며, 열감지기에 비해 초기 감지가 가능한 장점이 있는 반면 비화재보의 발생이 높은 단점이 있다. 현재는 이온전류 변화를 검출하는 이온화식 연기감지기가 잘 생산되지 않아 광량의 증가를 검출하는 광전식 연기감지기를 주로 설계한다.

광전식 분리형 감지기는 층고가 높은 강당, 체육관 등에 주로 설계되며, 광전식 공기흡입형 감지기는 초기 감지가 우선시되는 반도체공장, 전산실 등에 설계한다.

<그림 19> 아날로그식 감지기(왼쪽:열식-정온식, 오른쪽:광전식)

(해설) 아날로그감지기는 주소가 지정되도록 감지기 뒷면에 Dip Switch가 부착되어 있어 일반 감지기와 외형상 구별이 된다. 아날로그식 차동식 감지기는 「감지기의 형식승인 및 제품검사의 기술기준」(시행 2022.12.1.)에 아날로그식 작동시험 항목이 없어 제품생산이 되고 있지 않다. 따라서 아날로그식 열감지기는 현재 아날로그식 정온식 감지기만 생산되고 있는 실정이다.

5) "**발신기**"란 **수동누름버턴** 등의 작동으로 화재 신호를 수신기에 **발신**하는 장치를 말한다.

(해설) 발신기의 종류에는 P형 1급과 P형 2급이 있다. P형 1급에는 전화잭과 응답표시등이 있고, P형 2급에는 전화잭과 응답표시등이 없는 것이 가장 큰 차이점이다.
최근 화재안전기술기준에 전화선이 없어도 되는 것으로 개정되었다. 이 개정된 사항을 들어 P형 2급 발신기를 사용하여도 되는 것으로 오해할 수 있다. 그러나 전화단자는 없어도 되나 응답표시등은 있어야 하므로 P형 1급 발신기를 계속 설계에 반영하여야 한다.

<그림 20> P형 1급 발신기

6) "**시각경보장치**"란 자동화재탐지설비에서 발하는 화재신호를 시각경보기에 전달하여 **청각장애인**에게 **점멸**형태의 **시각경보**를 하는 것을 말한다.

(해설) 여기서 점멸이라고 하는 것은 켜지고 꺼지는 것이 반복되는 것을 말하며, 점등은 켜진 것, 소등은 꺼진 것을 말한다.
시각경보기(장치)를 수신기에 직접 연결하는 경우에는 수신기 내 지구경종 퓨즈가 단선되는 경우가 많다. 따라서 시각경보기를 설치하는 경우에는 시각경보기 전원반도 함께 설치할 수 있도록 설계해야 한다.

<그림 21> 시각경보기(왼쪽)와 시각경보기 전원반(오른쪽)

7) “**거실**”이란 **거주 · 집무 · 작업 · 집회 · 오락** 그 밖에 이와 유사한 목적을 위하여 **사용하는 실**을 말한다.

(해설) 거실은 감지기를 설치하여 방호해야 하는 실을 말한다. 각 실의 주된 용도에 대해서는 보는 관점에 따라 해석이 다를 수 있다. 거주는 침실·거실 등을, 집무는 사무실·교실·진료실 등을, 작업은 작업실·수리실 등을, 집회는 예배실·강당 등으로 보면 무리가 없을 것이다.
따라서 거실을 소극적으로 ‘공동주택의 거실’로 한정하여 해석하면 방호구역이 감소되어 화재안전성에 문제가 발생할 것으로 사료된다.

8) “**신호처리방식**”은 **화재신호** 및 **상태신호** 등(이하 "화재신호 등"이라 한다)을 송수신하는 방식으로서 다음의 방식을 말한다.

(1) “**유선식**”은 화재신호 등을 **배선**으로 송·수신하는 방식

(2) “**무선식**”은 화재신호 등을 **전파**에 의해 송·수신하는 방식

(3) “**유·무선식**”은 **유선식**과 **무선식**을 **겸용**으로 사용하는 방식

(해설) 일반적인 자동화재탐지설비는 배선, 배관을 사용하는 유선방식으로 주로 설계한다. 그러나 기존 건물을 리모델링하거나 기존 건물에 소급하여 자동화재탐지설비를 설치하는 경우에는 배선을 이용한 공사방법은 건축물을 크게 훼손해야만 가능하다.
무선방식은 전파를 이용한 방식으로 이런 문제점을 완화하는 장점이 있어 전통시장 및 리모델링 현장에 적용되기 시작하였다.

(2) 「비상방송설비의 화재안전기술기준(NFTC 202)」[11]

NFTC 202의 1.7에는 용어의 정의를 규정하고 있으며, 규정된 용어의 정의는 1.7.1.1 '확성기'에서 1.7.1.12의 '풀박스'에 이른다. 규정된 용어의 정의를 정리하면 아래와 같다.

1) "**확성기**"란 **소리**를 크게 하여 **멀리**까지 전달될 수 있도록 하는 장치로써 일명 **스피커**를 말한다.

(해설) 스피커는 통상 천정에 설치하는 천정 매립형, 벽에 설치하는 벽부 매립형, 벽부 노출형이 있다. 용량은 일반적으로 각종 실은 1W, 주차장은 3W 또는 5W로 설계하고 있다.

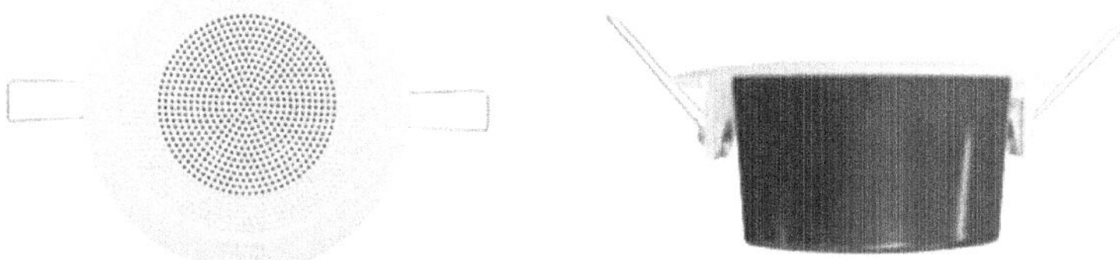

<그림 22> 1W, 3W의 천정 매립형 스피커

<그림 23> 3W, 5W, 10W의 벽부 노출형 스피커

2) "**음량조절기**"란 **가변저항**을 이용하여 **전류**를 변화시켜 **음량**을 크게 하거나 작게 조절할 수 있는 장치를 말한다.

(해설) 음량조절기는 실내에 설치하여 음량을 조절할 수 있는 장치이다. 이는 비상방송설비 전용에는 설치되지 않으나 일반방송과 비상방송을 겸용하여 설치하는 경우에는 일반방송을 위해 설치한다.

11) 「비상방송설비의 화재안전기술기준(NFTC 202)」(시행 2023.2.10.)

일반방송과 비상방송을 겸용으로 설치하는 경우에는 화재 시 송출되는 비상방송 음성이 음량조절기의 영향을 받지 않도록 3선식 배선(공통선, 일반용, 비상용)으로 하여야 한다. 참고로 비상방송설비 전용의 경우에는 음량조절기를 설치하지 않으므로 스피커 배선은 2선이면 가능하겠다.

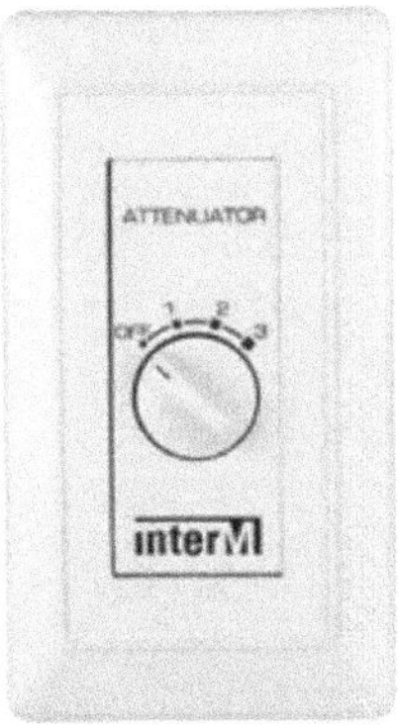

<그림 24> 3W용 음량조절기

3) "**증폭기**"란 전압전류의 진폭을 늘려 감도를 좋게 하고 미약한 음성전류를 커다란 음성전류로 변화시켜 **소리를 크게** 하는 **장치**를 말한다.

(해설) 증폭기는 일명 앰프(AMP, Amplifier)라 하는 것으로 비상방송설비의 종류인 일반방송 겸용과 소방전용에 둘 다 포함이 되어야 한다. 일반방송설비 겸용은 구내방송을 요하는 학교, 체육관 등에 설치되며, 소방전용은 일반방송을 요하지 않는 비상방송설비 설치대상물에 적용하고 있다.

비상방송설비에는 확성기 배선이 단락, 단선이 되어도 화재 통보에 지장이 없도록 보호장치를 설치해야 한다. 이 보호장치를 설치하는 방법은 여러 가지 방법이 있으나 증폭기에 직접 단락, 단선 보호장치가 있는 것으로 선정하는 것이 가장 간단한 설계방식이라 하겠다.

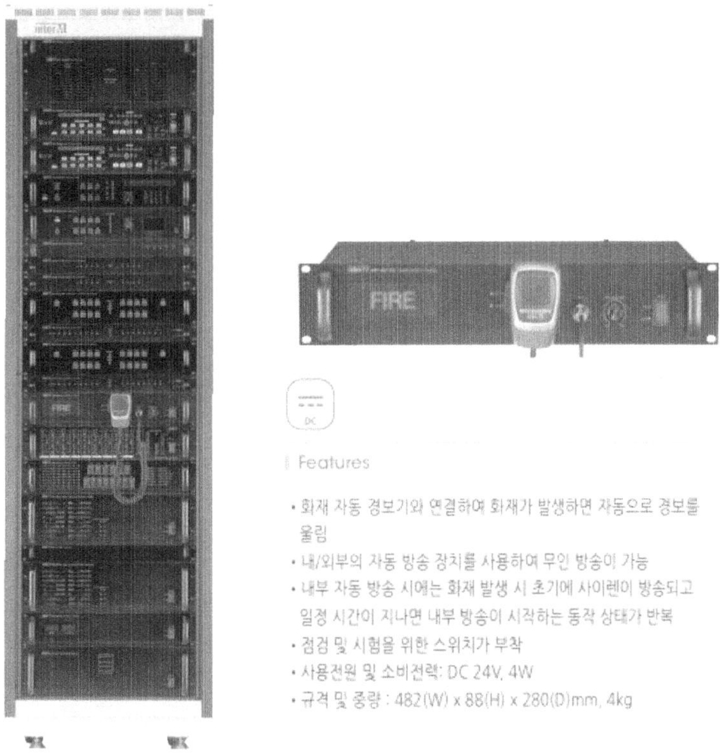

<그림 25> 일반방송 겸용 비상방송설비

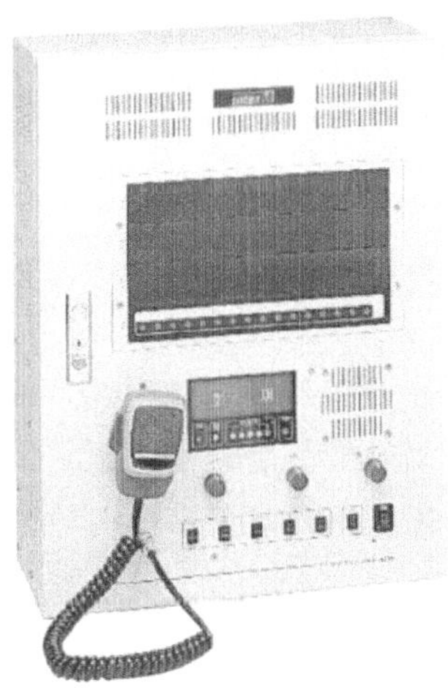

<그림 26> 소방전용 비상방송설비

4) “**기동장치**”란 **화재감지기**, **발신기** 등의 상태변화를 **전송**하는 장치를 말한다.

(해설) 기동장치는 화재감지기와 발신기 등으로 명시되어 있으나 비상방송설비에는 감지기 또는 발신기를 설치하지 않는다. 따라서 화재 입력장력장치인 감지기와 발신기가 설치된 자동화재탐지설비를 함께 설치해야 한다. 그래야 자동화재탐지설비의 화재신호와 연동되어 비상방송설비의 확성기 음성 송출이 가능하다.

5) “몰드”란 전선을 물리적으로 보호하기 위해 사용되는 통형 구조물을 말한다.

6) “약전류회로”란 전신선, 전화선 등에 사용하는 전선이나 케이블, 인터폰, 확성기의 음성 회로, 라디오·텔레비전의 시청회로 등을 포함하는 약전류가 통전되는 회로를 말한다.

7) “전원회로”란 전기·통신, 기타 전기를 이용하는 장치 등에 전력을 공급하기 위하여 필요한 기기로 이루어지는 전기회로를 말한다.

8) “절연저항”이란 전류가 도체에서 절연물을 통하여 다른 충전부나 기기로 누설되는 경우 그 누설 경로의 저항을 말한다.

9) “절연효력”이란 전기가 불필요한 부분으로 흐르지 않도록 절연하는 성능을 나타내는 것을 말한다.

10) “정격전압”이란 전기기계기구, 선로 등의 정상적인 동작을 유지시키기 위해 공급해 주어야 하는 기준 전압을 말한다.

11) “조작부”란 기기를 제어할 수 있도록 조작스위치, 지시계, 표시등 등을 집결시킨 부분을 말한다.

12) “풀박스”란 장거리 케이블 포설을 용이하게 하기 위해 전선관 중간에 설치하는 상자형 구조물 등을 말한다.

1.2.2 소방용 전선관과 전선의 종류

여기서 말하는 전선관은 전선을 넣어 보호하는 관인 배관을 의미하며, 전선은 전류를 흐르게 하는 도체와 그 위에 둘러싸인 절연체를 말한다. 소방용으로 사용할 수 있는 전선관과 전선은 화재 시 일정 이상의 내열성 등을 가져야 하므로 화재안전기술기준에서 사용 가능한 전선과 공사방법을 명시하고 있다.

「옥내소화전설비의 화재안전기술기준(NFTC 102)」[12]의 표 2.7.2에 내화배선/내열배선에 따른 사용 가능한 전선과 공사방법이 제시되어 있다. 자동화재탐지설비 설계에 주로 사용되는 내용으로 간단히 정리하여 〈표 9〉에 나타내었다.

12) 「옥내소화전설비의 화재안전기술기준(NFTC 102)」 (시행 2022.12.1.)

<표 9> 자동화재탐지설비에 주로 사용되는 전선 및 공사 방법

구분	주로 사용되는 전선	주로 사용되는 공사 방법
내화배선※1	450/750V 저독성 난연 가교 폴리올레핀 절연 전선(450/750V HFIX전선)	금속관, 2종 금속제 가요전선관, 합성수지관에 수납하여 25mm 이상 깊이로 매설
	내화전선(TFR-8전선, NFR-8전선)	케이블 공사 가능(노출시공 가능)
내열배선※2	450/750V 저독성 난연 가교 폴리올레핀 절연 전선(450/750V HFIX전선)	금속관, 금속제 가요전선관, 불연성 덕트 케이블 공사 가능
	내화전선(TFR-8전선, NFR-8전선) 내열전선(TFR-3전선, NFR-3전선)※3	케이블 공사 가능(노출시공 가능)

※1 : 내화배선 : 자동화재탐지설비의 전원회로에 적용
※2 : 내열배선 : 자동화재탐지설비의 전원회로를 제외한 기타 배선에 적용
※3 : 현행 NFTC 102 표 2.7.2에는 "내화전선"만 기재되어 있으나, "내화전선, 내열전선"의 잘못된 기재로 판단되어 추가함

(1) 자동화재탐지설비의 주로 사용하는 전선관

가장 많이 사용하는 것은 플라스틱계열의 합성수지관으로 여기에는 Hi-VE관, CD관이 있다. 플라스틱계열의 Hi-VE관을 콘크리트 매립용으로 주로 설계하고 있으나 시공의 용이성 등으로 Hi-VE관 대신 CD관을 콘크리트에 매립하기도 한다. 강제전선관은 금속관으로 합성수지관에 비해 내열성이 우수해 노출공사에 주로 사용하고 있다. 금속제 가요전선관은 구부릴 수 있는 금속관으로 주로 기구 연결용(압력스위치, 템퍼스위치, 반자 속 감지기 배관)에 사용하고 있다.

① 내충격용 경질 폴리염화비닐 전선관(Hi-VE관)

경질 폴리염화비닐 전선관의 종류에는 일반용인 VE관, 내충격용인 Hi-VE관이 있으나 일반용보다는 충격에 강한 Hi-VE관을 설계에 적용하고 있다.

관 호칭	바깥지름 (mm)	두께 (mm)
14	18.0±0.20	2.0
16	22.0±0.20	2.0
22	26.0±0.25	2.0
28	34.0±0.30	3.0
36	42.0±0.35	3.5
42	48.0±0.40	4.0
54	60.0±0.50	4.5
70	76.0±0.50	4.5
82	89.0±0.50	5.9
100	114.0±0.60	6.5
주 1) Hi-VE 용도 : 매립 및 은폐공사에 주로 사용		

<그림 27> Hi-VE관 규격 및 용도

<그림 28> Hi-VE관 시공 사진

② CD관

합성수지제 휨(가요)전선관에는 PF(Plastic Flexible)관 및 CD(Combine Duct)관이 있다. CD관 중 난연 CD관을 콘크리트 매립 및 반자 속 은폐공사에 사용한다.

관 호칭	바깥지름 (mm)	길이 (m)
16	21.0±0.3	100
22	27.5±0.5	90
28	34.0±0.5	50
36	42.0±0.5	50
주 1) 일반 CD관 : 매립공사에 주로 사용, 난연 CD관 : 매립 및 은폐공사에 주로 사용		

<그림 29> CD관 규격 및 용도

<그림 30> 난연 CD관 시공 사진

③ 강제전선관

강제전선관에는 후강 전선관, 박강 전선관, 나사 없는 전선관의 3종류가 있다. 후강 전선관이 박강 전선관에 비해 관 두께가 두껍고, 나사 없는 전선관이 배관 말단에 나사가 없는 반면 나사가 있는 장점이 있다. 후강 전선관 중 아연도금 후강 전선관을 주로 설계에 반영하고 있다.

관 호칭	바깥지름 (mm)	두께 (mm)
16	21.0±0.3	2.3
22	26.5±0.3	2.3
28	33.3±0.3	2.5
36	41.9±0.3	2.5
42	47.8±0.3	2.5
54	59.6±0.3	2.8
70	75.2±0.3	2.8
82	87.9±0.3	2.8
92	100.7±0.4	3.5
104	113.4±0.4	3.5
주 1) 아연도 후강 전선관 용도 : 노출공사에 주로 사용		

<그림 31> 강제전선관 규격 및 용도

<그림 32> 아연도 후강전선관 시공 사진

④ 금속제 가요전선관

금속제 가요전선관에는 1종 금속제 가요전선관, 비닐 피복 1종 금속제 가요전선관, 2종 금속제 가요전선관, 비닐 피복 2종 금속제 가요전선관이 있다. 비닐 피복은 일반 금속제 가요전선관 외부에 비닐을 피복한 것으로 방수형으로 통용되고 있다. 2종 금속제 가요전선관은 1종 금속제 가요전선관의 내부에 PE와 특수지를 사용한 절연층이 있는 것으로 내화배선에 사용 가능한 전선관이나 통상적으로는 잘 사용되지 않는다.

소방전기설비에 사용되는 금속제 가요전선관은 1종 금속제 가요전선관이다. 방수형, 비방수형 둘 다 사용이 가능하나 수분이 있는 장소인 펌프실 등에는 방수형으로 설계하는 것이 일반적이다. 또한 1종 금속제 가요전선관의 종류에는 표준형과 응용형이 있다. 응용형은 표준형보다 강성이 우수한 것으로서 설계 시에는 둘 다 적용이 가능하다.

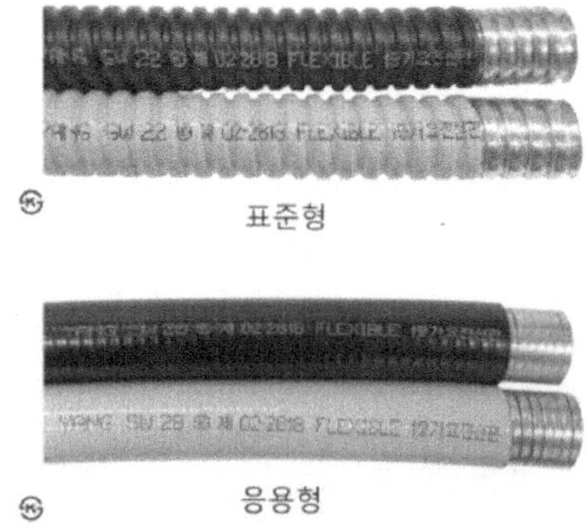

관 호칭	외경 (mm)	포장단위 (mm)
10	15±0.5	50
12	17.4±0.9	50
16	20.7±0.9	50
22	26.1±0.9	50
28	32.8±0.9	50
36	41.3±1.2	30
42	47.4±1.2	20
54	59.4±1.2	20
70	72.1±1.2	10
82	87.5±1.7	10
104	112.9±1.7	10

<그림 33> 방수형 1종 금속제 가요전선관 종류 및 규격

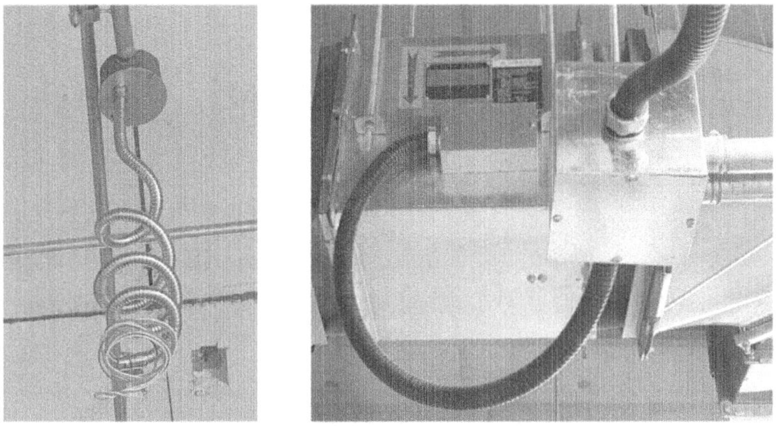

<그림 34> 1종 금속제 가요전선관 시공 사진

(2) 자동화재탐지설비의 주로 사용하는 전선

자동화재탐지설비에 주로 설계되는 전선은 450/750V HFIX전선이다. 이 전선은 합성수지관(Hi-VE관, CD관), 강제전선관, 금속제 가요전선관 등과 같이 배관에 넣어 사용되므로 반드시 배관과 함께 설계되어야 한다. 배관 없이 전선만 단독으로 사용할 수 있는 노출 케이블은 내화전선인 TFR-8전선, NFR-8전선 그리고 내열전선인 TFR-3전선, NFR-3전선이 있다.

또한 R형 자동화재탐지설비의 경우에는 중계기 신호선을 일반 450/750V HFIX전선으로 설계하여서는 아니 되며, 전자파에 대한 차폐기능을 보유한 실드선으로 설계하여야 한다.

① 450/750 V 저독성 난연 가교 폴리올레핀 절연전선(450/750V HFIX전선)

폴리올레핀 절연제를 사용한 독성이 낮고 난연성인 절연전선이다. 정격전압이 AC 450 V 이하 및 DC 750 V 이하에 사용이 가능한 전선이다. 소방전기설비 조작회로 등에 단선 1.5 ㎟, 2.5 ㎟으로 설계하고 있으며, 전선만 노출공사가 불가능하여 배관과 함께 도면화되고 있다.

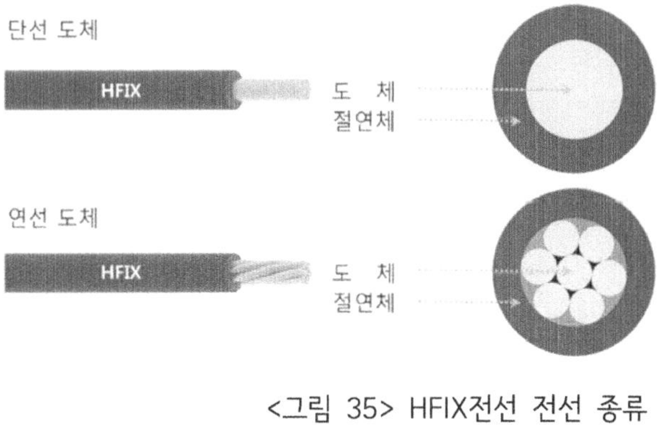

구 분	규 격
도체	전기용 연동선
절연체	저독성 난연 가교 폴리올레핀
절연체 색상	흑, 백, 적, 녹, 황, 청
최고허용온도	90℃
도체 공칭단면적 (mm^2)	1.5, 2.5, 4, 6, 10 등
표준길이(m)	300

<그림 35> HFIX전선 전선 종류 및 규격

[제품]

[라벨]

[1선인 경우]

<그림 36> 450/750V HFIX전선 1.5SQ

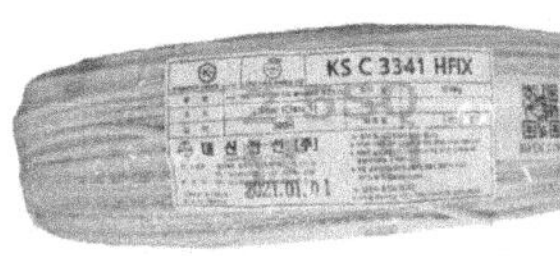

[제품]

[라벨]

[1선인 경우]

<그림 37> 450/750V HFIX전선 2.5SQ

자동화재탐지설비에 있어서 일반감지기는 450/750 V HFIX전선인 단선 1.5 ㎟로 설계하고, 발신기세트 및 수신기 간선 등은 단선 2.5 ㎟로 설계하는 것이 일반적이다.

② 내화전선(TFR-8전선, NFR-8전선)

내화전선은 자동화재탐지설비 전원회로의 전선관을 매립할 수 없어 노출하는 경우에, 배관 없이 전선 자체만 설치할 수 있는 케이블이다. 내화전선의 종류에는 TFR-8전선과 NFR-8전선이 있으며 이 두 전선을 간단히 정리해 다음 표에 나타내었다.

<표 10> TFR-8전선과 NFR-8전선의 비교

구분	TFR-8전선	NFR-8전선
명칭	0.6/1 kV 내화 소방용 케이블	0.6/1 kV 저독성 난연 폴리올레핀 내화케이블
용도	정격전압 0.6k/1k 이하의 자동화재탐지설비 전원회로의 노출 케이블공사용	정격전압 0.6k/1k 이하의 자동화재탐지설비 전원회로의 노출 케이블공사용
차이점	TFR-8전선의 피복체를 난연 PVC에서 저독난연 폴리올레핀으로 향상시킨 전선이 NFR-8전선이므로 저독성의 유, 무가 두 전선의 가장 큰 차이점이다.	

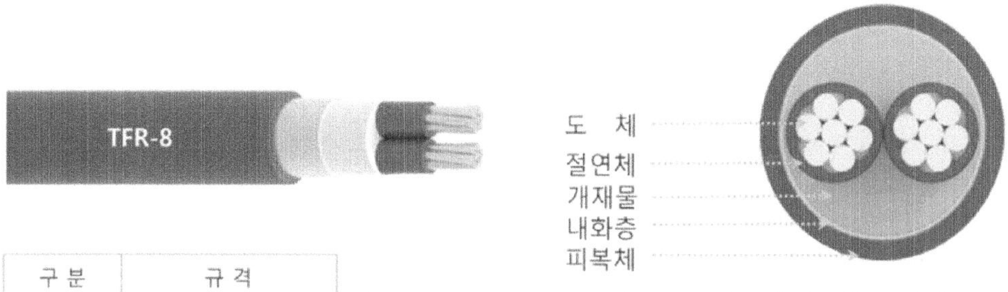

구 분	규 격
도체	전기용 연동선
절연체	XLPE
내화층	내화 테이프
피복체	난연 PVC
선심식별	색테이프 또는 착색

선심수 [예]	색	공통사항
2심 (Two Core)	흑, 백	· 도체 공칭단면적(mm^2) : 1.5, 2.5 등 · 소선수 : 7 · 표준길이 : 300m
3심 (Three Core)	흑, 백, 적	
4심 (Four Core)	흑, 백, 적, 녹	

<그림 38> TFR-8전선의 단면 및 선심수

③ 내열전선(TFR-3전선, NFR-3전선)

내열전선은 내화전선에 비해 내화성이 떨어지는 전선으로 자동화재탐지설비 전원회로의 노출용으로는 사용하지 못하고, 그 밖의 배선의 노출 케이블로 사용할 수 있다. 예를 들면 자동화재탐지설비의 발신기 및 수신기의 간선이 콘크리트에 매립되지 못하는 경우에 그 간선을 내열전선인 TFR-3전선 또는 NFR-3전선으로 노출하여 시공할 수 있다.

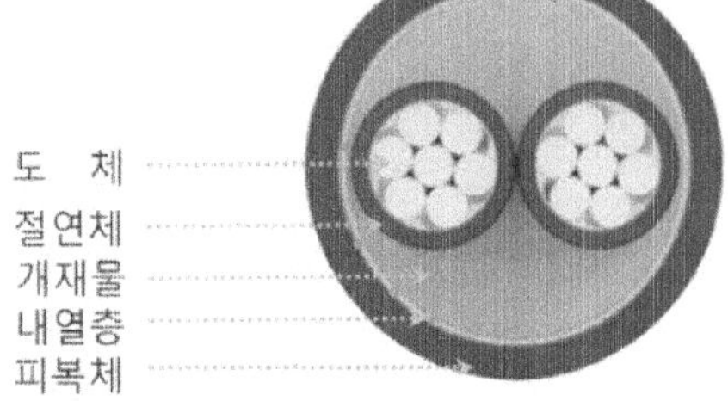

구 분	규 격
도체	전기용 연동선
절연체	XLPE
피복체	저독난연 폴리올레핀
선심식별	색테이프 또는 착색

선심수 [예]	색	공통사항
2심 (Two Core)	흑, 백	· 도체 공칭단면적(mm^2) : 1.5, 2.5 등 · 소선수 : 2 ~ 30
3심 (Three Core)	흑, 백, 적	
4심 (Four Core)	흑, 백, 적, 녹	

<그림 39> NFR-3전선의 단면 및 선심수

④ 실드선

실드선은 R형 자동화재탐지설비의 중계기 신호선과 아날로그감지기에 사용되는 전선이다. 이는 전선 자체에 차폐기능이 있어 전자파에 의해 방해를 받지 않는 전선이다. 기존에는 H-CVV-SB전선과 FR-CVV-SB전선을 주로 사용하였으나 요즘은 소방용통신케이블인 TSP (Twisted Shield Pair Cable)전선도 설계에 반영되고 있다.

구조 및 구성

- 도체 : 연동선
- 절연체 : 내열 PVC(105℃)
- 차폐 : Al/Mylar tape + 주석도금 연동선 (TSP 일때)
- 쉬스체 : 내열 PVC(105℃)
- 선심 식별 : 1Pair : 흑색, 적색

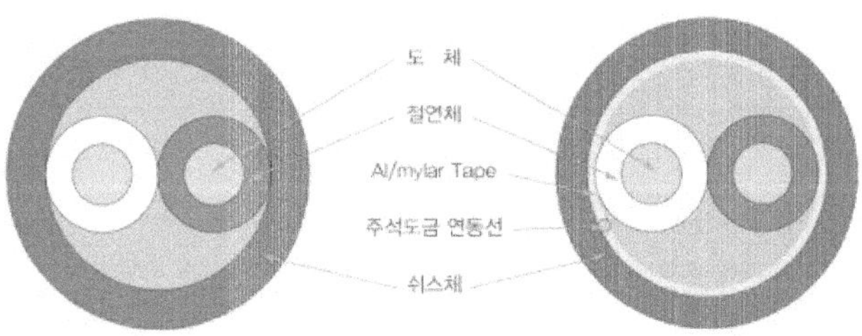

<그림 40> TSP전선

[수행 내용]

1.2.3 자동화재탐지설비 설계를 준비한다.

(1) 건축 관련 도면 등을 확보한다.

자동화재탐지설비 설계는 건축물 설계가 완료된 다음 그 구조물 내에 감지기, 발신기세트, 수신기 등을 설계하는 것이다. 따라서 자동화재탐지설비 설계를 진행하기 위해서는 먼저 건축 설계가 진행되어야 한다. 건축 설계가 완료된 후 확보해야 하는 것은 건축물 개요도, 배치도, 평면도, 입면도, 단면도 등건축 도면이며 건축 허가를 위한 건축 허가서(안)을 입수하면 소방설계에 더욱 도움이 된다 하겠다.

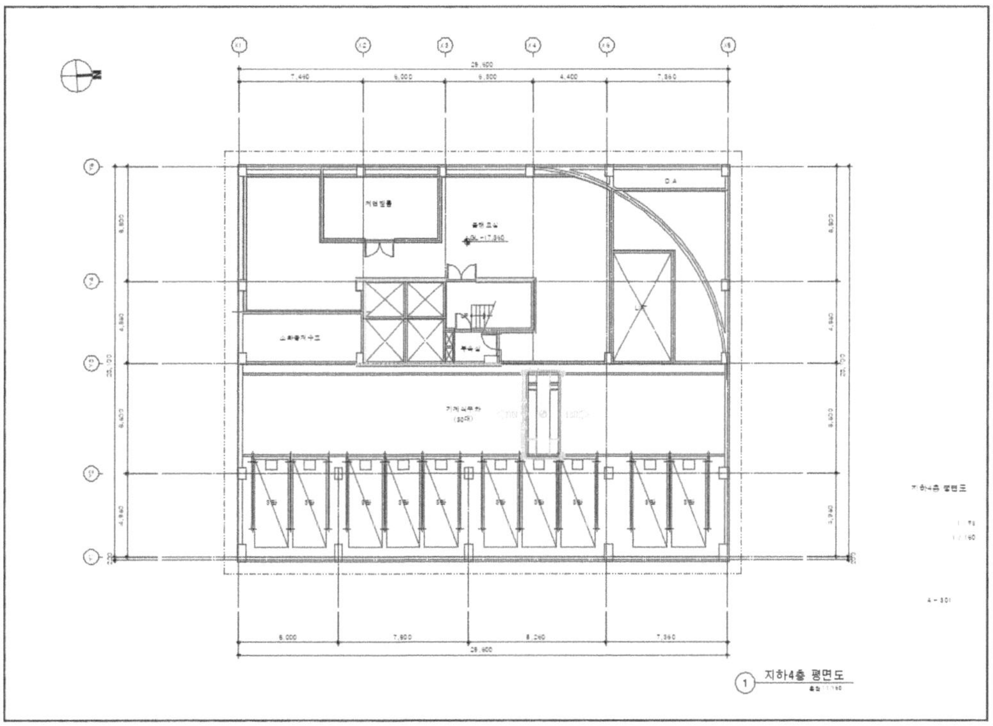

<그림 41> 건축 평면도

(2) 자동화재탐지설비 적용 여부를 검토한다.

① 건축 설계사무소에서 입수한 '설계 개요'에서 건축물 구조, 용도, 층수, 연면적 등 건축물 규모를 파악한다.

② 자동화재탐지설비 적용 여부는 파악된 건축물 규모가 「소방시설 설치 및 관리에 관한 법률 시행령」[13][별표 4]의 2.다에서 정한 기준의 이상 여부를 살펴보는 것이다. 이 기준 이상이면 자동화재탐지설비를 법적으로 설치해야 하는 대상물로 자동화재탐지설비를 설계해야 하고, 미만이면 설치대상물에 해당되지 않아 설계를 적용하지 않아도 된다.

■ 설 계 개 요 ■

대 지 위 치	제주시 조천읍 함덕리		
대 지 면 적	공부상대지면적	계획도로편입면적	사업면적
	947.00M2	28.00M2	919.00M2
지역 . 지구	제2종 일반주거지역		
도 로	6M이상도로에 17.6M접함		
구 조	철근콘크리트조		
층 수	지하1층. 지상7층		
용 도	공동주택(아파트)		
건 축 면 적	226.10 M2		
바 닥 면 적	1,135.08 M2		
용적률산정면적	1,120.48 M2		
건 폐 율	226.10 / 919.0 X 100 = 24.60 %		
용 적 율	1,120.48 / 919.0 X 100 = 121.92 %		
주차계획	법 정	바닥면적/95 . 세대당 1대	
		1135.08 / 95 = 11.9 대	
		14세대 = 14대	
	계 획	15 대	
조경 면적	법 정		919.0 X 10% = 91.9 M2
	계 획		74.94 M2
최고 높이	20.4 M		

<그림 42> 설계 개요

층 별 개 요 ■

구 분	면 적(M2)	용 도	비 고
지하1층	14.60	계단실	
지상1층	162.84	공동주택(아파트)	2세대
지상2층	162.84	공동주택(아파트)	2세대
지상3층	162.84	공동주택(아파트)	2세대
지상4층	161.28	공동주택(아파트)	2세대
지상5층	161.28	공동주택(아파트)	2세대
지상6층	159.33	공동주택(아파트)	2세대
지상7층	150.07	공동주택(아파트)	2세대
합 계	1,135.08		14세대

<그림 43> 층별 개요

13) 「소방시설 설치 및 관리에 관한 법률 시행령」 (시행 2023.3.7.)

③ 건축 설계사무소의 '설계 개요'에는 '바닥면적'(해석상 연면적을 의미한다.), '용적율 산정 면적'(해석상 용적율 산정용 연면적을 의미한다.)으로 구분하여 제시되어 있다. 이렇게 제시되어 있으므로 자동화재탐지설비의 적용 여부를 검토할 때 이 중 어느 면적을 적용해야 하는지 의구심이 들 수 있다. 이와 관련해서는 소방관련법을 우선 검토해야 한다.

④ 「소방시설 설치 및 관리에 관한 법률 시행령」[14]제2조제1호의 본문 중에 ' ~ 해당 층의 바닥면적(「건축법 시행령」 제119조제1항제3호에 따라 산정된 면적을 말한다. 이하 같다) ~ '로 규정되어 있다. 특정소방대상물에서 자동화재탐지설비를 포함한 소방시설의 적용 기준을 제시한 「소방시설 설치 및 관리에 관한 법률 시행령」[별표 4]는 이 규정 이후에 기술되어 있으므로, 이 규정에 의한 「건축법 시행령」 제119조제1항제3호에 따른 바닥면적을 적용하여야 한다.

⑤ 「건축법 시행령」[15]제119조제1항제3호에는 바닥면적을 '건축물의 각 층 또는 그 일부로서 벽, 기둥, 그 밖에 이와 비슷한 구획의 중심선으로 둘러싸인 부분의 수평투영면적[16]으로 한다'라고 규정하고 있다. 또한 같은 법령 제119조제1항제4호에는 연면적을 기술하고 있는데, 연면적은 하나의 건축물 각 층의 바닥면적의 합계로 하되, 용적률을 산정할 때에는 지하층의 면적, 지상층의 주차용(부속용도인 경우만 해당), 피난안전구역의 면적 등을 제외한다고 규정하고 있다.

⑥ 따라서 소방설계(전기분야 및 기계분야 포함)를 위한 연면적을 선택할 때는 각 층 바닥면적의 합계인 수치를 적용해야 한다. 상기 제시된 '설계 개요'에서는 '바닥면적'으로 명기된 '1,135.08㎡'가 이에 해당되며, 함께 기재된 '용적률 산정 면적'인 '1,120.48㎡'를 선택하여서는 아니된다. 물론 바닥면적을 선택할 할 때는 상기 제시된 '층별 개요'의 층별 면적을 인용하면 되겠다.

⑦ 자동화재탐지설비 설치 대상물을 「소방시설 설치 및 관리에 관한 법률 시행령」[17][별표 4]의 2.다에서 찾아 표로 정리하여 나타내었다. 설계에 도움이 되었으면 한다.

---

14) 「소방시설 설치 및 관리에 관한 법률 시행령」 (시행 2023.3.7.)
15) 「건축법 시행령」 (시행 2024.3.13.)
16) 수평투영면적(水平投影面積)은 입체를 수평으로 투영하여 생기는 면적으로, 하늘에서 아래로 내려다 보았을 때 보이는 면적. 출처 : 그림·사진으로 보는 옥내소화전설비 실무, 동화기술, 2022.01.03.
17) 「소방시설 설치 및 관리에 관한 법률 시행령」 (시행 2023.3.7.)

<표 11> 자동화재탐지설비 설치 대상물

구분	특정소방대상물
전체	• 공동주택 중 아파트등, 기숙사 • 숙박시설 • 층수가 6층 이상인 건축물 • 노유자생활시설(①) • ①에 해당하지 않는 연면적 400㎡ 이상 노유자 시설 • 수용인원 100명 이상인 숙박시설이 있는 수련시설 • 요양병원(의료재활시설 제외) • 사용 바닥면적 합계가 300㎡ 이상인 정신의료기관, 의료재활시설 • 사용 바닥면적 합계가 300㎡ 미만이고 창살※1이 설치된 정신의료기관, 의료재활시설 • 전통시장 • 길이가 1,000m 이상인 터널 • 지하구 • ②에 해당하지 않는 근린생활시설 중 조산원, 산후조리원 • ③에 해당하지 않는 공장, 창고시설로서 지정수량 500배 이상의 특수가연물을 저장, 취급하는 것 • ③에 해당하지 않는 발전시설 중 전기저장시설
연면적 600㎡ 이상(②)	근린생활시설(목욕장 제외), 의료시설(정신의료기관, 요양병원 제외), 위락시설, 장례식장, 복합건축물
연면적 1,000㎡ 이상(③)	목욕장, 문화 및 집회시설, 종교시설, 판매시설, 운수시설, 운동시설, 업무시설, 공장, 창고시설, 위험물 저장 및 처리시설, 항공기 및 자동차 관련 시설, 국방·군사시설, 방송통신시설, 발전시설, 관광 휴게시설, 지하가(터널 제외)
연면적 2,000㎡ 이상	교육연구시설(교육시설 내 기숙사, 합숙소 포함), 수련시설(수련시설 내 기숙사, 합숙소 포함, 숙박시설이 있는 수련시설 제외), 동물 및 식물 관련 시설(기둥, 지붕만으로 구성되어 외부 기류 통하는 장소는 제외), 자원순환 관련 시설, 교정 및 군사시설(국방·군사시설 제외), 묘지 관련 시설

※1 : 철재, 플라스틱, 목재 등으로 사람의 탈출 등을 막기 위해 설치한 것을 말하며, 화재 시 자동으로 열리는 구조의 창살은 제외)

(3) 자동화재탐지설비 시스템을 선정한다.

자동화재탐지설비 시스템은 P형 시스템과 R형 시스템이 있다. 시스템 선정은 정확한 기준이 있는 것은 아니나 일반적으로 소·중규모 건축물은 P형 시스템으로, 대규모 건축물과 동별 설치 개수가 많은 건축물은 R형 시스템을 적용하고 있다. 물론 설계자의 경험과 건축주의 의사결정이 중요한 선정 사유가 되기도 한다.

P형 시스템과 R형 시스템을 비교하여 아래 표에 나타내었다.

<표 12> P형 시스템과 R형 시스템의 비교

구분	P형 시스템	R형 시스템
신호방식	개별신호선에 의한 공통신호방식	고유신호선에 의한 다중통신방식
구성 [예]	일반감지기-발신기세트-P형 수신기	일반감지기-발신기세트, 중계기-R형 수신기
기능	수동 도통시험, 자동 도통시험 고장신고 검출 불가능	자동 도통시험 고장신고 검출 가능
경계구역 표시	지구표시등 또는 문자 표시	모니터 도면에 지점으로 표시
적용	소, 중규모 건축물 단일 건축물 전압강하 우려가 없는 건축물	대규모 건축물 동수가 많은 건축물 전압강하 우려가 있는 건축물※1
특징	시스템이 저렴 신뢰성이 낮음 증, 개축 곤란	시스템이 고가 신뢰성이 높음 증, 개축 용이
감지기	일반감지기(열, 연기) 광전식분리형, 불꽃감지기	일반감지기(열, 연기) 광전식분리형, 불꽃감지기 아날로그감지기
발신기세트	P형 1급 발신기, 경종, 위치표시등	P형 1급 발신기, 경종, 위치표시등
중계기	설치 불가능	1/1, 2/2, 4/4중계기
발시기세트 배선	기본 7선※2 (회로공통선, 경종·표시등공통선, 경종선, 표시등선, 발신기선, 전화선, 회로선 각 1선)	기본 5선※3 (발신기선, 전화공통선, 전화선, 표시등공통선, 표시등선 각 1선)
중계기 배선	설치 불가능	신호선 2선, 전원선 2선
회로선 처리	모든 회선이 P형 수신기 단자에 결선	중계기의 입력단자에 결선
경종선 처리	모든 회선이 P형 수신기 단자에 결선	중계기의 출력단자에 결선

※1 : 전압강하가 우려되는 장소에 별도의 전원반을 설치함.
※2 : 전화선 규정 삭제로 6선도 가능하나, P형 1급 발신기에 전화단자가 있으므로 전화선을 포함한 7선으로 산정함.
※3 : 수신기 제조사마다 다를 수 있음.

1.2.4 자동화재탐지설비 도면을 작성한다.

(1) 건축물의 경계구역을 구분하여 경계구역 수를 산정한다.

자동화재탐지설비 설치대상물이면 제일 먼저 해야 할 일이 경계구역을 구분하여 경계구역 수를 산출하는 것이다. 경계구역수는 회로수와 같은 의미로 소방전기도면에는 경계구역을 종단저항으로 표시하고 있다. 경계구역 산출은 층별·면적별·길이별로 구분하는 수평적 경계구역 산출과 계단·경사로·엘리베이터 승강로 등으로 구분하는 수직적 경계구역 산출로 구분해 볼 수 있다.

이 두 가지, 수평적 경계구역 구분과 수직적 경계구역 구분이 완료되며 자동화재탐지설비의 경계구역 수 산정은 완료된다. 그러나 소방기계설비인 스프링클러설비, 물분무등소화설비, 제연설비가 함께 설치된다면 경계구역은 소방기계설비의 방호구역과 제연구역에 맞게 확대될 수 있으므로 반드시 스프링클러설비, 물분무등소화설비, 제연설비가 함께 설치되는 지 여부를 파악하여 이를 경계구역 산정에 반영하여야 한다.

소화설비의 방호구역, 제연구역과 관련된 규정을 화재안전기술기준에서 찾아 필요한 부분만 아래 표에 나타내었다.

<표 13> 소화설비의 방호구역 및 제연구역과 관련된 규정

구분		화재안전기술기준 내용
자동화재탐지설비	경계구역[※2]	스프링클러설비·물분무등소화설비[※1] 또는 제연설비의 화재감지장치로서 화재감지기를 설치한 경우의 경계구역은 해당 소화설비의 방호구역 또는 제연구역과 동일하게 설정할 수 있다.
스프링클러설비	폐쇄형헤드 방호구역[※3]	하나의 방호구역의 바닥면적은 3,000 ㎡를 초과하지 않을 것. 하나의 방호구역은 2개 층에 미치지 않도록 할 것. 다만, 1개 층에 설치되는 스프링클러헤드의 수가 10개 이하인 경우와 복층형 구조의 공동주택에는 3개 층 이내로 할 수 있다.
	개방형헤드 방수구역[※4]	하나의 방수구역을 담당하는 헤드의 개수는 50개 이하로 할 것. 다만, 2개 이상의 방수구역으로 나눌 경우에는 하나의 방수구역을 담당하는 헤드의 개수는 25개 이상으로 해야 한다. 하나의 방수구역은 2개 층에 미치지 않아야 한다.
물분무등소화설비	방호구역[※5]	"방호구역"이란 소화설비의 소화범위 내에 포함된 영역을 말한다.
제연설비	제연구역[※6]	하나의 제연구역의 면적은 1,000 ㎡ 이내로 할 것 하나의 제연구역은 직경 60 m 원내에 들어갈 수 있을 것 하나의 제연구역은 2 이상의 층에 미치지 않도록 할 것. 다만, 층의 구분이 불분명한 부분은 그 부분을 다른 부분과 별도로 제연구획 해야 한다.

※1 : 「소방시설 설치 및 관리에 관한 법률 시행령」 [별표 1] (시행 2023.12.1.)
물분무등소화설비는 물분무소화설비, 미분무소화설비, 포소화설비, 이산화탄소소화설비, 할론소화설비, 할로겐화합물 및 불활성기체소화설비, 분말소화설비, 강화액소화설비, 고체에어로졸소화설비 총 9종을 말한다.
※2 : 「자동화재탐지설비 및 시각경보장치의 화재안전기술기준(NFTC 203)」 2.1.4
※3 : 「스프링클러설비의 화재안전기술기준(NFTC 103)」 2.3.1
※4 : 「스프링클러설비의 화재안전기술기준(NFTC 103)」 2.4.1
※5 : 「할로겐화합물 및 불활성기체소화설비의 화재안전기술기준(NFTC 107A)」 1.7.1.7
※6 : 「제연설비의 화재안전기술기준(NFTC 501)」 2.1.1

일반적인 설정 방식은 건축설계의 층에 맞게 우선 층으로 구분한다. 층으로 구분한 후 면적 및 길이로 다시 구분한다. 이는 면적 600㎡ 초과 여부 및 길이 50m 초과 여부를 검토하는 것으로 600㎡ 초과 또는 50m를 초과하면 한번 더 구분을 해야 한다.

여기에 계단, 엘리베이터 승강로를 별도의 경계구역으로 추가하는데 엘리베이터 승강로는 높이와 무관하게 1개의 구역으로 설정할 수 있으나 계단은 높이 및 지하층 층수 기준이 있어 다르게 설정해야 한다. 계단인 경우에는 지상 45m 이상이면 다시 구분을 해야 하고, 지하는 지하2층 이하는 높이와 무관하게 다시 구분을 하도록 하고 있다.

자동화재탐지설비의 경계구역을 설계할 때 주로 사용하는 검토 항목을 정리하여 아래 표에 나타내었다.

<표 14> 자동화재탐지설비 경계구역 설계 시 주요 검토 항목

구분		경계구역 주요 설계 항목
수평	층 구분	건축설계사무소의 층에 맞게 층마다※1 구분 층이 아닌 옥상은 면적이 1/8 이상 여부 검토
	면적 구분	바닥면적 600 ㎡ ※2 초과 시 마다 구분
	길이 구분	한 변※3의 길이 50 m 초과 시 마다 구분
수직	계단, 경사로	지하2층 이하는 지상층과 구분 단, 지하1층과 지상층은 구분 불 필요 지상층과 지하층은 다시 45 m 마다 구분
	엘리베이터 승강로, 린넨슈트, 파이프 피트 및 덕트	높이와 지하층에 관계없이 개소마다 구분

※1 : 면적 500 ㎡ 이하에서 2개 층을 하나의 경계구역으로 할 수 있으나 층별로 구분하는 것이 유지관리가 쉽고 설계가 용이하다.
※2 : 한 변의 길이가 50 m 이내에서 1,000 ㎡ 까지로 면적을 크게 설정할 수 있으나, 가능한 작게 설정하는 것이 유지관리 및 화재발생 시 대처가 용이하므로 600 ㎡ 이하로 설계하는 것이 좋다.
※3 : 반드시 빗변도 검토해야 한다.

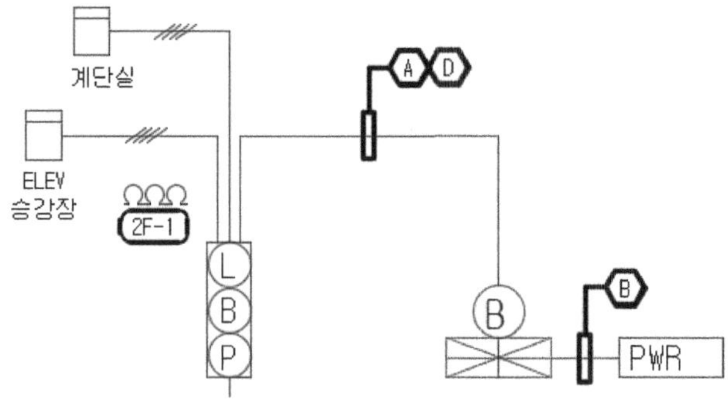

<그림 44> 층별 회로 수 산정

다음은 자동화재탐지설비 계통도의 일부로서 P형 수신기가 설치된 2층을 확대한 도면이다. 2층의 발신기세트 2F-1에는 종단저항 3개가 그려져 있어, 회로수 3개(경계구역수 3개)에 해당하는 감지기회로의 종단저항이 발신기세트 내에 설치되어야 함을 보여 주고 있다.

이는 층별, 600 ㎡ 면적별, 50 m 길이별로 검토한 2층 회로 1개, 수직높이 45 m를 검토한 계단 1회로, 개소당 검토한 엘리베이터 1회로 해서, 2층에 총 3회로의 경계구역수가 산출되었다는 것을 보여주는 한 예라 하겠다.

(2) 발신기세트 사양을 결정한다.

발신기세트의 사양은 자동화재탐지설비 단독형과 옥내소화전설비/연결송수관설비 겸용으로 구분할 수 있다. 자동화재탐지설비만 설계하는 경우에는 단독형으로 선정하면 문제가 없으나, 옥내소화전설비/연결송수관설비가 함께 설계된다며 옥내소화전설비 겸용/연결송수관설비 겸용으로 선정해야 한다. 따라서 옥내소화전설비 및 연결송수관설비가 함께 설치되는 지 여부를 파악한 후 발신기세트 사양을 결정해야 한다.

발신기세트는 P(Push Button)인 발신기, B(Bell)인 지구경종, L(Lamp)인 위치표시등으로 구성되어 있으며, 발신기세트 단독형인 경우에는 P → L → B순으로 설치되고 있다. 표기는 PBL, PLB 등으로 혼재하여 사용하고 있으나 보통은 PBL을 사용하고 있다.

<그림 45> 발신기세트 단독형(왼쪽)과 옥내소화전설비 겸용(오른쪽)

(3) 발신기세트 층별 설치 위치를 정한다.

① 관련 규정 : 「NFTC 203」 2.6.1.1[18]

조작이 쉬운 장소에 설치하고, **스위치**는 바닥으로부터 **0.8 m 이상 1.5 m 이하**의 높이에 설치할 것

② 발신기는 화재 시 사람이 직접 조작하여 화재상황을 재실자에게 알리는 수동장비이므로 조작이 쉬운 장소에 설치하도록 규정하고 있다. 이에 반해 지구경종(지구음향장치) 및 위치표시등은 설치 위치에 대한 규정은 없다. 따라서 발신기세트 설치 위치는 발신기 규정만 검토하면 된다.

③ 발신기세트는 조작자가 쉽게 찾을 수 있고, 계단까지의 피난거리가 짧아 피난이 용이한 복도, 통로를 우선으로 하여 설계한다. 복도·통로가 없어 설치가 곤란한 경우에는 해당 층의 가장 큰 거실의 주 출입구 부근에 설치하는 것이 이상적이나 경유거실(구획된 실 속의 실) 등을 피하는 것이 좋다. 또한 건축도면, 설비도면, 전기도면 등을 검토하여 발신기세트 설치 예상지역에 다른 장비나 기구가 없는지 파악하는 것도 중요하다. 다른 장비나 기구가 있으면 발신기 조작에 영향을 주므로 다른 장비와 기구와의 중첩을 피해서 설계를 해야 한다.

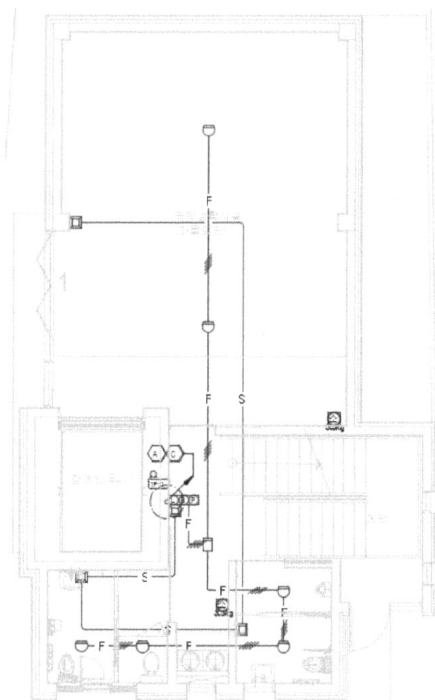

<그림 46> 발신기세트 위치

18) 「자동화재탐지설비 및 시각경보장치의 화재안전기술기준(NFTC 203)」 (시행 2022.12.1.)

(4) 발신기세트 설치 수를 산출한다.

자동화재탐지설비에서 발신기세트 설치 수와 관련된 내용을 「NFTC 203」에서 찾아보면 위치표시등은 관련 규정이 없고 발신기와 지구음향장치는 관련 규정이 있다. 그러므로 자동화재탐지설비의 발신기세트 수는 발신기와 지구음향장치만 고려하면 된다.

또한 옥내소화전설비/연결송수관설비에 발신기세트를 함께 설치하는 경우에는 옥내소화전설비/연결송수관설비의 방수구 규정과 발신기, 지구음향장치 규정이 일치하는 지 여부를 확인하여야 한다.

발신기세트 설치 수와 관련된 자동화재탐지설비 발신기, 지구음향장치 규정과 옥내소화전설비, 연결송수관설비의 방수구 규정을 NFTC에서 찾아 간단히 아래 표에 정리하였다.

<표 15> 발신기세트 설치 수와 관련된 NFTC 규정

구분	NFTC 규정	
자동화재탐지설비 발신기	「NFTC 203」※1 2.6.1.2	• 특정소방대상물의 층마다 설치. • 해당 층의 각 부분으로부터 하나의 발신기까지의 수평거리가 25 m 이하가 되도록 할 것. • 복도 또는 별도로 구획된 실로서 보행거리가 40 m 이상일 경우에는 추가로 설치해야 한다.
자동화재탐지설비 지구음향장치	「NFTC 203」※1 2.5.1.3	• 특정소방대상물의 층마다 설치. • 해당 층의 각 부분으로부터 하나의 음향장치까지의 수평거리가 25 m 이하가 되도록 할 것.
옥내소화전설비 방수구	「NFTC 102」※2 2.4.2.1	• 특정소방대상물의 층마다 설치. • 해당 특정소방대상물의 각 부분으로부터 하나의 옥내소화전 방수구까지의 수평거리가 25 m(호스릴옥내소화전설비 포함) 이하가 되도록 할 것. • 복층형 구조의 공동주택의 경우에는 세대의 출입구가 설치된 층에만 설치할 수 있다.
연결송수관설비 방수구	「NFTC 502」※3 2.3.1	• 방수구는 특정소방대상물의 층마다 설치할 것. 다만, 다음의 어느 하나에 해당하는 층에는 설치하지 않을 수 있다. (이하 생략) • 설치하는 방수구로부터 그 층의 각 부분까지의 거리가 다음의 기준을 초과하는 경우에는 그 기준 이하가 되도록 방수구를 추가하여 설치할 것 (1) 지하가(터널은 제외한다) 또는 지하층의 바닥면적의 합계가 3,000 ㎡ 이상인 것은 수평거리 25 m (2) (1)에 해당하지 않는 것은 수평거리 50 m

※1 : 「자동화재탐지설비 및 시각경보장치의 화재안전기술기준」 (시행 2022.12.1.)
※2 : 「옥내소화전설비의 화재안전기술기준」 (시행 2022.12.1.)
※3 : 「연결송수관설비의 화재안전기술기준」 (시행 2022.12.1.)

발신기세트 설치 수와 관련하여 가장 많은 조건을 부여한 것이 '자동화재탐지설비 발신기' 규정이다. 위 규정을 세분화하면 '층 설치', '수평거리 25m 이하 설치', '보행거리 40m 이상 시 추가 설치'로 요약할 수 있다. 위 3가지 규정은 어느 하나만 만족하면 되는 것이 아니고 반드시 3가지 규정 전부 만족해야 한다.

실무에서는 건축법에서 정한 층에 맞게 층마다 1개씩 발신기세트를 우선 설계한다. 그다음 층마다 설계된 발신기세트가 건축물의 각 부분에서 수평거리(직선거리) 25 m 이하인지 여부를 검토한다. 25 m 이하이면 층에 설치된 발신기세트 1개로 설계가 끝나지만, 25 m를 초과하면 층에 설치된 발신기세트 1개소가 부족하여 수평거리에 맞게 발신기세트 1개를 더 설치하여야 한다. 이런 식으로 건축물 평면도의 모든 부분이 수평거리(직선거리) 25 m에 포함될 수 있도록 발신기세트를 추가하면 된다.

수평거리에 따른 발신기세트 설계가 끝나면 최종적으로 보행거리를 검토해야 한다. 보행거리 40 m 이상 시 발신기세트 추가 설치는 복도 및 구획된 거실에 한해 적용한다. 많이 구부러진 복도, 복도 - 거실의 경로가 아닌 복도 - 거실 - 거실의 경로가 형성되는 곳에 적용하는 것으로서 직선거리 25 m 이하라도 보행거리가 40 m를 초과할 수 있으므로 이를 설계에 반영하라는 것이다.

수평거리는 장애물에 관계 없이 도면상 최단의 직선거리를 의미한다. 따라서 수평거리는 CAD로 반경 25 m 원을 그려 건축물의 모든 부분이 이 원 안에 포함되면 되는 것으로 설계한다.

보행거리는 장애물이 있으면 사람이 피해서 걸어가는 거리로 CAD의 반경으로는 구할 수 없고 가장 먼 지점에서 발신기세트까지의 거리를 하나씩, 하나씩 측정한 후 모두 더해서 계산한다.

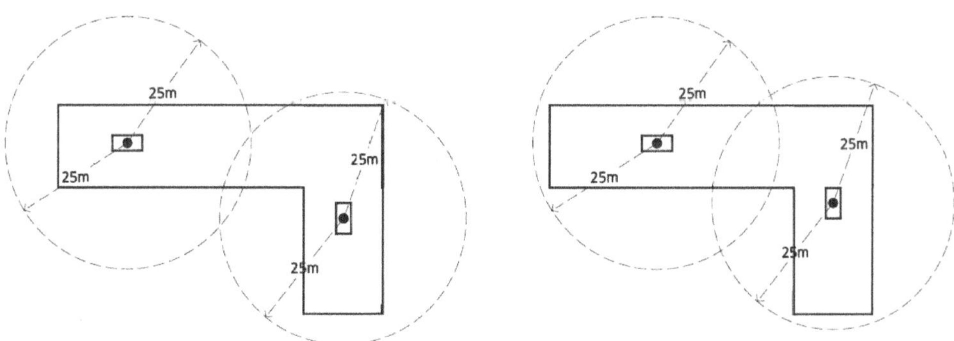

<그림 47> 수평거리 25 m 설계 (왼쪽 : 25 m 초과, 오른쪽 : 25 m 이하)

[예제 5]

기존 건물에서 옆으로 확장하는 증축 예상 평면도이다. 기존 설치된 발신기세트 외에 발신기세트 추가 여부를 검토하고자 한다. 추가 설치 여부를 수평거리 및 보행거리로 계산하시오.

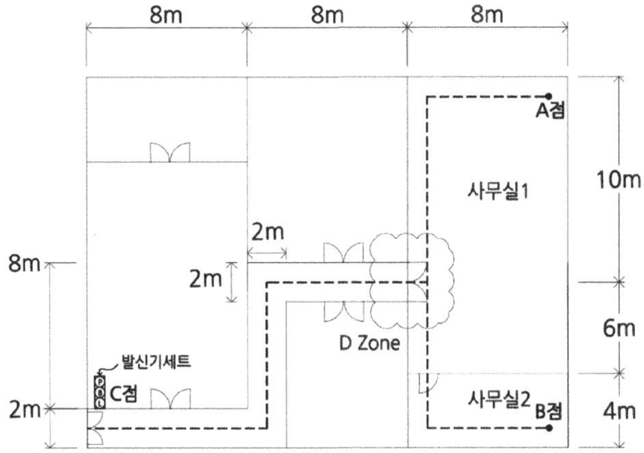

풀이

- 수평거리 계산
  1) 수평거리(직선거리)= $\sqrt{24^2 + 20^2}m \fallingdotseq 31.24m$
  2) $\dfrac{31.24m}{50m/\text{개}} \fallingdotseq 0.62\text{개} \Rightarrow 1\text{개}$, ∴ 발신기세트 1개를 추가해야 함.
- 복도의 보행거리 계산
  1) 복도 보행거리는 보행중심선(복도의 중앙을 기준으로 한 선)으로 산정하는 것이 일반적인 관례이다.
  2) 9 m + 8 m + 7 m = 24 m
- 사무실1 내의 보행거리 계산
  1) 사무실1은 업무를 보는 공간으로 보통 중앙에 책상, 의자 등이 있고 주위 벽들에는 서류보관함 등 물품이 배치될 것으로 추정한다.
  2) 따라서 서류보관함 등을 피해 대략 벽에서 1m를 떨어져 보행하는 것으로 가정해야 하며, 도착 지점은 사무실1에서 가장 먼 지점이 A점으로 선정하는 것이 최악의 경우를 반영한 설계라고 판단된다.
  3) 1 m + 9 m + 7 m = 17 m
- 사무실2 내의 보행거리 계산
  1) 사무실2의 보행거리도 사무실1과 같이 대략 벽에서 1m를 떨어져 가장 먼 지점이 B점에 도착하는 것으로 계산한다.
  2) 1 m + 9 m + 7 m = 17 m
- 발신기세트가 설치된 복도 입구에서 사무실1까지의 보행거리 계산
  1) 24 m + 17 m = 41 m
  2) 보행거리 40 m 초과로 발신기세트를 추가해야 한다.

- 발신기세트가 설치된 복도 입구에서 사무실2까지의 보행거리 계산
  1) 24 m + 17 m = 41 m
  2) 보행거리 40 m 초과로 발신기세트를 추가해야 한다.
- 결론
  1) 수평거리에 따른 1개 산출, 보행거리(사무실1 및 사무실2)에 따른 1개가 산출되어 이 중 가장 큰 값인 1개를 선택함.
  2) 복도의 적당한 위치인 D Zone에 발신기세트를 1개를 추가해야 함.

[예제 6]

어느 건물의 1층 평면도이다. 실 내부에 설치하는 발신기세트 최소 설치 수를 구하시오. 단, 보행거리는 벽면에서 1 m 이격하여 걷는 것으로 한다.

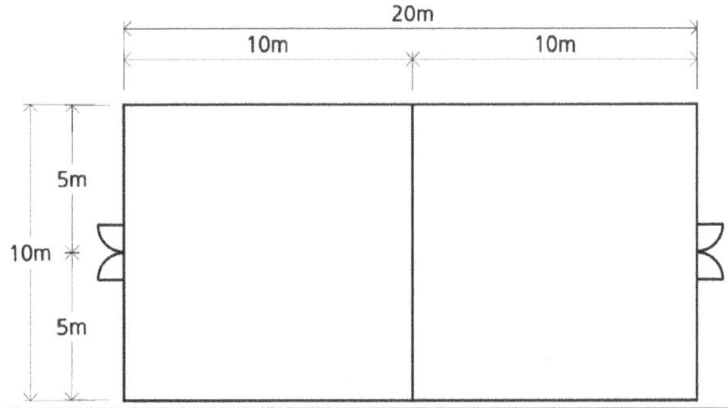

풀이

- 층 계산

$$1\text{층} \times \frac{\text{개}}{\text{층}} = 1\text{개}$$

- 수평거리 계산
  1) 수평거리(직선거리) $= \sqrt{20^2 + 10^2}\,m \fallingdotseq 22.36m$
  2) $\dfrac{22.36m}{50m/\text{개}} \fallingdotseq 0.45\text{개} \Rightarrow 1\text{개}$
- 보행거리 계산

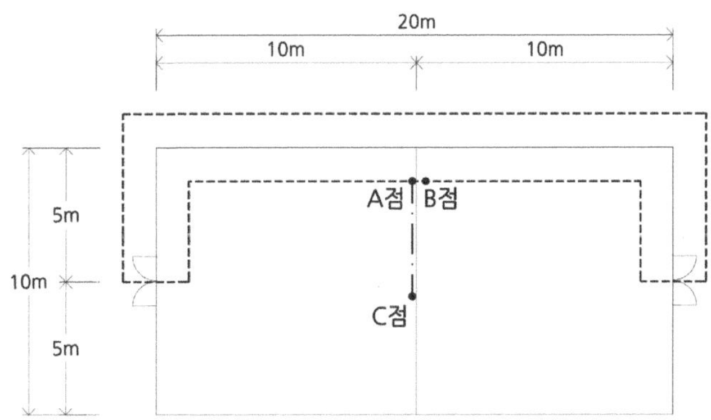

  1) 외부 출입구가 있는 별도로 구획된 실이므로 실과 실사이의 보행거리를 계산하여

야 한다. 보행거리 계산은 가장 먼 곳을 기준으로 하여 계산하므로 A점에서 B점까지가 가장 먼 보행거리가 된다. 물론 A점에서 연장된 C점까지가 더 먼 보행거리가 될 수 있으나 보통은 그 실 중앙에 통로가 있어 보행이 가능한 경우가 많으므로 C점까지의 연장은 제외하였다.

2) A점에서 B점까지의 보행거리 계산

9 m + 4 m + 2 m + 6 m + 22 m + 6 m + 2 m + 4 m + 9 m = 64 m

3) 보행거리에 따른 발신기세트 수 산정

$$\frac{64m}{40m/\text{개}} = 1.6\text{개} \Rightarrow 2\text{개}$$

(참고) 보행거리 산출은 발신기세트를 중앙에 설치하는 것으로 하여 다음과 같이 계산도 가능하다. 즉, $\frac{64m}{80m/\text{개}} = 0.1\text{개} \Rightarrow 1\text{개}$로 중앙에 설치하는 방법이다. 이는 발신기세트가 외부에 설치되어 우수에 의한 단락 및 부식이 발생하여 유지관리가 매우 곤란하다. 따라서 발신기세트는 옥외 설치가 불가능한 것으로 하여 옥내 설치로 산정하는 것이 바람직하다.

• 4. 결론

층에 따른 1개 산출, 수평거리에 따른 1개 산출, 보행거리에 따른 2개가 산출되어 이 중 가장 큰 값인 2개를 설치해야 함.

발신기세트 설치수는 자동화재탐지설비만 설계하는 경우에는 단독형으로 지금까지 기술한 방법으로 산정하면 별 문제가 없다. 그러나 자동화재탐지설비와 옥내소화전설비 및 연결송수관설비가 같이 설치된다면 한 번 더 검토를 해야 한다.

발신기세트가 단독형으로 설치되지 못하고 겸용으로 설치되는 경우는 총 3가지로 생각해 볼 수 있다. 옥내소화전설비와 겸용하는 경우, 연결송수관설비와 겸용하는 경우, 옥내소화전설비 및 연결송수관설비와 겸용하는 경우가 그것이다.

다음 그림의 왼쪽은 자동화재탐지설비와 옥내소화전설비가 함께 설치되는 경우로 상부는 자동화재탐지설비 발신기세트가 있고 그 하부는 옥내소화전설비의 40 mm 방수구(앵글밸브), 호스, 관창이 설치되어 있다.

그림의 오른쪽은 자동화재탐지설비, 옥내소화전설비 및 연결송수관설비가 함께 설치된 경우이다. 상부에는 자동화재탐지설비 발신기세트가 있고, 하부에는 옥내소화전설비의 방수구 40 mm와 40 mm 호스가 있다. 옥내소화전 방수구 40 mm 아래에 앵글밸브 65 mm가 설치되어 연결송수관설비가 함께 시공되어 있음을 확인할 수 있다.

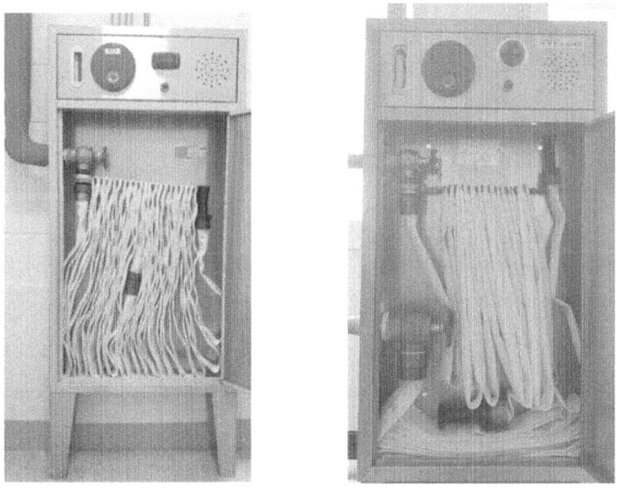

<그림 48> 발신기세트를 겸용 설치하는 경우

발신기세트와 함께 설치되는 설비에 따라 검토해야 하는 내용이 조금씩 다르다. 겸용하는 설비에 따른 중요 검토사항을 정리하여 아래 표에 나타내었다.

<표 16> 겸용설비인 경우 발신기세트 주요 검토 사항

구분	NFTC 규정 항목	주요 검토 사항
옥내소화전설비와 겸용하는 경우	• 층마다 설치. • 수평거리 25 m 이하 설치. • 복층형 공동주택의 경우에는 복층에 설치 제외 가능.	복층형 공동주택은 복층에 옥내소화전함 설치가 제외되므로 복층에 발신기세트 단독형 설치 여부를 검토해야 함.
연결송수관설비와 겸용하는 경우	• 층마다 설지 • 층 설치 제외 조항※1 있음. • 지하가 및 지하층 바닥면적 합계가 3,000 ㎡ 이상인 것은 수평거리 25 m 이하 설치 • 그 외의 것은 수평거리 50 m 이하 설치	• 방수구함 설치가 제외된 층※1은 발신기세트 단독형 설치 여부를 검토해야 함. • 지하가 및 지하층 바닥면적 합계 3,000 ㎡ 이상을 제외한 대부분의 경우는 수평거리 50m 이하 설치이므로 발신기세트의 수평거리 25 m 이하에 적합한지 검토해야 함
옥내소화전설비+연결송수관설비와 겸용하는 경우	옥내소화전설비 규정에 따라 설치되므로 '옥내소화전설비와 겸용하는 경우'와 같음.	복층형 공동주택은 복층에 옥내소화전함 설치가 제외되므로 복층에 발신기세트 단독형 설치 여부를 검토해야 함.

※1 : 「연결송수관설비의 화재안전기술기준(NFTC 502)」 2.3.1.1
연결송수관설비의 방수구는 그 특정소방대상물의 층마다 설치할 것. 다만, 다음의 어느 하나에 해당하는 층에는 설치하지 않을 수 있다.
(1) 아파트의 1층 및 2층
(2) 소방차의 접근이 가능하고 소방대원이 소방차로부터 각 부분에 쉽게 도달할 수 있는 피난층

(5) 부착 가능한 감지기 종류를 확인한다.

감지기는 연소생성물인 열, 연기, 화염 등을 감지하여 수신기에 화재신호를 발신하는 자동화재탐지설비의 가장 핵심적인 구성 요소라 할 수 있다. 따라서 감지기가 빨리 동작해서 화재신호를 주어야만 초기에 작동해야 하는 자동화재탐지설비의 본 기능을 수행할 수 있다.

부착높이에 따라 설치할 수 있는 감지기 종류를 「NFTC 203」에 별도로 규정하고 있다. 이는 부착높이가 높을수록 감지기가 동작하기 위한 높은 수준의 기능이 필요하기 때문이다. 화재가 발생하면 열기류인 열류층(Heat Layer)이 생성된다. 이 열류층이 감지기에 도달해야만 감지기가 동작할 수 있다. 그런데 부착높이가 높아질수록 열류층이 감지기에 도달할 수 있는 가능성은 적어진다. 열류층은 부착높이가 높아질수록 희석되어 농도가 옅어지고 온도가 저하된다. 따라서 부착높이가 높을수록 적은 농도에서 작동하거나 낮은 온도에서 작동하는 감지기만 설치할 수 있는 것이다.

부착높이별로 설치 가능한 감지기를 「NFTC 203」에서 찾아 보기 쉽도록 표로 정리하였다.

<표 17> 부착높이에 따른 감지기의 종류

감지기 종류	부착높이				
	4 m 미만	4 m 이상 8 m 미만	8 m 이상 15 m 미만	15 m 이상 20 m 미만	20 m 이상
차동식 스포트형	○※1	○			
차동식 분포형	○	○	○		
보상식 스포트형	○※2	○※2			
정온식 스포트형	○	특종, 1종			
정온식 감지선형	○	특종, 1종			
이온화식	○	1종, 2종	1종, 2종	1종	
광전식 스포트형	○	1종, 2종	1종, 2종	1종	
광전식 분리형	○	1종, 2종	1종, 2종	1종	아날로그식※2
광전식 공기흡입형※3	○	1종, 2종	1종, 2종	1종	아날로그식
열복합형	○※2	○※2			
연기복합형	○※2	○※2	○※2	○※2	

열연기복합형	○※2	○※2			
불꽃감지기	○	○	○	○	○

[비고]
감지기별 부착 높이 등에 대하여 별도로 형식승인을 받은 경우에는 그 성능인정 범위 내에서 사용할 수 있다.
부척 높이 20 m 이상에 설치되는 광전식 중 아날로그방식의 감지기는 공칭 감지농도 하한값이 감광율 5%/m 미만의 것으로 한다.

※1 : 설치할 수 있음을 나타낸다.
※2 : 현재 생산되지 않는 것으로 판단된다.
※3 : ASD(Air Sampling Detector)라고도 한다.

부착높이 8 m 미만까지는 모든 감지기(정온식은 특종·1종, 연기감지기는 1종·2종) 설치가 가능하다. 8 m 이상 15 m 미만은 차동식 분포형, 연기감지기(1종, 2종), 불꽃감지기 설치가 가능하나 설계에는 가격이 저렴한 연기감지기를 주로 적용하고 있다.

15 m 이상 20 m 미만은 연기감지기(이온화식, 광전식 스포트형, 광전식 분리형, 광전식 공기흡입형) 1종과 불꽃감지기 설치가 가능하다. 이온화식 및 광전식은 작동 후 복구가 어려워 채택이 어렵고, 광전식 공기흡입형은 고가의 감지기로 설계에서 보통 제외하고 있다. 따라서 15 m 이상 20 m 미만은 광전식 분리형과 불꽃감지기를 주로 설계에 반영하고 있다.

20 m 이상에 설치할 수 있는 감지기는 아날로그식 광전식 분리형, 아날로그식 광전식 공기흡입형, 불꽃감지기가 있다. 아날로그식 광전식 분리형감지기는 제품이 생산되지 않아 적용할 수 없다. 따라서 20 m 이상은 아날로그식 광전식 공기흡입형감지기와 불꽃감지기만 설치할 수 있는데, 아날로그식 광전식 공기흡입형감지기에 비해 저렴한 불꽃감지기를 주로 설계에 반영하고 있다.

부착 높이는 건축설계에서 제시되는 층고와는 다르며 감지기가 실제 취부되는 감지기 높이를 의미한다. 층고는 「건축법 시행령」[19]에서 그 정의를 찾아볼 수 있는데 '방의 바닥구조체 윗면으로부터 윗층 바닥구조체의 윗면까지의 높이'로 규정하고 있다.

이해가 가능하도록 층고와 부착 높이를 다음 그림에 나타내었다.

19) 「건축법 시행령」 제119조제1항제8호 (시행 2024.3.13.)

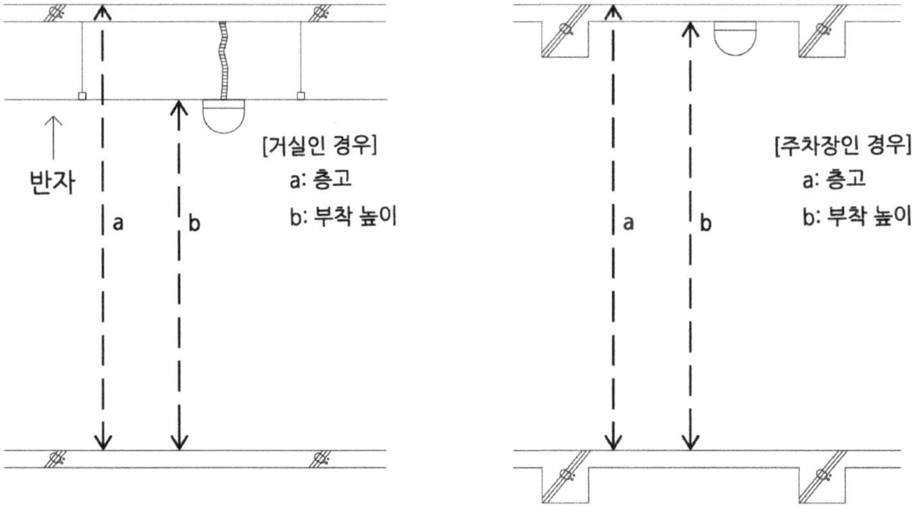

<그림 49> 층고와 부착 높이

따라서 반자가 있는 거실의 경우와 반자가 없는 주차장의 경우에도 항상 층고가 부착 높이보다 크므로 건축설계에서 제시하는 층고를 활용하여 감지기 종류를 선정하여도 무방하다고 사료된다.

또한 부착 높이가 서로 다른 경우에 감지기를 선정해야 하는 경우가 있는데 경사진 천장, 둥근 천장, 굴곡이 있는 천장 등에 감지기를 설치하는 경우가 그것이다.

다음은 체육관, 다목적강당 등에 많이 설계되는 둥근 천장을 나타낸 그림으로 고려해야 할 부착높이를 제시하였다.

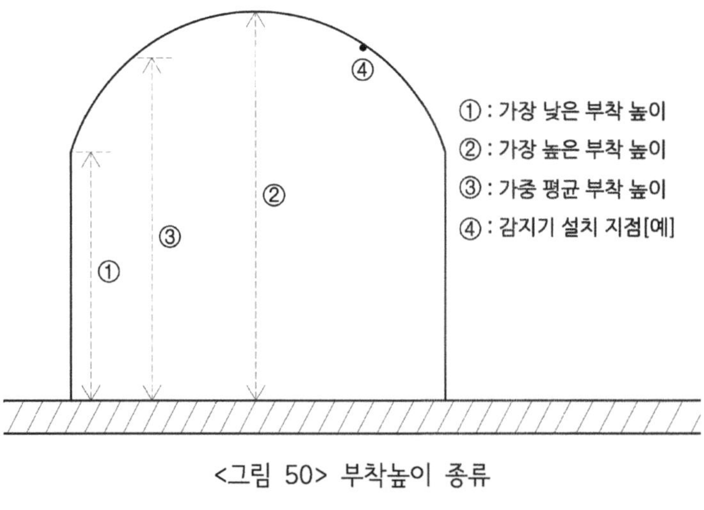

<그림 50> 부착높이 종류

①, ②, ③부착높이로 구분하여 설계 시 참고해야 할 사항을 아래 표에 나타내었다.

<표 18> 부착높이 비교

구분		내용
①	가장 낮은 부착높이	• 가장 낮은 높이로 산정하여 ④지점에 감지기 설치 • ④에 설치된 감지기가 화재안전기준에 적합하지 않음
②	가장 높은 부착높이	• 가장 높은 높이로 산정하여 ④지점에 감지기 설치 • ④에 설치된 감지기가 화재안전기준에 적합 • 고사양(고비용)의 감지기가 설치될 가능성이 있음
③	가중 평균 부착높이	• 가장 낮은 높이와 가장 높은 높이의 평균값으로 산정하여 ④지점에 감지기 설치 • ④에 설치된 감지기가 화재안전기준에 적합 또는 부적합할 수 있음
④	감지기마다 부착높이	• 감지기 설치 지점인 ④로 산정하여 감지기를 ④에 설치 • ④에 설치된 감지기가 화재안전기준에 적합 • 감지기 설치 지점마다 산정해야 하므로 번거로움이 존재

가장 낮은 부착높이를 적용한 ①번은 화재안전기준을 만족하지 않아 설계에 적용할 수 없다. 가장 높은 부착높이를 적용한 ②번, 가중 평균한 높이를 적용한 ③번, 감지기 설치 지점마다 산정한 ④번은 현재 설계에 적용하는 방식이다.

그러나 가중 평균한 높이를 적용한 ③번은 화재안전기준을 만족하지 못하는 경우가 존재하므로 가능한 한 설계에 반영하지 않는 것이 바람직하다. 따라서 설계에 적용할 수 있는 부착높이는 ②번과 ④번이 해당된다 하겠다.

(6) 감지기 종류를 선정한 후 감지기를 배치한다.

보통의 실은 차동식 스포트형 2종을, 주방·보일러실은 정온식 스포트형 1종을, 계단·복도 등은 광전식 연기감지기 2종을 주로 설계한다. 층고가 높아 스포트형 감지기와 연기감지기를 설치할 수 없는 강당, 체육관 등은 불꽃감지기 또는 광전식 분리형 감지기를 설계하고 있다.

R형 시스템의 경우에는 각 거실은 아날로그감지기를, 주차장은 차동식 스포트형 2종을 일반적으로 설계하고 있었으나 점차 거실 및 주차장 모두를 아날로그감지기를 설치하는 쪽으로 변모하고 있다.

정온식감지기와 연기감지기 등 몇 종의 감지기는 NFTC에 설치장소가 규정되어 있으나 차동식 감지기의 설치장소는 NFTC에 명확하게 규정되어 있지는 않다.

다음은 「NFTC 203」에 규정된 장소별 설치할 수 있는 감지기를 간단히 정리하여 표로 나타낸 것이다. 설계 시에는 반드시 설치장소를 먼저 확인한 후 설치장소에 적응성이 있는 적합한 감지기로 도면화해야 한다.

<표 19> 설치장소별 설치 가능한 감지기 종류

구분	설치장소	제외
연기감지기※2	• 계단, 경사로, 에스컬레이터 경사로 • 복도(30 m 미만은 제외) • 엘리베이터 승강로(권상기실이 있는 경우는 권상기실), 린넨슈트, 파이프 피트, 덕트 기타 이와 유사한 장소 • 천장 또는 반자의 높이가 15 m 이상 20 m 미만의 장소 • 다음 특정소방대상물의 취침, 숙박, 입원 등 이와 유사한 용도로 사용되는 거실 (1) 공동주택, 오피스텔, 숙박시설, 노유자시설, 수련시설 (2) 교육연구시설 중 합숙소 (3) 의료시설, 근린생활시설 중 입원실이 있는 의원·조산원 (4) 교정 및 군사시설 (5) 근린생활시설 중 고시원	교차회로방식의 감지기 또는 특수감지기※1를 설치하는 경우에는 연기감지기 설치 제외 가능
정온식감지기※3	주방·보일러실 등으로서 다량의 화기를 취급하는 장소	
광전식분리형감지기, 불꽃감지기※4	화학공장, 격납고, 제련소 등	
광전식공기흡입형감지기※5	전산실, 반도체공장 등	

※1 : 불꽃감지기, 광전식분리형감지기, 아날로그방식의 감지기, 다신호방식의 감지기, 축적방식의 감지기, 복합형감지기, (차동식)분포형감지기, 정온식감지선형감지기로 총 8종을 말한다.
※2 : 「NFTC 203」(시행 2022.12.1.) 2.4.2
※3 : 「NFTC 203」(시행 2022.12.1.) 2.4.3.4
※4 : 「NFTC 203」(시행 2022.12.1.) 2.4.4.1
※5 : 「NFTC 203」(시행 2022.12.1.) 2.4.4.2

건축물에 설치해야 하는 차동식 스포트형 감지기, 보상식[20] 스포트형 감지기, 정온식 스포트형 감지기의 수량 산출의 근거는 「NFTC 203」인 「자동화재탐지설비 및 시각경보장치의 화재안전기준」에서 찾아볼 수 있다.

「NFTC 203」의 표 2.4.3.5[21]에서는 차동식 스포트형 감지기·보상식 스포트형 감지기·정온식 스포트형 감지기의 부착높이 및 건축물 구조에 따른 1개의 감지기가 담당하는 최대 바닥면적을 제시하고 있다. 이 표를 활용하여 감지기 수량를 산출할 수 있다.

표 2.4.3.5를 간단히 정리하여 아래에 나타내었다.

<표 20> 차동식·보상식·정온식 스포트형 감지기 1개의 최대 바닥면적(단위: ㎡)

부착 높이 및 특정소방대상물의 구분		차동식 스포트형 보상식 스포트형		정온식 스포트형		
		1종	2종	특종	1종	2종
4 m 미만	주요구조부 내화구조	90	70	70	60	20
	기타구조	50	40	40	30	15
4 m 이상 8 m 미만	주요구조부 내화구조	45	35	35	30	-
	기타구조	30	25	25	15	-

스포트형(차동식, 보상식, 정온식) 감지기의 설치 수를 산정하려면 먼저 건축물의 구조를 파악해야 한다. 건축물 구조는 주요구조부가 내화구조인지, 비내화구조(기타구조)인지를 판단하는 것이다. 보통의 방법은 건축설계사무소의 건축물 개요에서 구조를 확인하는 것이나 건축설계사에 바로 유선으로 문의하는 간단한 방법도 있다.

주의해야 할 점은 내화구조 적용은 건축물 전체가 내화구조가 되어야 적용하는 것이 아니고 주요구조부만 내화구조로 되어 있어도 적용이 가능하다는 점이다. 주요구조부의 종류는 「건축법」[22]에서 규정하고 있다. 주요구조부에는 내력벽(耐力壁), 기둥, 바닥, 보, 지붕틀, 주계단이 해당하고 사이 기둥, 최하층 바닥, 작은 보, 차양, 옥외 계단은 해당되지 않는다고 명시하고 있다. 따라서 하중을 직접 받지 않는 칸막이벽 등 비내력벽은 주요구조부에 해당되지 않아 스포트형 감지기를 산정할 때는 고려하지 않아도 된다.

---

20) 보상식감지기는 차동식감지기와 정온식감지기의 기능을 합친 감지기로 차동식의 공기식과 정온식의 바이메탈식 중 먼저 작동한 기능이 화재신호를 발신하는 감지기이다. 따라서 실보(失報)를 방지하기 위한 심부화재 등에 적응성이 있으나 현재 제품이 생산되지 않아 설계에 적용하기는 어렵다.

21) 「자동화재탐지설비 및 시각경보장치의 화재안전기술기준(NFTC 203)」 2.4.3.5

22) 「건축법」 제2조제1항제7호 (시행 2023.6.11.)

내화구조의 해당 여부는 「건축물의 피난·방화구조 등의 기준에 관한 규칙」[23)]에서 찾아볼 수 있다. 여기에는 건축물 부위를 벽, 외벽 중 비내력벽, 기둥, 바닥, 보, 지붕, 계단으로 구분하여 내화구조에 해당하는 조건을 제시하고 있다.

자주 접하는 철근콘크리트조, 철골철근콘크리트조, 벽돌조를 주 내용으로 하여 간단히 아래 표에 나타내었다.

<표 21> 건축물 부위별 내화구조 조건

건축물 부위	내화구조 조건
벽	• 철근콘크리트조 또는 철골철근콘크리트조로서 두께가 10 cm 이상인 것 • 벽돌조로서 두께가 19 cm 이상인 것
기둥	• 작은 지름이 25 cm 이상인 철근콘크리트조 또는 철골철근콘크리트조
바닥	• 철근콘크리트조 또는 철골철근콘크리트조로서 두께가 10 cm 이상인 것
보(지붕틀 포함)	• 철근콘크리트조 또는 철골철근콘크리트조
지붕	• 철근콘크리트조 또는 철골철근콘크리트조 • 철재로 보강된 벽돌조
계단	• 철근콘크리트조 또는 철골철근콘크리트조 • 철재로 보강된 벽돌조

보, 지붕, 계단은 철근콘크리트조나 철골철근콘크리트조에만 해당되면 내화구조로 인정받을 수 있다. 그러나 벽 및 바닥은 두께가 10 cm 이상이어야 하고, 기둥은 최소 지름이 25 cm 이상인 철근콘크리트조 및 철골철근콘크리트조여만 내화구조로 인정받을 수 있다. 따라서 철근콘크리트조 또는 철골철근콘크리트조로 설계된 경우에는 내화구조의 조건이 가장 강한 벽, 바닥의 두께가 10 cm 이상 여부인지를 확인하는 것이 내화구조 검토의 핵심이라 할 수 있다.

그러나 2층 이상의 건축물[24)]은 구조 안전을 위해 벽, 바닥을 철근콘크리트구조로 20 cm 근처의 두께로 설계하고 있어 이 경우인 건축물은 10 cm 이상을 항상 만족하게 된다.

[예제 7]	다음 그림과 같은 실에 감지기를 설치하고자 한다. 각 항목에 맞는 감지기 최소 설치 수를 구하시오. 건물구조는 철근콘크리트조로 내화구조이고, 감지기 부착 높이는 4 m이다.

23) 「건축물의 피난·방화구조 등의 기준에 관한 규칙」 제3조 (시행 2023.8.31.)
24) 「건축법 시행령」 제32조제2항 (시행 2024.3.13.)

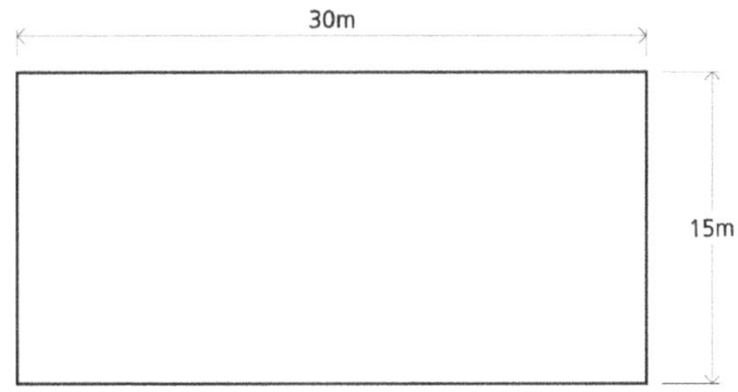

1. 차동식 스포트형 1종
2. 차동식 스포트형 2종
3. 정온식 스포트형 특종
4. 정온식 스포트형 1종

풀이

1. 차동식 스포트형 1종, 내화구조, 부착높이 : 4 m
   (30 m × 15 m) / (45 ㎡ / 개) = 10개
2. 차동식 스포트형 2종, 내화구조, 부착높이 : 4 m
   (30 m × 15 m) / (35 ㎡ / 개) ≒ 12.86개 ⇒ 13개
3. 정온식 스포트형 특종, 내화구조, 부착높이 : 4 m
   (30 m × 15 m) / (35 ㎡ / 개) ≒ 12.86개 ⇒ 13개
4. 정온식 스포트형 1종, 내화구조, 부착높이 : 4 m
   (30 m × 15 m) / (30 ㎡ / 개) = 15개

[예제 8]

다음 그림과 같이 기계실 및 회의실에 감지기를 설치하고자 한다. 건물구조가 철골구조일 때 각 항목에 답하시오.

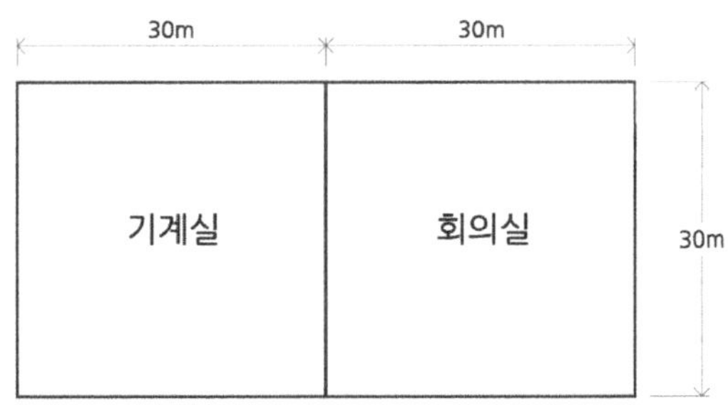

구분	기계실	회의실
층고	5 m	5 m
윗층 바닥에서 반자까지 높이	반자 미설치	2 m
감지기 설치	정온식 1종	차동식 1종
층고는 위층 바닥에서 아래층 바닥까지로 한다.		

	1. 기계실 감지기 최소 설치 수 2. 회의실 감지기 최소 설치 수
풀이	1. 기계실 감지기 최소 설치 수 1) 감지기 부착 높이 : 5 m, 비내화구조(기타구조) 2) (30 m × 30 m) / (15 ㎡ / 개) = 60개 2. 회의실 감지기 최소 설치 수 1) 감지기 부착 높이 : 5 m − 2 m = 3 m, 비내화구조(기타구조) 2) (30 m × 30 m) / (50 ㎡ / 개) = 18개
[예제 9]	다음 그림과 같은 실에 차동식 스포트형 2종 감지기를 설치하고자 한다. 건물은 내화구조이고, 층고는 4 m, 감지기가 부착된 반자 높이는 3.5 m이다.

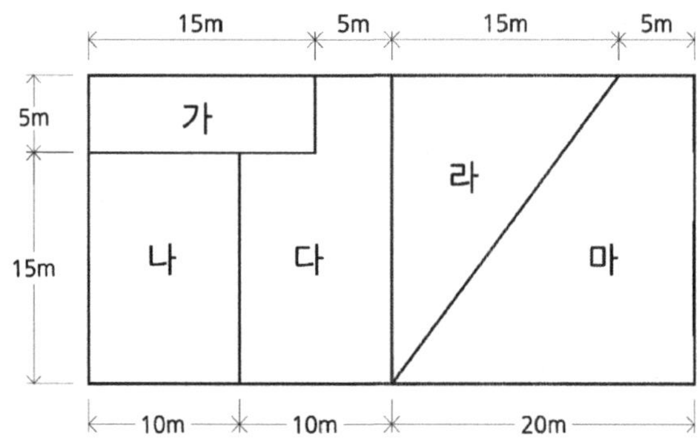

1. 각 실에 필요한 최소 감지기 개수를 산출하시오.

실	산출 내역	개수
가		
나		
다		
라		
마		
합계		

2. 각 실에 산출된 감지기를 배치하시오.
3. 실 전체의 경계구역수를 산정하시오.
   1) 계산과정 :
   2) 답 :

풀이

1. 각 실별 최소 감지기 개수 산출

실	산출 내역	개수
가	(15 m×5 m) / (70 ㎡/개) ≒ 1.07개	2개
나	(10 m×15 m) / (70 ㎡/개) ≒ 2.14개	3개
다	((10 m×15 m) + (5 m×5 m)) / (70 ㎡/개) = 2.5개	3개
라	(1/2×15 m×20 m) / (70 ㎡/개) ≒ 2.14	3개
마	((1/2×15 m×20 m) + (5 m×20 m)) / (70 ㎡/개) ≒ 3.57개	4개
합계	2개 + 3개 + 3개 + 3개 + 4개 = 15개	15개

2. 각 실별 감지기 배치

1) 1개의 감지기가 설치되는 경우에는 일반적으로 실 중앙에 배치한다.
   (참고) 현실은 실 중앙에 전등 등이 설치되므로 중앙을 피해 설치되고 있다.

2) 정사각형 모양의 실인 경우에는 좌, 우, 상, 하 대칭이 되도록 배치한다.

3) 직사각형 모양의 실인 경우에는 긴 변을 기준으로 하여 배치한다.
   (참고) 감지기를 설치해야 하는 천장·반자에 전등, 천장형 에어컨, 급·배기 그릴, 스프링클러 헤드 등 많은 기구 등이 부착되므로 정확한 설계도면 위치에 감지기를 설치하기는 곤란하다.
   따라서 타 공종과 협의한 후 미관을 고려한 적당한 위치에 감지기가 시공되고 있다. 물론 설계도면의 수량에 맞게 감지기가 설치되어야 한다.

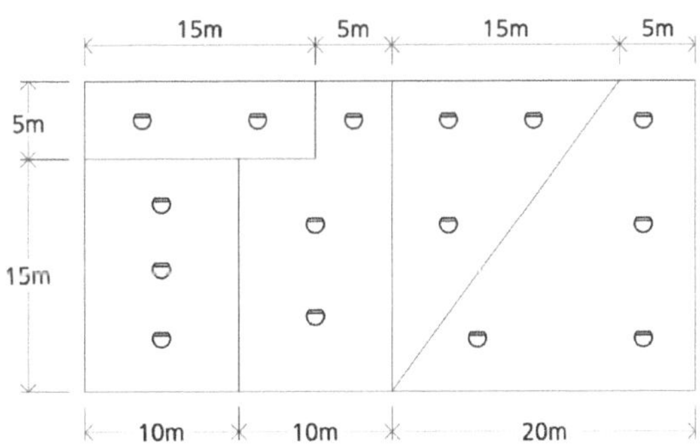

3. 실 전체 경계구역수를 산출

   1) 계산과정
      (1) 면적 검토 : (40 m×20 m) / 600 ㎡/개 ≒ 1.33개 ⇒ 2개
      (2) 길이 검토 : 40 m / 50 m/개 = 0.8개 ⇒ 1개, 20 m / 50 m/개 = 0.4개 ⇒ 1개
      (3) (1), (2) 중 최대값인 2개가 정답임

   2) 답 : 2개

연기감지기는 바닥면적, 보행거리, 수직거리에 따라 설치하도록 「NFTC 203」에 규정되어 있다. 바닥면적에 의한 연기감지기 설치[25]와 보행거리·수직거리에 따른 규정[26]이 별도로 있으므로 이를 정리하여 아래 표에 나타내었다.

<표 22> 연기감지기 1개의 최대 바닥면적(단위: ㎡)

부착 높이	1종, 2종	3종
4 m 미만	150	50
4 m 이상 20 m 미만	75	–

<표 23> 연기감지기 1개의 최대 보행거리·수직거리(단위: m)

구분	1종, 2종	3종
복도, 통로	보행거리 30 m 마다	보행거리 20 m 마다
계단, 경사로	수직거리 15 m 마다	수직거리 10 m 마다

「NFTC 203」에 바닥면적과 보행거리·수직거리가 별도 조항으로 규정되어 있으므로 연기감지기 설계에서도 각 각 별도로 적용해야 한다. 따라서 복도, 통로, 계단, 경사로에 연기감지기를 설계할 때는 보행거리, 수직거리에 대한 검토는 물론 바닥면적에 대한 검토도 해야 한다. 이와 다르게 거실에 적용하는 연기감지기는 복도, 통로, 계단, 경사로에 설치하는 것이 아니므로 바닥면적만 검토하여 연기감지기 수량을 결정해도 가능하다 하겠다.

수직거리는 계단, 경사로에서의 감지기사이의 직선 높이로 해석하고 있고, 보행거리는 사람이 걸어간 거리로 복도 및 통로의 중앙인 중심에서 중심선을 따라 걸어간 거리로 적용하고 있다.

[예제 10] 다음 그림과 같은 건물의 실에 감지기를 설치하고자 한다. 주어진 조건을 참조하여 물음에 답하시오.

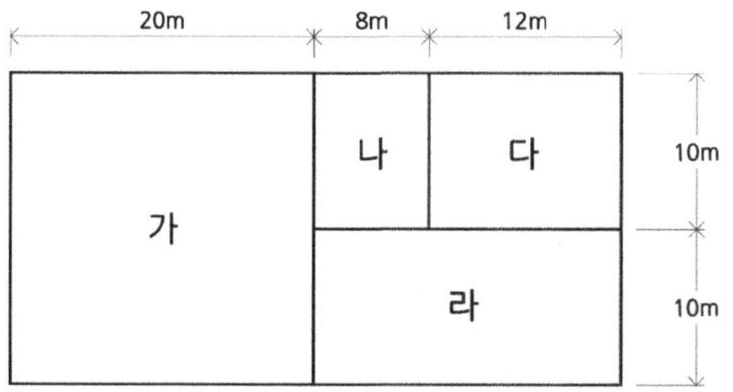

25) 「자동화재탐지설비 및 시각경보장치의 화재안전기술기준(NFTC 203)」 2.4.3.10.1
26) 「자동화재탐지설비 및 시각경보장치의 화재안전기술기준(NFTC 203)」 2.4.3.10.2

(조건)

- 건물은 철근콘크리트조로 벽체 및 바닥의 두께는 5 cm이다.
- 각 실의 감지기 부착 높이와 설치 감지기 종류는 다음과 같다.

실	감지기 부착 높이	설치 감지기 종류
가	5 m	연기식 2종
나	3.5 m	정온식 스포트형 1종
다	3.5 m	차동식 스포트형 2종
라	4 m	차동식 스포트형 1종

1. 각 실에 필요한 최소 감지기 개수를 산출하시오.

실	산출 내역	개수
가		
나		
다		
라		
합계		

2. 각 실에 산출된 감지기를 배치하시오.

풀이

1. 각 실별 최소 감지기 개수 산출

실	산출 내역	개수
가	(20 m×20 m) / (75 ㎡/개) ≒ 5.33개	6개
나	(8 m×10 m) / (30 ㎡/개) ≒ 2.67개	3개
다	(12 m×10 m) / (40 ㎡/개) = 3개	3개
라	(20 m×10 m) / (30 ㎡/개) ≒ 6.67개	7개
합계	6개 + 3개 + 3개 + 7개 = 19개	19개

2. 각 실별 감지기 배치

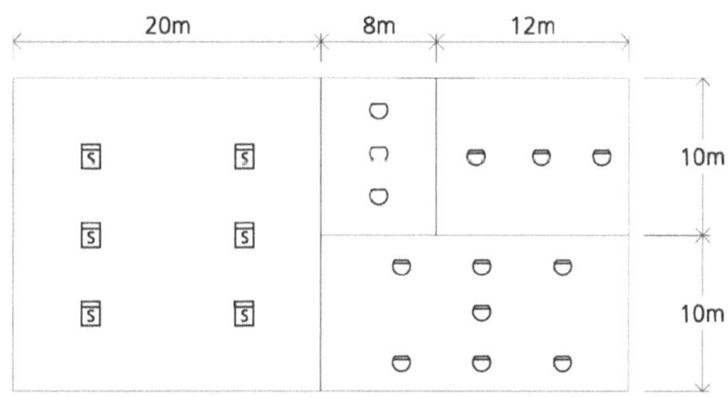

[예제 11]

다음은 중정(中庭)건물의 복도만 나타낸 그림이다. 복도에 연기감지기 2종을 설치할 경우 다음 물음에 답하시오. 단, 감지기 부착높이는 4 m이다.

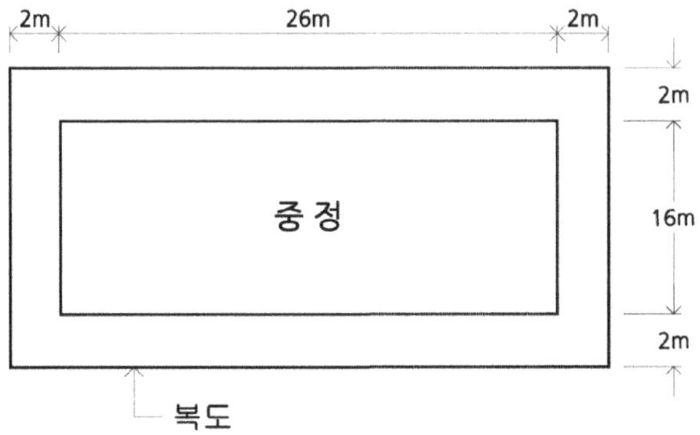

1. 복도에 필요한 최소 연기감지기 개수를 산출하시오.
   1) 계산과정 :
   2) 답 :
2. 산출된 연기감지기를 복도에 배치하시오. 단, 복도에 연기감지기를 배치하는 경우에는 연기감지기간 거리도 함께 표시하시오.

풀이

1. 복도의 최소 연기감지기(2종) 개수 산출
   1) 보행거리에 따른 산출
      (1) 전체 보행거리 : (28 m+18 m)×2 = 92 m
      (2) 연기감지기 2종 산출 : 92 m / 30 m/개 ≒ 3.07개 ⇒ 4개
   2) 면적에 따른 검토
      (1) 전체 복도 면적 : ((30 m×2)+(2 m×16 m))×2 = 184 ㎡
      (2) 연기감지기 2종 산출 : 184 ㎡ / 75 ㎡/개 ≒ 2.45개 ⇒ 3개
   3) 보행거리 및 면적에 따른 최대값이 4개 설치
2. 연기감지기(2종) 복도 배치

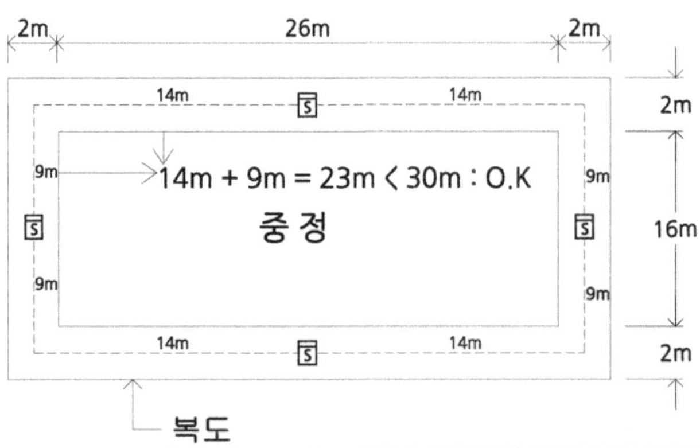

[예제 12] 다음은 숙박시설 건물의 지상 3층을 나타낸 평면도이다. 주어진 조건을 참조하여 물음에 답하시오.

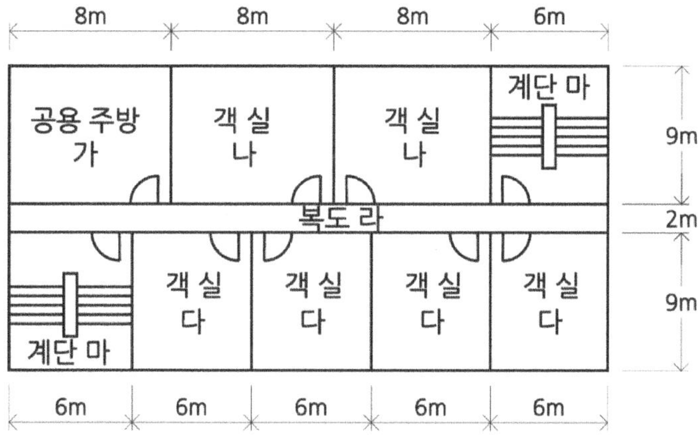

(조건)

- 건물은 지상 3층 건물이다.
- 구조는 철근콘크리트조로 벽체 및 바닥의 두께는 10cm이다.
- 각 층 층고는 3.5m이고, 감지기 부착위치는 바닥에서 3m이다.
- 계단에서 옥탑을 통하여 옥상 외부로 나갈 수 있으며, 옥탑은 층에 해당되지 않는다. 단, 옥탑의 층고는 3.5m이다.
- 각 층 평면은 계산 편의상 3층 평면과 같다고 가정한다.

장소	감지기 선정	산출 내역	개수
가			
나			
다			
라			
마			
합계			

1. 3층의 각 장소 1개소에 필요한 최소 감지기 개수를 산출하시오.
2. 3층에 산출된 감지기를 배치하시오.
3. 숙박시설 전체의 감지기 수를 산출하시오.
   1) 계산과정 :
   2) 답 :
4. 3층 전체의 최소 경계구역 수를 산정하시오. 단, 수직 경계구역은 제외한다.
   1) 계산과정 :
   2) 답 :

5. E/V 1개소를 추가하여 숙박시설 전체의 경계구역 수를 산정하시오.
   1) 계산과정 :
   2) 답 :
6. 3층 발신기세트 최소 설치수를 산출하시오.
   1) 계산과정 :
   2) 답 :
7. 숙박시설 전체의 발신기세트 수를 산정하시오.
   1) 계산과정 :
   2) 답 :

풀이

1. 3층 각 장소 1개소에 필요한 최소 감지기 개수 산출

구분	감지기 선정	산출 내역	개수
가	정온식 스포트형 1종	(8 m×9 m) / (60 ㎡/개) = 1.2개	2개
나	연기식 2종	(8 m×9 m) / (150 ㎡/개) = 0.48개	1개
다	연기식 2종	(6 m×9 m) / (150 ㎡/개) = 0.36개	1개
라	연기식 2종	·30 m / 30 m/개 = 1개 ·(30 m×2 m) / (150 ㎡/개) = 0.4개	1개
마	연기식 2종	(4층×3.5 m/층) / 15 m/개 ≒ 0.93개	1개
합계	정온식 스포트형 1종 연기식 2종		2개 4개

2. 3층 감지기 배치

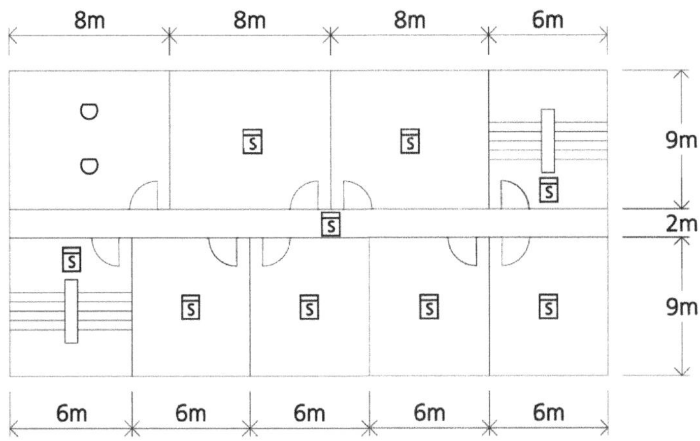

3. 숙박시설 전체 감지기 수를 산출
   1) 계산과정 :
      (1) 정온식 스포트형 1종 : 2개/층 × 3층 = 6개
      (2) 연기식 2종 : 7개/층 × 3층 = 21개, 21개 + 2개(계단) = 23개

(엘리베이터 연기감지기는 본 항목에 언급이 없으므로 제외함)

2) 답 : 정온식 스포트형 1종 6개, 연기식 2종 23개

4. 3층 전체의 최소 경계구역 수 산정(수직 경계구역 제외)

1) 계산과정 :

(1) 면적 산정

① 수평 경계구역 면적 산정 : (30 m×20 m) - (6 m×9 m)×2 = 492 ㎡

② 수평 최소 경계구역 수 산정 : 492 ㎡ / 600 ㎡/개 = 0.82개 ⇒ 1개

(2) 길이 산정 : 30 m, 20 m 〈 50m ⇒ 1개

(3) (1), (2)의 최대값인 1개가 정답

2) 답 : 1개

5. E/V 1개소 추가시 숙박시설 전체의 경계구역 수 산정

1) 계산과정 :

(1) 수평 경계구역 수 산정 : 1개/층 × 3층 = 3개

(2) 수직 경계구역 수 산정 : 계단 2개 + E/V 1개 = 3개

2) 답 : 6개

6. 3층 발신기세트 최소 설치수 산정

1) 계산과정 :

(1) 수평거리에 따른 산정 : $\frac{\sqrt{30^2m^2 + 20^2m^2}}{50m/개} ≒ 0.72개 \Rightarrow 1개$

(2) 보행거리에 따른 산정

① 수평거리에 따라 산정된 발신기세트 1개를 복도 중앙에 설치하는 것으로 한 후 여기에서부터 40 m 초과 여부를 검토함.

② 복도 중앙 ~ 공용주방 가의 최대 보행거리 : 15 m+10 m = 25 m 〈 40 m → 1개 (보행기리 산정은 벅면에서 1m 이격하여 보행하는 것으로 신정함)

(주의) 보행거리 산정이 복도 중앙에서 산정되었으므로 발신기세트는 복도 중앙으로 배치하여야 함. 물론 복도에서의 보행거리가 40m를 벗어나지 않는 선에서 이동 설치는 가능함.

(3) (1), (2)의 최대값인 1개가 정답

2) 답 : 1개

7. 숙박시설 전체 발신기세트 수 산정

1) 계산과정 : 1개/층 × 3층 = 3개

2) 답 : 3개

「NFTC 203」에 감지기 설치 제외 장소가 규정되어 있다. 감지기 설치 제외 장소는 감지기 설치가 곤란한 장소로 비화재보의 우려가 있는 장소와 감지기 성능을 기대할 수 없는 장소로 크게 구분해 볼 수 있다.

비화재보의 우려가 있는 장소에 무리하게 감지기를 설계한 경우에는 화재가 아닌 상황에 경보를 빈번히 발생하여 소방시설에 대한 신뢰도를 떨어뜨리고, 화재 시 대피를 소홀히 할 우려가 높다.

그러나 감지기 설치 제외 장소를 폭넓게 해석해 적용하는 경우에는 감지기 필요 장소에 감지기를 설치하지 못해 감지 지연에 따른 화재 확대, 피난 지연의 문제를 발생할 수 있다. 따라서 감지기 설치 제외 장소를 엄격하게 해석하여 가능한 한 감지기를 설치하고, 설치가 곤란한 최소한의 장소에만 감지기 제외를 적용하는 설계적 접근이 필요하다 하겠다.

「NFTC 203」에서 규정한 감지기 설치 제외 장소를 찾아보고 이를 설계에 어떻게 적용할지를 살펴보도록 하겠다.

<표 24> 감지기 설치 제외 장소

구분	「NFTC 203」※1 내용 및 적용
비화재보의 우려가 있는 장소	부식성가스가 체류하고 있는 장소 ⇒ 부식성가스에 견디는 방폭형, 방식형 감지기를 우선 고려한다.
	목욕실 · 욕조나 샤워시설이 있는 화장실 · 기타 이와 유사한 장소 ⇒ 건축도면 또는 소방전기도면에 목욕탕, 욕조, 샤워기가 있어야 적용이 가능하다.
	먼지 · 가루 또는 수증기가 다량으로 체류하는 장소 또는 주방 등 평상시 연기가 발생하는 장소(연기감지기에 한한다) ⇒ 열감지기(차동식, 정온식) 또는 특수감지기※2 설치를 고려한다.
	프레스공장 · 주조공장 등 화재 발생의 위험이 적은 장소로서 감지기의 유지관리가 어려운 장소 ⇒ 특수감지기 설치를 우선 고려한다.
감지기 성능을 기대할 수 없는 장소	천장 또는 반자의 높이가 20 m 이상인 장소. 다만, 2.4.1 단서의 감지기로서 부착 높이에 따라 적응성이 있는 장소는 제외한다. ⇒ 특수감지기 설치를 우선 고려한다.
	헛간 등 외부와 기류가 통하는 장소로서 감지기에 따라 화재 발생을 유효하게 감지할 수 없는 장소 ⇒ 외부가 개방되어 외부 기류가 유입되는 장소는 감지기 성능을 기대할 수 없으므로 설치 제외가 가능하다 판단된다.
	고온도 및 저온도로서 감지기의 기능이 정지되기 쉽거나 감지기의 유지관리가 어려운 장소 ⇒ 특수감지기 설치를 우선 고려한다.
	파이프덕트 등 그 밖의 이와 비슷한 것으로서 2개 층마다 방화구획된 것이나 수평단면적이 5 ㎡ 이하인 것

	⇒ 건축설계사에 층별 방화구획을 요구한다.

※1 : 「NFTC 203」(시행 2022.12.1.) 2.4.5
※2 : 불꽃감지기, 광전식분리형감지기, 아날로그방식의 감지기, 다신호방식의 감지기, 축적방식의 감지기, 복합형감지기, (차동식)분포형감지기, 정온식감지선형감지기로 총 8종을 말한다.

(7) 감지기 전선수(가닥수)를 결정한다.

열, 연기감지기는 보통 베이스(밑판)와 감열부로 구성된다. 베이스에는 천장, 반자에 감지기를 취부할 수 있는 여러 개의 나사 구멍이 있고, 감지기선이 연결되는 4개의 전선접속부가 있다. 전선접속부는 총 4개이나 하나의 금속에 2개의 전선접속부가 설치되어 총 2개의 금속부로 구성되어 있다. 하나의 금속부에는 수신기에서 온 감지기공통선이 연결되고 종단저항으로 가는 감지기공통선이 연결된다. 나머지 금속부에는 수신기에서 온 회로선(지구선)이 연결되고 종단저항으로 가는 회로선(지구선)이 연결된다.

감열부는 감지기의 본 기능을 수행하는 부분으로 열 또는 연기에 따라 동작하여 개방되었던 베이스의 2개의 금속부(감지기공통선과 회로선)를 연결하여 화재신호를 발신하는 기능을 한다.

차동식 감지기의 베이스와 감열부로 분리한 후 베이스에 4개의 전선(감지기공통선 2선, 회로선 2선)이 결선되기 전, 후의 실제 모습을 그림으로 나타내었다.

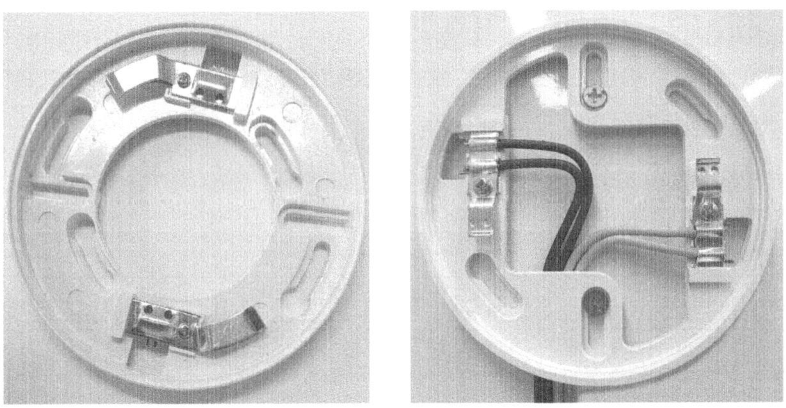

<그림 51> 감지기 베이스의 결선 전, 후 모습

감지기 배선과 관련해서 몇 가지 항목이 「NFTC 203」[27]에 규정되어 있다. 따라서 올바른 설계를 위해서는 관련 항목을 「NFTC 203」에서 찾아본 후 이를 설계에 반영해야 하겠다.

감지기 배선과 관련된 종단저항 및 송배선식을 찾아 다음 표에 정리하였다.

27) 「NFTC 203」(시행 2022.12.1.)

<표 25> 감지기 배선 관련 규정

구분	규정 내용
「NFTC 203」 2.8.1.3	감지기회로의 도통시험을 위한 종단저항은 다음의 기준에 따를 것 • 점검 및 관리가 쉬운 장소에 설치할 것 • 전용함을 설치하는 경우 그 설치 높이는 바닥으로부터 1.5m 이내로 할 것 • 감지기 회로의 끝부분에 설치하며, 종단감지기에 설치할 경우에는 구별이 쉽도록 해당 감지기의 기판 및 감지기 외부 등에 별도의 표시를 할 것
NFTC 203」 2.8.1.4	감지기 사이의 회로의 배선은 송배선식으로 할 것

감지기회로의 배선방식은 송배선식으로 규정하고 있다. 송배선식은 일명 보내기 배선방식이라고도 한다. 감지기 입장에서 2선을 받고, 2선을 보내야 하는 배선으로 도중에 분기되지 않는 배선방식을 말한다.

분기 배선방식(예 : 위치표시등배선)은 작동을 위한 2선만 필요해서 2선을 부하(예 : 위치표시등)에 보내주면 설계가 끝난다. 그러나 송배선식은 작동을 위한 2선 이외에 종단저항 설치를 위한 2선이 더 있어야 한다. 따라서 송배선식은 감지기 작동을 위한 2선에 종단저항 설치를 위해 2선 해서 총 4선이 필요한 배선방식이라 하겠다.

송배선식으로 하는 이유는 감지기회로의 단선 유, 무를 확인할 수 있도록 모든 감지기를 일렬로 설치하기 위함이다. 분기 배선방식은 감지기회로에 감지기를 분기하여 설치하므로 감지기가 일렬로 설치되지 못하고 독립적으로 설치된다. 이 분기 설치된 감지기배선에 단선이 발생하여도 수신기는 단선을 인식하지 못하고 정상을 지시하게 된다. 따라서 모든 단선을 확인할 수 없는 분기 배선방식을 감지기회로의 배선방식으로 적용할 수가 없는 것이다.

송배선식 배선방식과 분기 배선방식의 특징을 정리하여 아래 표에 나타내었다.

<표 26> 송배선 배선방식과 분기 배선방식의 비교

구분	송배선식 배선방식	분기 배선방식
부하 설치	일렬로 연결 설치	분기하여 독립 설치
부하 필요 전선 수	4선	2선
단선 유, 무 확인	단선 확인 가능	단선 확인 불가능
소요 전선	많게 소요	적게 소요
적용 [예]	감지기 회로	경종회로, 표시등회로 유도등회로, 비상조명등회로 비상콘센트회로

다음은 분기 배선방식과 송배선식 배선방식을 나타낸 그림이다. 각 배선방식에서 수신기가 어떻게 단선의 유, 무를 지시하게 되는지를 살펴보도록 하겠다.

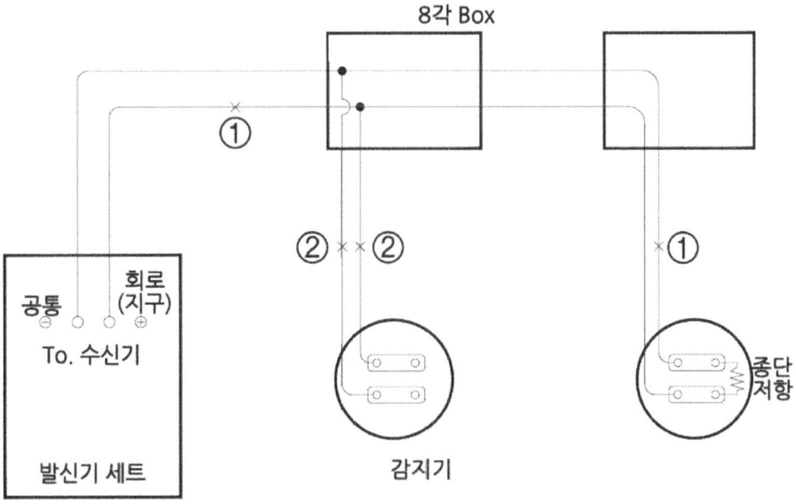

<그림 52> 감지기 분기 배선방식

〈그림 52〉는 감지기 분기 배선방식으로 감지기가 회로에서 분기되어 독립적으로 설치된 모습을 보여주고 있다. 평상시는 수신기가 종단저항을 경유한 전류, 전압값을 인식하여 회로가 단선이 아닌 정상을 지시하게 된다.

분기가 되지 않은 ①지점(그림상 2곳 중 한 곳)에서 단선이 되었다고 가정하자. ①지점은 종단저항과 직접 연결되어 있는 곳으로 ①지점이 단선이 되면 종단저항을 경유하여 수신기에 전류가 도달할 수 없다. 따라서 ①지점 단선 시에는 수신기가 종단저항을 경유하지 않는 전류, 전압값을 인식하므로 단선으로 표시된다. 이때에는 아무 문제가 되지 않는다.

이번에는 감지기가 분기되어 독립설치된 ②지점(그림상 2곳 중 한 곳)에서 단선이 되었다고 하자. ②지점이 단선이 되어도 전류는 종단저항을 경유하여 수신기에 도달할 수 있다. 이 경우의 수신기는 종단저항을 통과한 전류, 전압값을 인식하므로 당연히 정상을 지시하게 된다.

이렇게 감지기회로가 단선이 됐는데도 수신기가 단선을 지시하지 못하는 경우가 발생한다. 이런 연유로 분기 배관방식을 감지기 배관방식으로 적용하지 못하는 것이다.

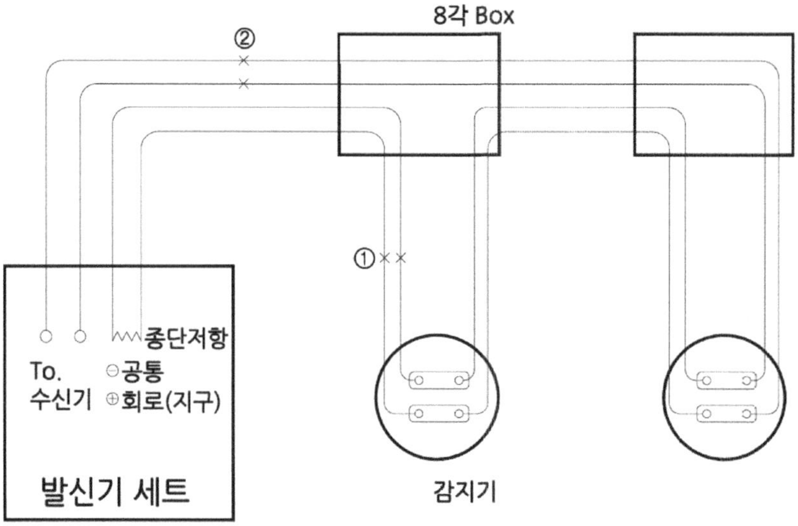

<그림 53> 감지기 송배선식 배선방식

〈그림 53〉는 감지기 송배선식 배선방식으로 감지기가 회로에서 분기되지 않고 일렬로 설치된 모습을 보여주고 있다.

①지점(그림상 2곳) 및 ②지점(그림상 2곳)의 총 4곳(4개가 감지기회로에서 단선을 고려해 볼 수 있는 모든 경우의 수이다.)의 어느 한 곳에서 단선이 되어도 종단저항을 통과하여 수신기에 전류가 도달할 수 없다. 따라서 수신기는 종단저항을 통과하지 않으므로 단선을 표시하게 된다. 물론 감지기회로가 단선이 아닌 정상상태에서는 전류가 종단저항을 통과하므로 수신기는 정상을 표시한다.

다음 그림은 송배선식으로 연결한 감지기 사진이다. 송배선식을 이해하는데 도움이 됐으면 한다.

<그림 54> 감지기 송배선식 실제 모습

종단저항은 보통 10 ㏀을 사용한다. 물론 수신기 제조회사가 다른 용량의 종단저항을 요구하는 경우에는 그에 따라야 한다.

종단저항 설치장소를 「NFTC 203」에서는 2개의 장소로 규정하고 있다. 종단감지기에 설치하는 경우와 전용함에 설치하는 경우가 그것이다. 종단감지기에 설치하는 방법은 하나의 감지기회로의 제일 마지막 감지기에 종단저항을 부착하는 것으로 마지막 감지기의 내부 기판과 감지기 외부에 종단저항 표시를 하도록 하고 있다. 그러나 이 방법은 비록 외부에 표시가 되어있어 설치장소 파악은 쉬우나 종단저항 설치위치가 높아 시공 및 유지관리가 어려운 단점이 있다. 따라서 설계에 반영되지 않는 방법이다.

주로 설계되는 방법은 전용함을 이용하는 것으로 발신기세트함 내에 설치하는 것이다. 따라서 종단저항이 감지기회로의 끝부분에 설치되도록 감지기회로의 2선을 발신기세트까지 끌고 와서 그 말단에 종단저항을 설치하여야 한다. 감지기회로를 송배선식으로 하여 발신기세트에 종단저항을 설치한 개념도는 바로 전의 〈그림 53〉을 참조하면 되겠다.

감지기회로를 송배선식으로 하였으나 종단감지기에 종단저항을 설치한 경우의 개념도는 다음 그림으로 나타내었다.

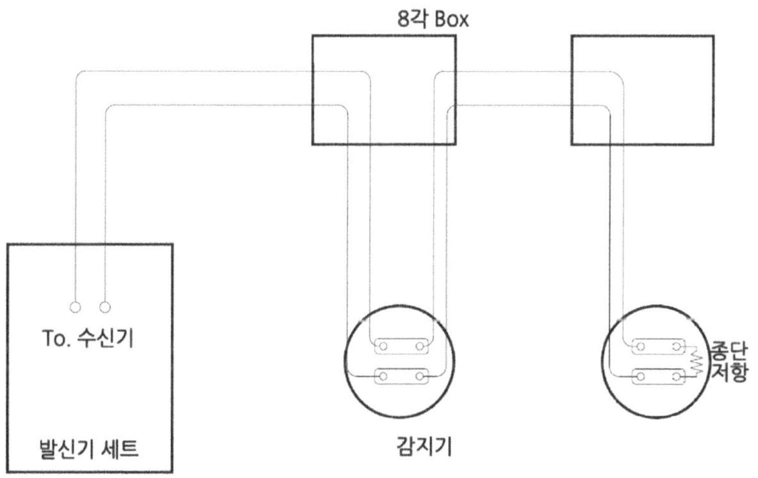

<그림 55> 종단감지기의 송배선식 배선방식

다음은 지상 2층 건물에 실제 자동화재탐지설비를 설계한 도면이다. 2층 발신기함(2F-1) 위에 종단저항 3개가 그려져 있어 발신기세트함 내에 종단저항 3개를 설치하라는 설계자의 의도를 파악할 수 있다.

하나는 계단실 연기감지기의 종단저항이고, 다른 하나는 엘리베이터 연기감지기의 종단저항이고, 마지막 하나는 2층 감지기회로의 종단저항이다. 이 3개의 종단저항 모두를 2층 발신기함 내에 설치되어야 함을 도면으로 보여 주고 있다. 아울러 계단실 및 엘리베이터의 연기감지기가 4선으로 설계되었다. 2선은 감지기로 오는 것, 2선은 종단저항으로 가는 것으로 시공하라는 뜻으로 송배선식으로 설계됨을 알 수 있다.

물론 종단저항을 발신기함 내에 설치하지 않고 종단 감지기에 설치할 수도 있다. 이때에는 표시 관련 규정을 준수한다는 조건 하에 마지막 감지기에 종단저항을 그려 넣으면 된다. 또한 종단저항 설치를 위해 발신기함으로 오는 2선이 필요 없게 되므로 2선으로 전선수를 변경하여야 한다.

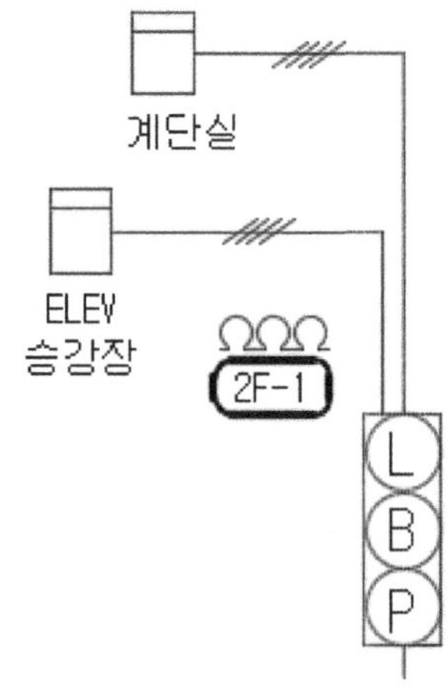

<그림 56> 발신기함 내 종단저항 설계

결국 발신기함에 종단저항을 설치하는 경우의 감지기 전선은 4선(감지기 연결 2선, 종단저항 2선)이 되어야 한다. 이 감지기 전선 수 4선은 감지기와 감지기를 연결하는 배관 수에 따라 다르게 설계되어야 한다.

하나의 배관으로 연결되는 경우에는 4선으로 설계해야 하고, 2개의 배관으로 연결되는 경우에는 1개의 배관에 2선씩, 총 4선으로 설계한다. 이렇게 설계하여야 최소한의 전선을 사용한 경제적인 설계가 가능하다. 물론 감지기와 감지기사이의 배관이 폐회로가 되는 경우는 2개의 배관에 해당하므로 하나의 배관에 2선씩 설계하면 되겠다. 또한 감지기에 종단저항을 설치하는 경우에는 마지막 감지기에 하나의 배관을 연결한 후 이 하나의 배관에 2선을 입선하는 것으로 설계하면 된다.

다음은 종단저항 설치 장소와 감지기 배관 수에 따른 감지기 전선 수를 간단히 나타낸 것으로 설계업무에 참고하면 되겠다.

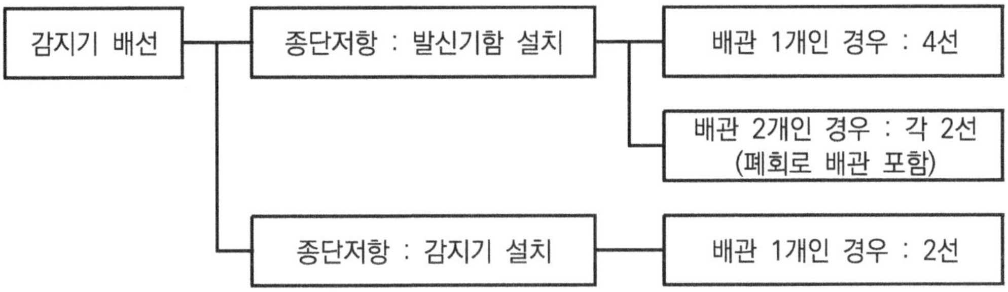

<그림 57> 종단저항, 배관 수에 따른 감지기 전선 수

[예제 13] 다음 그림과 같은 개념도가 있다. 각 물음에 답하시오.

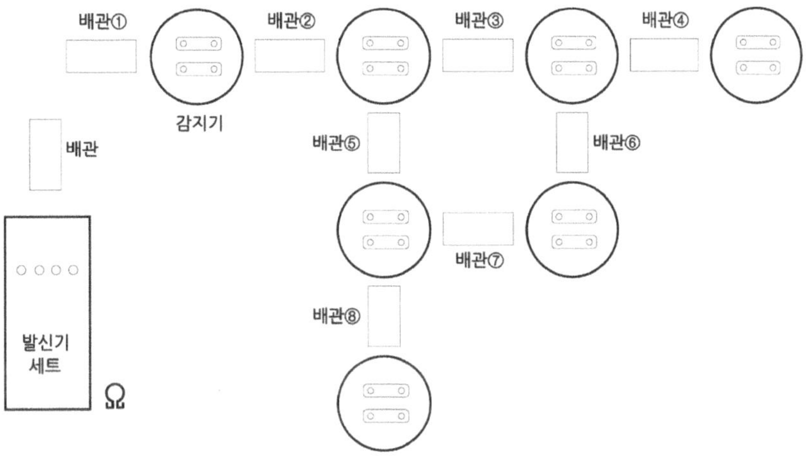

1\. 각 번호에 해당하는 최소 전선 수를 구하시오. 단, 배관에 전선이 필요로 하지 않는 공배관인 경우에는 0으로 표시하시오.

구분	최소 전선수	구분	최소 전선수
배관 ①		배관 ⑤	
배관 ②		배관 ⑥	
배관 ③		배관 ⑦	
배관 ④		배관 ⑧	

2\. 최소 전선 수에 해당하는 전선으로 발신기세트 및 각 감지기를 연결하여 그리시오.

풀이 1. 최소 전선 수 산출

구분	최소 전선수	구분	최소 전선수
배관 ①	4선	배관 ⑤	2선
배관 ②	4선	배관 ⑥	2선
배관 ③	2선	배관 ⑦	2선
배관 ④	4선	배관 ⑧	4선

2. 발신기세트 및 각 감지기를 연결 그림

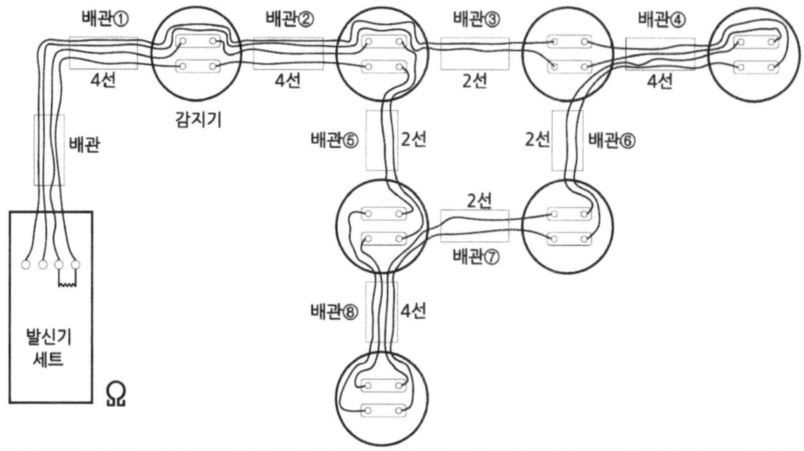

[예제 14] 다음 그림과 같은 개념도가 있다. 각 물음에 답하시오.

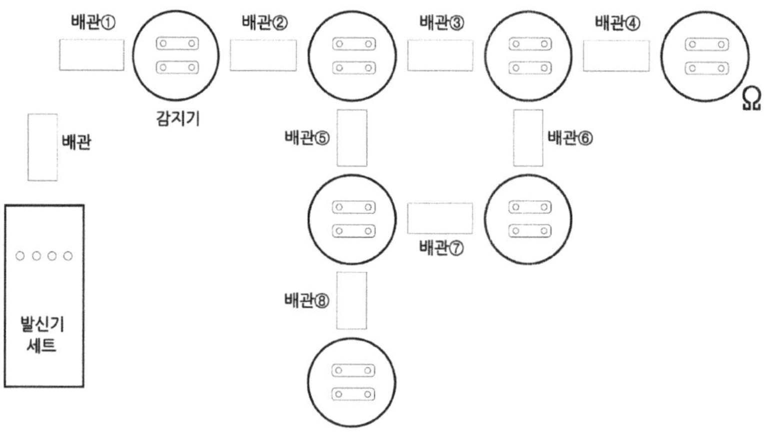

1. 각 번호에 해당하는 최소 전선 수를 구하시오. 단, 배관에 전선이 필요로 하지 않는 공배관인 경우에는 0으로 표시하시오.

구분	최소 전선수	구분	최소 전선수
배관 ①		배관 ⑤	
배관 ②		배관 ⑥	
배관 ③		배관 ⑦	
배관 ④		배관 ⑧	

2. 최소 전선 수에 해당하는 전선으로 발신기세트 및 각 감지기를 연결하여 그리시오.

풀이

1. 최소 전선 수 산출

구분	최소 전선수	구분	최소 전선수
배관 ①	2선	배관 ⑤	2선
배관 ②	2선	배관 ⑥	2선
배관 ③	0선	배관 ⑦	2선
배관 ④	2선	배관 ⑧	4선

2. 발신기세트 및 각 감지기를 연결 그림

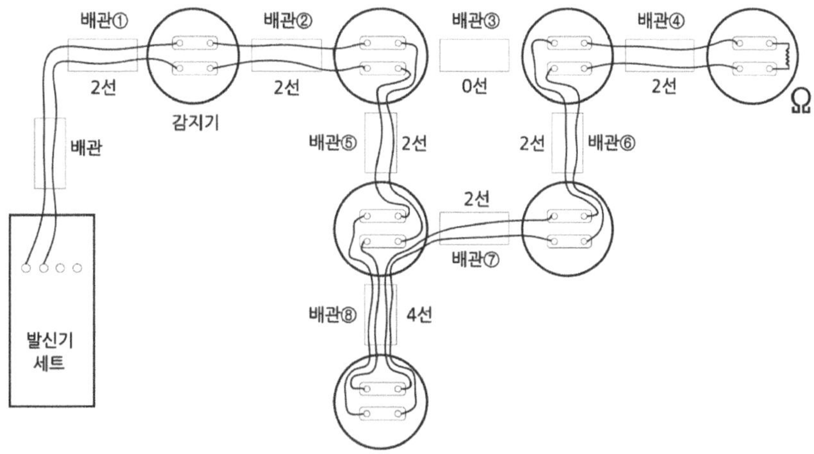

[예제 15] 다음 그림과 같은 개념도가 있다. 각 물음에 답하시오.

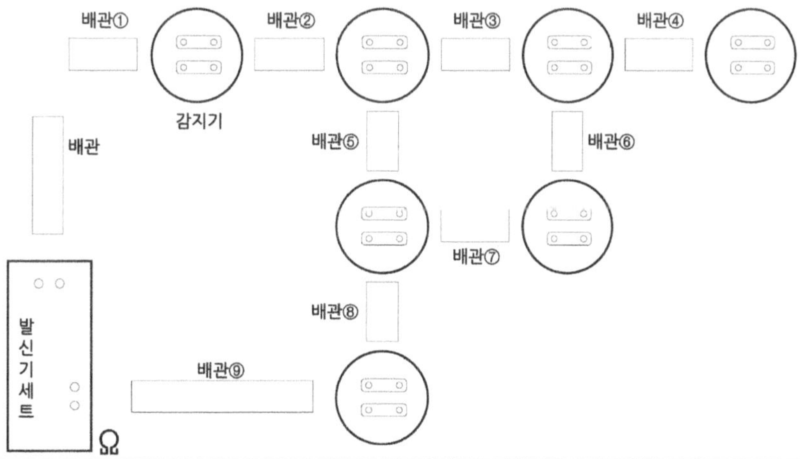

1. 각 번호에 해당하는 최소 전선 수를 구하시오. 단, 배관에 전선이 필요로 하지 않는 공배관인 경우에는 0으로 표시하시오.

구분	최소 전선수	구분	최소 전선수
배관 ①		배관 ⑥	
배관 ②		배관 ⑦	
배관 ③		배관 ⑧	
배관 ④		배관 ⑨	
배관 ⑤			

2. 최소 전선 수에 해당하는 전선으로 발신기세트 및 각 감지기를 연결하여 그리시오.

풀이

1. 최소 전선 수 산출

구분	최소 전선수	구분	최소 전선수
배관 ①	2선	배관 ⑥	2선
배관 ②	2선	배관 ⑦	2선
배관 ③	2선	배관 ⑧	2선
배관 ④	4선	배관 ⑨	2선
배관 ⑤	0선		

2. 발신기세트 및 각 감지기를 연결 그림

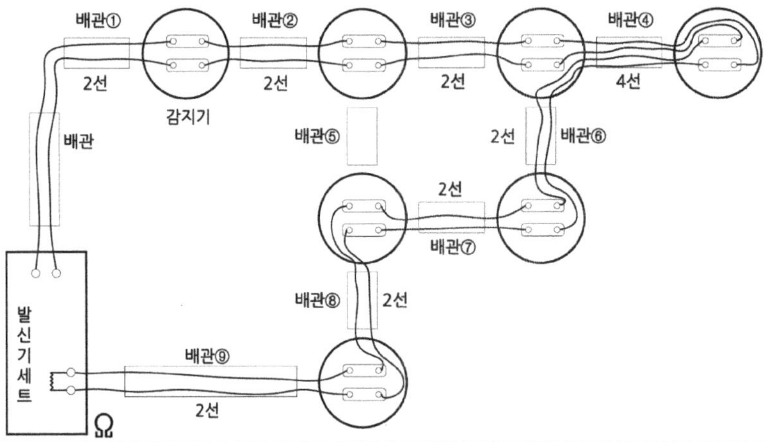

[예제 16] 다음 그림과 같이 감지기가 산출되었다. 조건을 참조하여 발신기세트와 감기기간, 감지기와 감기기간 배관을 그리고 전선 수를 표시하시오.

(조건)

- 모든 종단저항은 발신기세트함 내에 설치한다.
- 층 감지기 및 각 계단감지기의 배관은 1개로 하여 발신기세트에 연결되는 것으로 한다.
- 층 감지기 배관은 전선이 적게 사용되도록 폐곡선(Loop)이 되도록 한다.

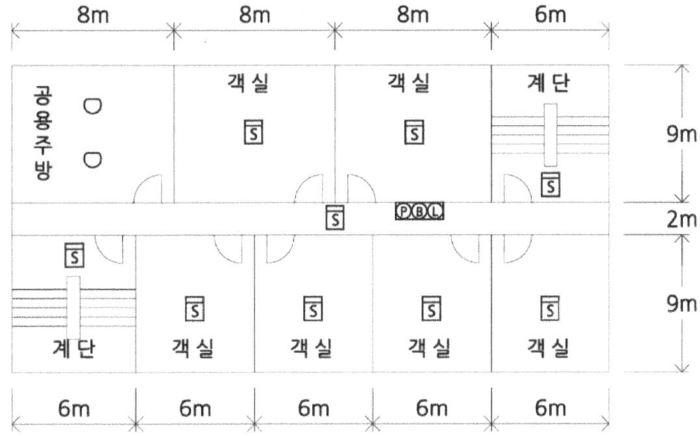

풀이

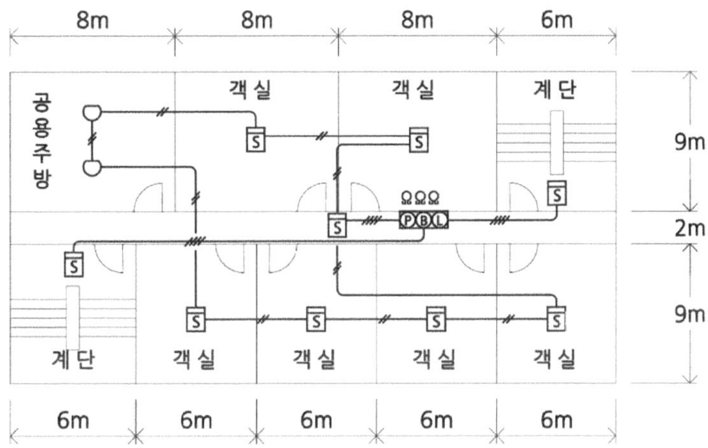

[예제 17] 예제 4번 문제에서 다른 조건은 같고 층 감지기의 배관만 1개에서 2개로 바꾸는 경우이다. 이런 경우의 발신기세트와 감기기간, 감지기와 감기기간 배관을 그리고 전선 수를 표시하시오.

풀이

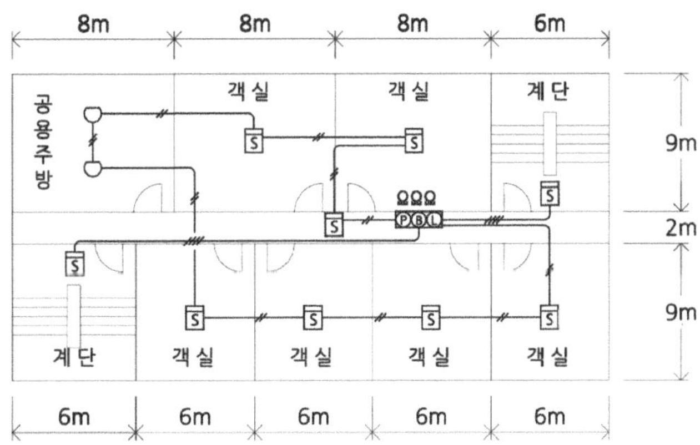

(참고) 발신기세트에서 감지기로 가는 감지기배관을 입상 1개 또는 입상 2개로 설계하여도 별 문제는 없다. 그러나 입상 1개인 배관인 경우에는 시공 중 이 배관이 막히는 경우에는 입선을 할 수 없어 벽체를 파쇄해야 하는 힘든 일이 발생한다.
그런데 입상 배관을 2개로 하는 경우에는 입상 배관 1개가 막혀 입선을 못해도 다른 배관을 통해 4선을 입선하면 벽 파쇄 없이 시공을 할 수 있다. 따라서 발신기세트에서 감지기로 입상되는 배관을 2개로 설계하는 것이 시공자를 배려한 설계라 할 수 있다.

일반감지기인 열(차동식, 정온식) 및 연기(이온화식, 광전식) 감지기는 P형 시스템에도 설치가 가능하고 R형 시스템에도 설치가 가능하다. 일반감지기는 ON/OFF 접점신호를 사용하므로 같은 접점신호를 사용하는 P형 시스템에 직접 연결하여도 별 문제가 없다.

그러나 R형 시스템은 통신신호를 사용하므로 일반감지기의 ON/OFF 신호로는 R형 수신기와 신호를 주고받을 수 없다. 따라서 일반감지기의 ON/OFF 신호를 통신신호로 변환해 주는 중계기에 연결이 되어야 R형 시스템에 사용할 수 있다. 역시 접점신호를 사용하는 경종, 솔레노이드밸브 및 각종 스위치류(압력스위치, 템퍼스위치) 등도 마찬가지로 중계기에 연결이 되어야만 R형 시스템에 사용이 가능하다.

R형 시스템에는 일반감지기에 더해 아날로그감지기도 설치할 수 있다. 아날로그감지기에는 마이크로프로세서가 내장되어 있어 직접 수신기와 통신할 수 있으므로 중계기와 연결이 필요없다. 또한 일정 주기로 온도값 또는 연기농도값을 수신기가 확인할 수 있어야 하므로 각 위치정보를 줄 수 있는 주소(Adress) 기능[28] 또한 있어야 한다.

[예제 18] 다음 그림과 같은 개념도가 있다. 각 물음에 답하시오.

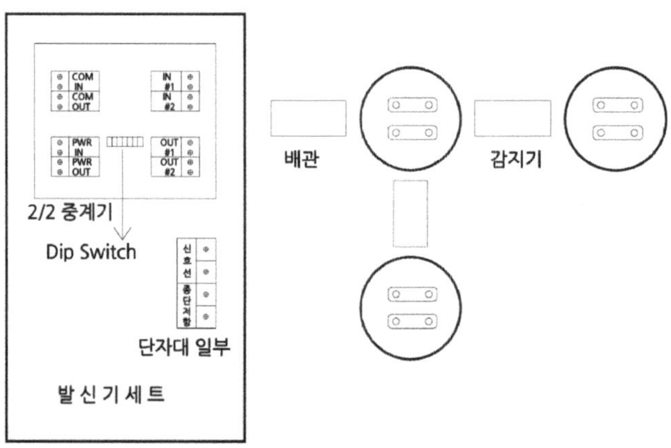

28) 주소 지정을 위해 아날로그감지기 뒷면에 Dip Switch가 부착되어 있다. 이 Dip Switch는 총 7개로 구성되어 2진법으로 각 스위치마다 올리고 내릴 수 있어 127($2^0 + 2^1 + 2^2 + 2^3 + 2^4 + 2^5 + 2^6 = 127$)개의 번지 지정이 가능하다.

1. 감지기를 차동식 스포트형 2종을 설치하였다. 이런 경우의 발신기세트와 감기기 사이, 감지기와 감기기 사이를 전선으로 연결하시오.
2. 감지기를 아날로그식 광전식 감지기로 설치하였다. 이런 경우의 발신기세트와 감기기 사이, 감지기와 감기기 사이를 전선으로 연결하시오. 단, 감지기 배선은 단선을 대비한 이중배선으로 하지 않는다.
3. 감지기를 아날로그식 정온식 감지기로 설치하였다. 이런 경우의 발신기세트와 감기기 사이, 감지기와 감기기 사이를 전선으로 연결하시오. 단, 감지기 배선은 단선을 대비한 이중배선으로 한다.
4. 중계기의 Dip Switch가 다음 그림과 같이 설정되어 있다. 조건을 참조하여 중계기 번호를 구하시오.

(조건)

- 1. □이 위로 올라가 있으면 ON 설정 상태이고, 아래로 내려가 있으면 OFF 설정 상태이다.
- 2. 그림에서 1이 가장 작은 숫자에 해당하고, 8이 가장 높은 숫자에 해당한다.

<중계기 Dip Switch 예시>

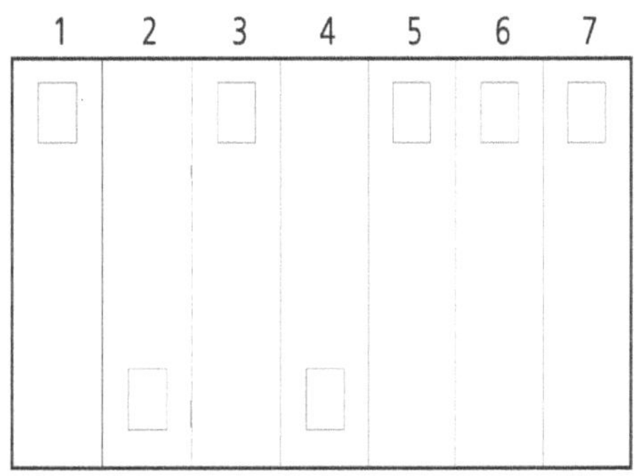

<구해야 하는 중계기 Dip Switch 위치>

1) 계산과정 :

2) 답 :

풀이

1. 차동식 감지기일 때 감지기 배선

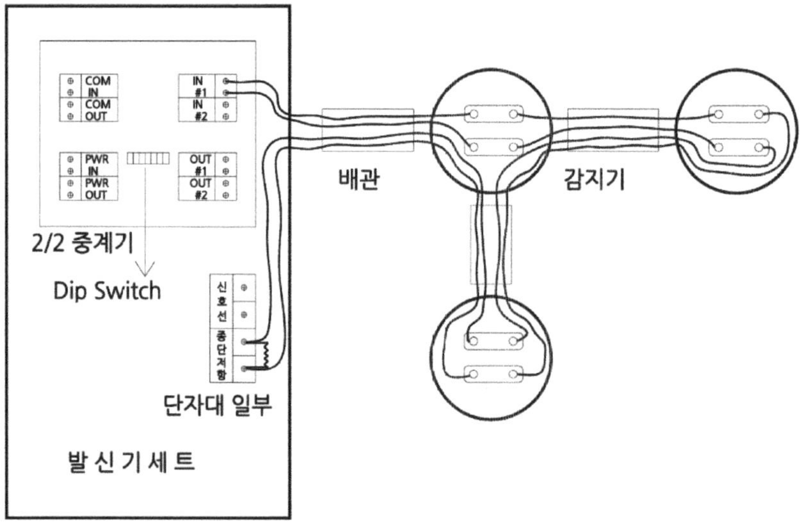

(주의) 발신기세트에 설치하는 단자대에는 종단저항이 없으므로 반드시 종단저항을 설치하여야 한다. 종단저항을 발신기세트의 단자대가 아닌 발신기 단자에 설치할 수도 있다. 관련 내용은 다음에 오는 발신기에서 정리하도록 하겠다.

2. 아날로그식 광전식 감지기일 때 감지기 배선 (이중배선이 아닌 경우)

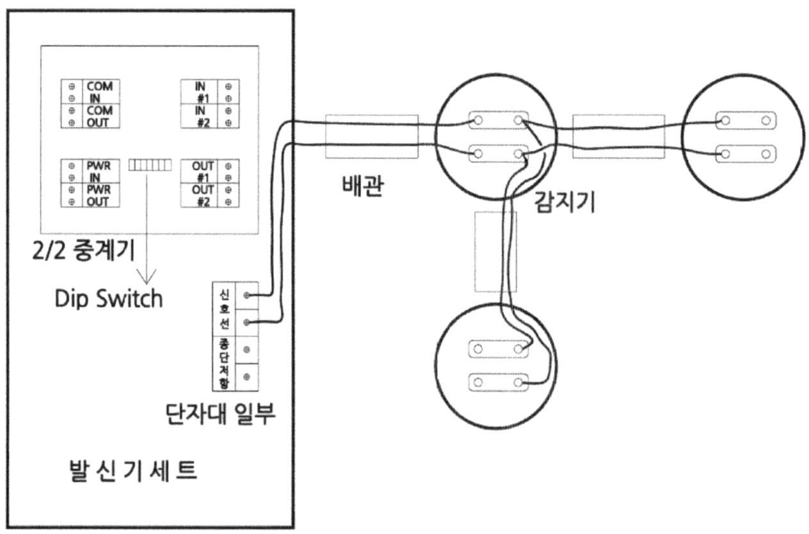

(해설) 신호선(통신선)을 이용하여 아날로그감지기가 자신의 상태를 수신기로 알려주는데, 주기적으로 확인이 안 되면 R형 수신기가 단선을 인식하게 되므로 종단저항을 설치할 필요는 없다. 위 그림은 감지기 배선을 이중배선으로 하지 않는 분기 배선방식이다. 아날로그감지기에 널리 설계되는 방식으로 Class B 배선방식이라고도 한다.

감지기 배선의 어느 한 지점에서 단선이 되면 그 이후에 연결된 아날로그감지기는 수신기와 통신을 못해 온도값 또는 연기농도값을 수신기에 보낼 수 없어 감지기 기능을 상실하게 된다. 따라서 가능한 한 아날로그감지기 배선을 이중배선으로 하는 것이 안전을 확보하는 좋은 설계가 될 것이다.

3. 아날로그식 정온식 감지기일 때 감지기 배선 (이중배선인 경우)

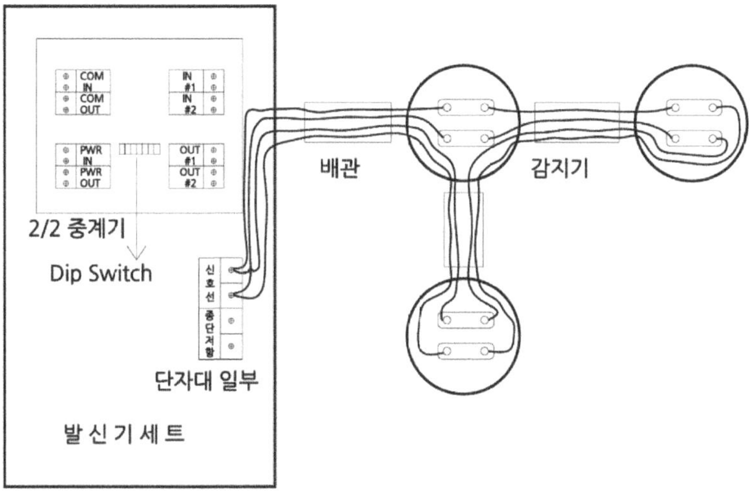

(해설) 신호선(통신선) 2선이 아날로그감지기의 양쪽에 연결되어 총 4선이 필요한 배선방식이다. 이는 Class A 배선방식이라 불리는 것으로 감지기만 놓고 본다면 송배선식 배선방식과 같다. 어느 한 선에서 단선이 되면 단선이 된 곳을 기준으로 하여 양쪽 방향의 신호선을 통해 수신기와 통신이 가능하므로 감지기의 정상 작동이 가능하다. 또한 2선 전부가 단선되어도 단선이 된 곳을 기준으로 역시 양쪽 방향으로 통신이 가능하므로 정상 작동에는 문제가 없다.

Class A 배선방식과 함께 회로 분리기(회로 격리기, Isolator)를 감지기배선 상에 설치해야 한다. 단선이 되면 단선이 된 지점 가까운 곳에서 회로를 분리하여 양방향으로 통신하기 위함이다. 회로 분리기는 배선에 설치하는 방식과 감지기, 중계기마다 설치하는 방식이 있다. 기존에는 배선에 설치하는 방식을 주로 사용하였으나 회로 분리 범위를 줄일 수 있는 감지기, 중계기마다 설치하는 방식으로 점차 변모하고 있다. 따라서 단선을 대비한 이중배선을 고려할 때는 회로 분리기 설치도 함께 검토되어야 한다.

참고로 고층건축물의 화재안전기술인 「NFTC 604」[29]에는 50층이상의 건축물에 한 해 통신, 신호배선을 이중배선으로 하도록 규정하고 있고, 이중배선과 함께 단선 시 고장표시 및 정상 작동을 위한 설비 설치를 요구하고 있다. 이중배선을 해야 할 구간은 다음과 같다.

	• 수신기와 수신기 사이의 통신배선 • 수신기와 중계기 사이의 신호배선 • 수신기와 감지기 사이의 신호배선 4. 중계기 번호 산정 1) 계산과정 : 20 + 22 + 24 + 25 + 26 = 117 2) 답 : 117번

(8) 발신기세트 사이 전선수(가닥수)를 결정한다.

발신기세트에 자동화재탐지설비와 관련하여 설치되는 소방기구는 발신기, 위치표시등, 경종(지구경종, 지구음향장치)이다. 발신기, 위치표시등, 지구경종이 제 기능을 유지하려면 적정 수의 전선과 연결이 되어야 한다. 발신기에 필요한 전선 수는 4선, 위치표시등에 필요한 전선 수는 2선, 지구경종에 필요한 전선 수는 2선이다.

각 선의 용도를 살펴보면 위치표시등은 표시등 점등에 필요한 경종표시등 공통선 1선과 표시등선 1선 해서 총 2선이 필요하다. 지구경종도 경종 작동을 위한 경종표시등 공통선 1선과 지구경종선 1선 해서 총 2선이 필요하다.

발신기는 그림에서 보는 바와 같이 발신기선 1선, 회로선 1선, 회로공통선 1선, 전화선 1선 해서 총 4선이 필요하다 하겠다.

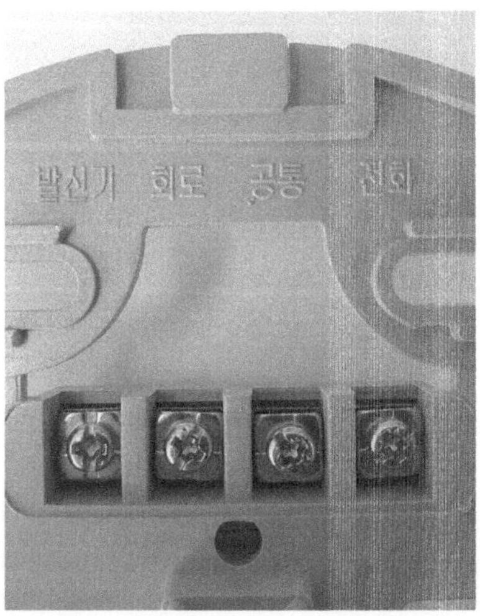

<그림 58> P형 1급 발신기의 내부 단자

29) 「NFTC 604」(시행 2023.12.20.) 2.4.3

발신기세트함 내에 설치되는 단자대를 기준으로 하여 발신기, 지구경종, 위치표시등으로 연결하는 배선을 '2차측 배선'이라 한다. 물론 수신기에서 발신기세트 단자대까지의 배선은 '1차측 배선'에 해당한다.

발신기세트 단자대에서 발신기, 지구경종, 위치표시등으로 연결되는 2차측 배선을 실제 사진과 개념도로 나타내면 다음과 같다.

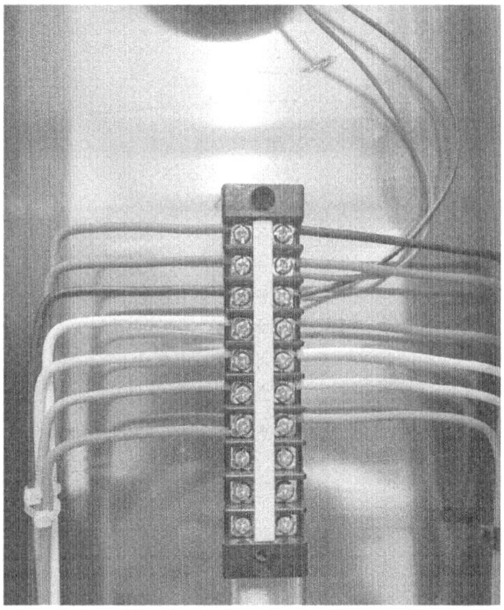

<그림 59> 발신기세트 2차측 실제 배선
(감지기가 없는 경우)

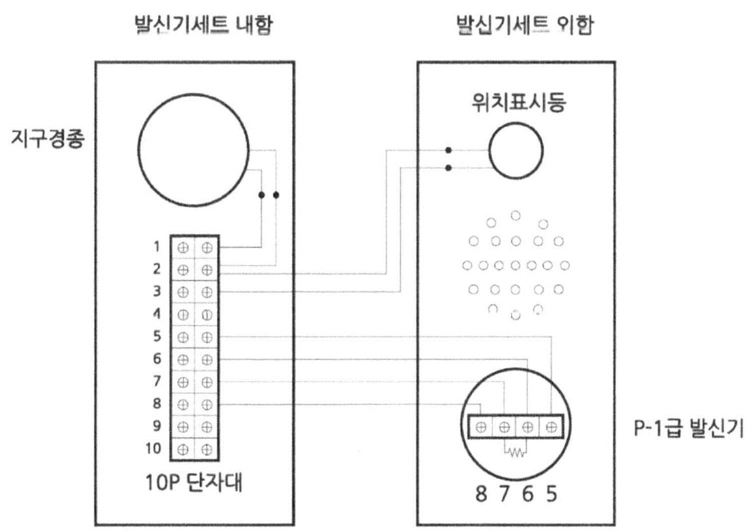

번호	단자 명칭
1	지구경종선
2	경종표시등 공통선
3	표시등선
4	SPARE
5※1	전화선
6※1	회로공통선
7※1	회로선
8※1	발신기선
9	SPARE
10	SPARE
※1 : 발신기 단자는 제조사마다 다를 수 있으므로 결선 전에 확인이 필요하다.	

<그림 60> 발신기세트 2차측 배선 개념도 (감지기가 없는 경우)

〈그림 60〉은 발신기세트 2차측 배선도로 감지기가 설치되지 않는 경우의 그림이다. 감지기가 설치되지 않는 경보설비를 비상경보설비라고 한다. 비상경보설비 중 경종이 설치되면 비상벨설비에 해당하고 사이렌이 설치되면 자동식사이렌설비에 해당한다. 따라서 〈그림 60〉의 배선도는 감지기가 설치되지 않고 경종이 설치되므로 비상경보설비 중 비상벨설비의 배선도에 해당한다.

6번인 회로공통선과 7번인 회로선에 종단저항이 설치되어 있다. 이는 수신기에서 오는 회로공통선과 회로선의 도통시험을 위해 설치한 것이다. 그러나 이는 회로선이 경계구역마다 구분되는 경우에 의미가 있다. 회로가 경계구역마다 구분되지 않게 설계된 비상경보설비(비상벨설비)에는 종단저항 설치가 큰 의미는 없다.

참고로 「비상경보설비 및 단독경보형감지기의 화재안전기술기준」[30]에는 경계구역에 대한 조항이 없으므로 회로를 굳이 분리할 필요는 없다. 그러나 회로 분리가 시공비 약간 상승의 원인은 되나 화재 시 쉽게 화재지점 파악이 가능한 이점이 크므로 가능한 한 회로를 분리하는 쪽으로 비상경보설비를 설계하는 것이 좋겠다.

30) 「NFTC 201」 (시행 2022.12.01.)

발신기세트함 내에 감지기 배선이 연결되는 경우를 살펴보자. 보통은 발신기세트함 내에 감지기 종단저항이 설치되므로 발신기세트에 인입되는 감지기 전선 수는 회로공통선 2선, 회로선 2선 해서 총 4선이 된다. 따라서 감지기의 2선(회로공통선 1선, 회로선 1선)은 발신기세트 내 단자대에 연결되어야 하고, 다른 2선(회로공통선 1선, 회로선 1선)은 종단저항에 연결되어야 한다. 발신기세트 단자대에 연결되는 2선은 발신기세트 단자대의 1차측 또는 2차측 모두에 연결이 가능하다. 그러나 보통은 단자대 2차측에 연결하여 시공하고 있다.

다음은 감지기회로의 종단저항 설치 장소를 생각해 보자. 종단저항은 보통 발신기 또는 단자대에 나눠 설치되고 있으며 어느 장소에 설치하더라도 큰 문제는 없다. 그러나 감지기의 회로공통선과 회로선이 발신기의 회로공통선과 회로선에 어떻게 연결되는지가 중요하다. 연결 방법에 따라 도통시험이 전체 가능한지 아니면 일부만 가능한지가 결정되기 때문이다.

다음 그림은 회로공통선과 회로선의 연결 방법을 보여주는 실제 사진과 개념도이다. 어떻게 연결되어야 전체 도통시험이 가능한지 살펴보도록 하겠다.

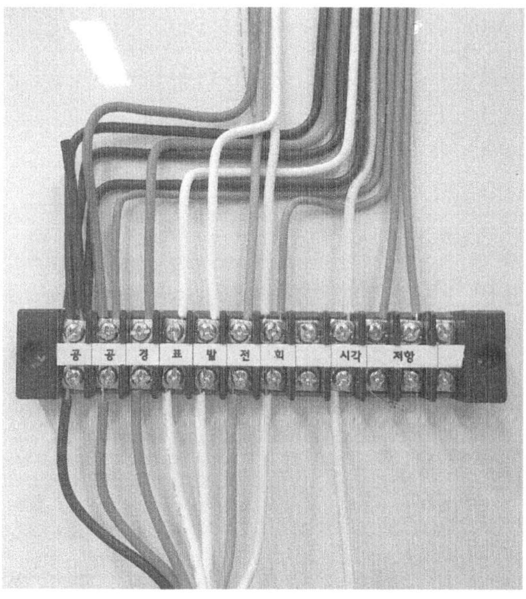

<그림 61> 발신기세트 2차측 실제 배선
(감지기가 있는 경우, 비권장)

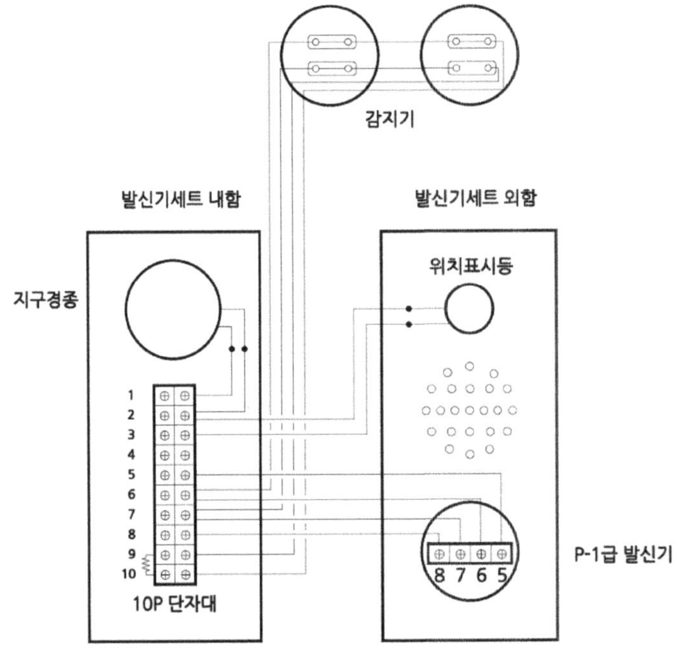

번호	단자 명칭
1	지구경종선
2	경종표시등 공통선
3	표시등선
4	SPARE
5※1	전화선
6※1	회로공통선
7※1	회로선
8※1	발신기선
9	종단저항
10	종단저항

※1 : 발신기 단자는 제조사마다 다를 수 있으므로 결선 전에 확인이 필요하다.

<그림 62> 발신기세트 2차측 배선 개념도 (감지기가 있는 경우, 비권장)

〈그림 62〉는 감지기가 설치된 경우의 발신기세트 2차측 배선도이다. 감지기회로가 송배선식으로 배선되어 발신기함 내로 4선이 입선되어 있다. 그 중 2선(회로공통선, 회로선)은 수신기와 연결되는 단자대의 2차측 6번 단자와 7번 단자에 연결되었다. 나머지 2선(회로공통선, 회로선)은 다른 곳과 연결되지 않는 빈 단자에 결선되었고 감지기회로의 도통시험을 위한 종단저항만 함께 설치되어 있다.

종단저항이 감지기회로의 말단에 설치되어 있어서 모든 감지기의 도통시험은 가능하다. 그러나 발신기세트 단자대 2차측 6번 단자와 7번 단자에서 발신기로 연결된 회로공통선과 회로선은 종단저항과 분리되어 설치되어 있다. 따라서 이 발신기로 배선된 6번과 7번 선로는 단선이 되더라도 수신기에서 확인할 수 없다. 물론 이 선로가 감지기회로에 해당하지 않으므로 도통시험을 위한 회로에 연결할 필요가 없다고 생각할 수도 있다. 그러나 다른 방법을 선택하면 이 부분까지 도통시험을 할 수 있으므로 도통시험이 가능한 다른 방법을 권장한다.

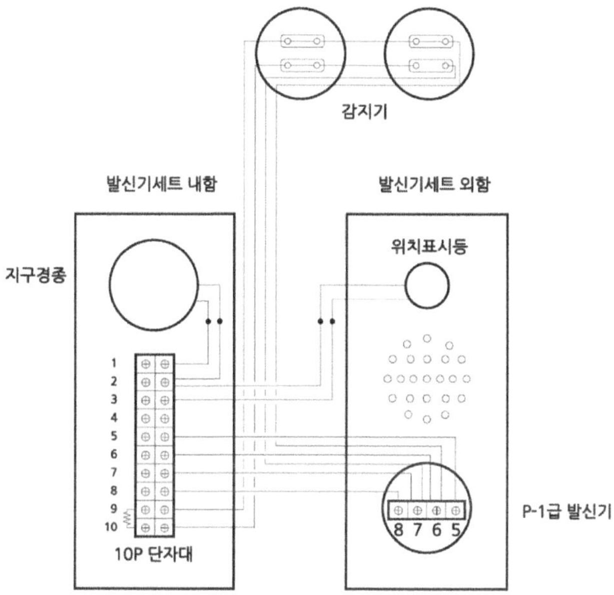

번호	단자 명칭
1	지구경종선
2	경종표시등 공통선
3	표시등선
4	SPARE
5※1	전화선
6※1	회로공통선
7※1	회로선
8※1	발신기선
9	종단저항
10	종단저항

※1 : 발신기 단자는 제조사마다 다를 수 있으므로 결선 전에 확인이 필요하다.

<그림 63> 발신기세트 2차측 배선 (감지기가 있는 경우, 권장)

〈그림 63〉은 감지기가 설치된 발신기세트 2차측 배선도로 권장하는 배선방식이다. 종단저항이 감지기회로의 말단에 설치된 〈그림 62〉와 달리 발신기를 경유한 후 감지기회로의 말단에 설치되어 있다. 따라서 감지기회로만 단선 유무를 알 수 있는 〈그림 62〉와 다르게 발신기·감지기배선의 회로공통선과 회로선의 단선 유무를 감시할 수 있게 된다. 이는 발신기와 감지기회로를 각 각 독립되게 배선한 것이 아닌 발신기와 감지기회로를 일렬로 배선하였기에 가능한 것이다.

P형 1급 발신기는 4개의 단자(발신기단자, 회로단자, 공통단자, 전화단자), 전화잭, 응답표시등, 발신기 누름버튼(Push Button)으로 구성되어 있다. 이와 달리 P형 2급 발신기는 단자와 발신기 누름버튼은 있으나 전화잭 및 응답표시등이 없다. 응답표시등은 조작자가 발신기를 눌렀을 때 발신기가 동작되었는지 확인할 수 있는 등으로 응답표시램프라고도 한다. 따라서 P형 2급 발신기보다는 응답표시등이 있어 현장 확인이 가능한 P형 1급 발신기를 주로 설계에 반영하고 있다.

「NFTC 203」[31)]의 수신기 규정에서 전화 관련 규정이 삭제되므로 발신기에 전화단자 및 전화잭을 의무적으로 설치할 필요는 없다. 그러나 조작자 입장에서 생각해 보면 전화단자, 전화잭은 없어도 되나 발신기 응답표시등은 있어야 발신기 동작 여부를 현장에서 확인할 수 있다. 이런 이점이 있기 때문에 P형 2급 발신기보다는 발신기 응답표시등이 있는 P형 1급 발신기로 설계를 해야 한다. 물론 P형 1급 수신기에 발신기 확인등이 설치되므로 이와 연동을 위해서도 P형 1급 발신기를 설치해야 하겠다.

다음은 P형 1급 발신기의 그림이다. 이해가 쉽도록 P형 1급 발신기의 커버를 제거한 후 발신기의 전면 및 옆면을 나타내었다.

<그림 64> P형 1급 발신기의 내부 모습

31) 「NFTC 203」(시행 2022.12.1.) 2.2

설계업무에서는 P형 1급 발신기의 내부 회로도가 도면화되어 제출되지 않으므로 그리 중요한 사항이 아니다. 그러나 발신기의 올바른 이해를 위해서 필요하므로 살펴보기로 하겠다.

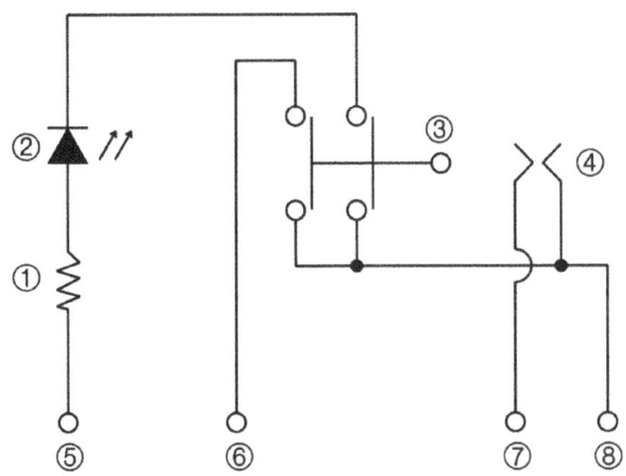

번호	명칭
1	저항
2	응답표시등(LED※1)
3	누름버튼
4	전화잭
5	발신기(응답) 단자
6	회로(지구) 단자
7	전화 단자
8	공통 단자

※1 : LED(Light Emitting Diode : 발광다이오드)

<그림 65> P형 1급 발신기의 내부 회로도

[예제 19] 다음 그림과 P형 1급 발신기의 개념도이다. 각 물음에 답하시오.

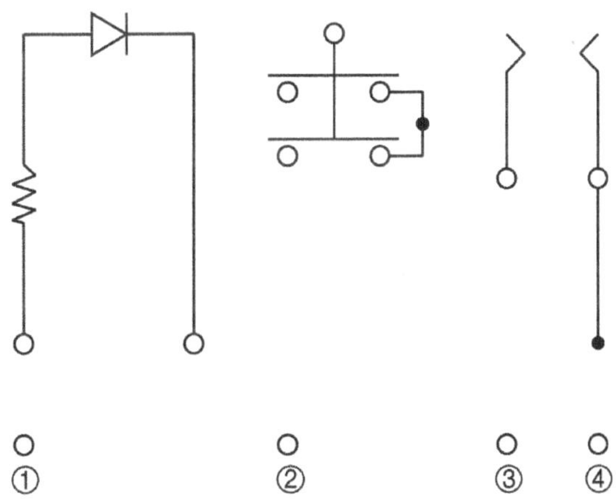

1. 미완성인 내부 회로를 ①, ②, ③, ④에 연결하시오.
2. ①, ②, ③, ④ 단자 명칭을 쓰고, 각 기능에 대해 간단히 설명하시오.

풀이

1. 미완성 내부 회로 연결

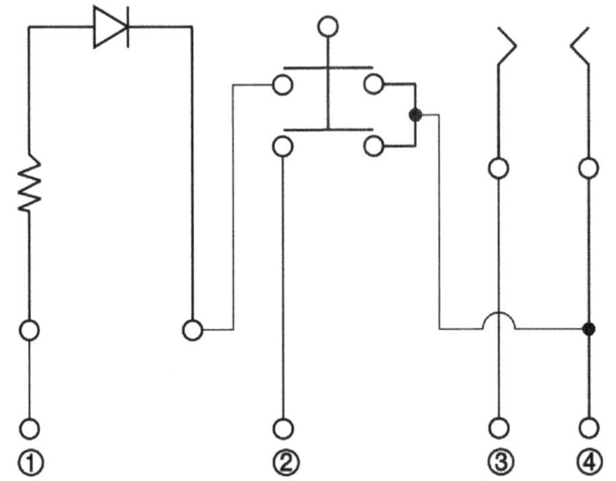

2. ①, ②, ③, ④ 단자 명칭 및 기능

구분	단자 명칭	기능
①	발신기(응답) 단자	• 누름버튼이 눌러지면 수신기로 연락하는 기능 • 응답표시등을 점등시키는 기능
②	회로(지구) 단자	화재신호를 수신기로 알리는 기능
③	전화 단자	수신기와 발신기간 전화연락 기능
④	공통 단자	발신기, 회로, 전화단자를 공유하는 기능

위치표시등은 보통 발신기세트의 외함에 설치한다. 발신기 설치 위치를 알려 주는 등(燈)으로 야간에도 보여야 하므로 상시 점등되는 적색의 LED등(燈)으로 설계하고 있다. 따라서 평상시 위치표시등 두 선에는 약 DC 24V가 투입되어야 정상이다. 위치표시등은 발신기를 위해 설치되는 관계로 발신기 위치가 변경되거나 추가 설치되는 경우에는 발신기와 함께 이동하거나 추가되어야 한다.

다음 그림은 2개의 위치표시등 사진이다. 하나는 커버가 있는 위치표시등으로 평상시 설치되는 사진이고 다른 하나는 LED등(燈)이 보이도록 커버를 제거한 후 찍은 사진이다.

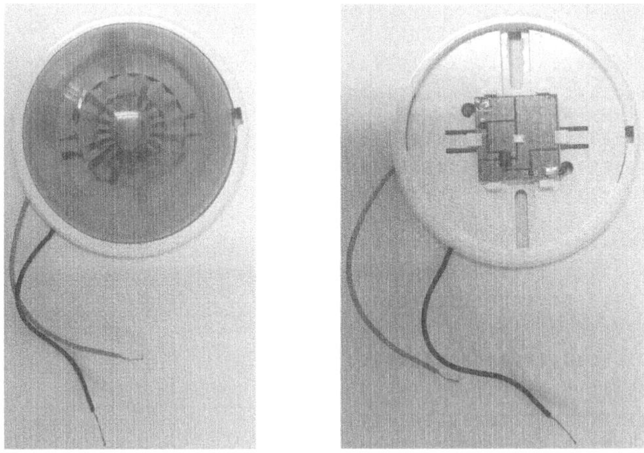

<그림 66> 위치표시등 (왼쪽:커버 부착, 오른쪽:커버 제거)

위치표시등 규정 중 식별도와 관련된 내용을 「NFTC 203」 및 「표시등의 성능인증 및 제품검사의 기술기준」에서 찾아 아래에 정리하였다.

<표 27> 위치표시등 식별도 관련 규정

구분	규정 내용
「NFTC 203」※1 2.6.2	발신기의 위치를 표시하는 표시등은 함의 상부에 설치하되, 그 불빛은 부착면으로부터 15°이상의 범위 안에서 부착지점으로부터 10 m 이내의 어느 곳에서도 쉽게 식별할 수 있는 적색등으로 해야 한다.
「표시등의 성능인증 및 제품검사의 기술기준」※2제8조제2항	표시등의 불빛은 부착면과 15도 이하의 각도로도 발산되어야 하며 주위의 밝기가 0럭스(lx)인 장소에서 측정하여 10미터 떨어진 위치에서 켜진 등이 확실히 식별되어야 한다.

※1 : 시행 2022.12.1.
※2 : 시행 2023.11.30.

위치표시등은 「표시등의 성능인증 및 제품검사의 기술기준」에서 15°이하도 포함한 10 m 거리에서 확실하게 식별이 돼야 한다고 규정하고 있다. 따라서 설계 시에는 위치표시등의 품질을 한국소방산업기술원(KFI, Korea Fire Institute)의 성능인증 제품으로 한정해야 한다. 그래야만 「NFTC 203」에서 규정한 부착지점 15°이상, 10 m의 식별거리를 만족하는 설계가 가능하다.

다음은 「표시등의 성능인증 및 제품검사의 기술기준」에서 규정한 주위 밝기가 0 Lux인 장소에서의 식별도를 나타낸 그림이다. 업무에 참고가 됐으면 한다.

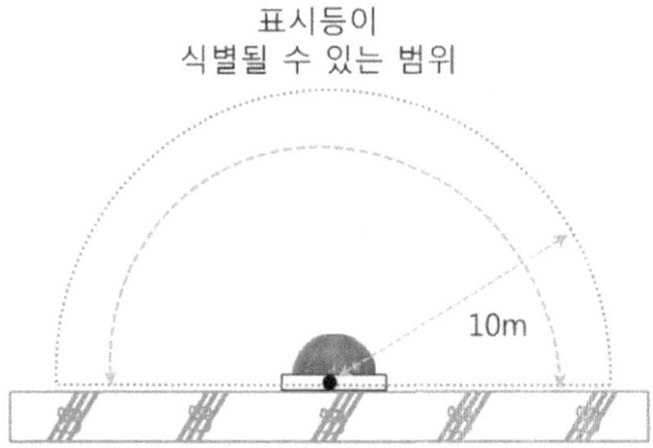

<그림 67> 성능인증 표시등의 식별도

지구경종은 발신기세트 내함에 보통 설치한다. 화재신호에 의해 내부에 장착된 모터가 금속 재질의 경종 내부를 연속으로 타격하여 경보를 발생시킨다. 따라서 사이렌의 전자식 경보음과는 다르다. 지구경종, 주경종을 모두 포함하여 소비전류 50 mA의 것으로 설계하고 있으며 색상은 일반적으로 적색을 선택한다. 경종 두 선의 전압은 평상시에는 0 V인 무전압이지만 화재 시에는 경종을 작동해야 하므로 약 DC 24 V 전압이 투입되어야 한다.

다음 그림은 경종의 앞면 및 뒷면을 보여주는 사진이다. 경종 뒷면에 모타가 부착되어 타종봉과 연결된 모습을 확인할 수 있다.

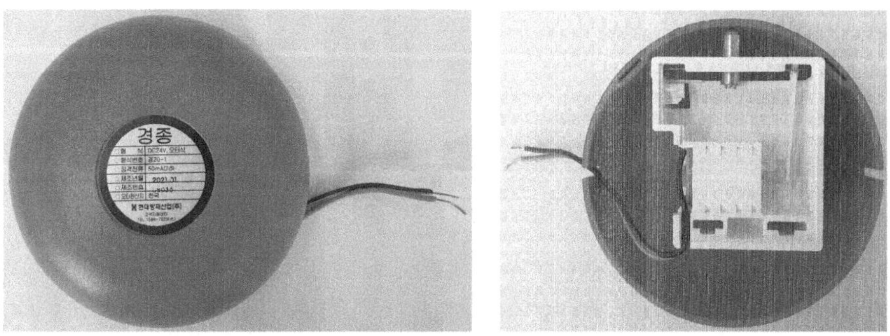

<그림 68> 경종 (왼쪽:앞면, 오른쪽:뒷면-커버 일부 제거)

지구경종과 관련된 내용을 「NFTC 203」[32]에서 찾아서 아래 표에 나타내었다. 표에 설계 시 고려해야 할 사항을 추가하였으니 업무에 도움이 되었으면 한다.

<표 28> 지구경종 규정 및 설계 시 고려 사항

구분	규정 내용
「NFTC 203」 2.5.1.2	층수가 11층(공동주택의 경우에는 16층) 이상의 특정소방대상물은 다음의 기준에 따라 경보를 발할 수 있도록 할 것 • 2층 이상의 층에서 발화한 때에는 발화층 및 그 직상 4개 층에 경보를 발할 것 • 1층에서 발화한 때에는 발화층·그 직상 4개 층 및 지하층에 경보를 발할 것 • 지하층에서 발화한 때에는 발화층·그 직상층 및 기타의 지하층에 경보를 발할 것 ⇒ 건축물 층수에 맞게 일제경보방식과 우선경보방식을 분리하여 설계한다.
「NFTC 203」 2.5.1.3	지구음향장치는 특정소방대상물의 층마다 설치하되, 해당 층의 각 부분으로부터 하나의 음향장치까지의 수평거리가 25 m 이하가 되도록 하고, 해당 층의 각 부분에 유효하게 경보를 발할 수 있도록 설치할 것 ⇒ 지구경종은 발신기와 함께 설치되므로 발신기 기준으로 수평거리, 보행거리를 계산하여 설계에 적용한다.
「NFTC 203」 2.5.1.4	음향장치는 다음의 기준에 따른 구조 및 성능의 것으로 할 것 • 정격전압의 80% 전압에서 음향을 발할 수 있는 것으로 할 것 • 음향의 크기는 부착된 음향장치의 중심으로부터 1 m 떨어진 위치에서 90 dB 이상이 되는 것으로 할 것 • 감지기 및 발신기의 작동과 연동하여 작동할 수 있는 것으로 할 것 ⇒ 경종은 형식승인 대상 품목이므로 형식승인 품목만 설치할 수 있도록 설계도서에 언급한다.
「NFTC 203」 2.5.1.5	층 수평거리 25 m를 초과하는 경우로서 기둥 또는 벽이 설치되지 아니한 대형공간의 경우 지구음향장치는 설치대상 장소의 가장 가까운 장소의 벽 또는 기둥 등에 설치할 것 ⇒ 기둥, 벽이 없는 대형공간은 발신기와 함께 설치 장소를 검토한다.
「NFTC 203」 2.2.3.9	화재로 인하여 하나의 층의 지구음향장치 또는 배선이 단락되어도 다른 층의 화재통보에 지장이 없도록 각 층 배선 상에 유효한 조치를 할 것 ⇒ 각 지구경종마다 단락보호장치 설치를 설계도에 언급한다.

32) 「NFTC 203」(시행 2022.12.1.)

발신기세트간 전선수를 결정하려면 지구경종의 경보방식을 먼저 확정해야 한다. 지구경종의 경보방식은 일제경보방식33)과 우선경보방식34)으로 구분할 수 있다. 우선경보방식은 층수가 11층 이상(공동주택은 16층 이상)에 적용하고 그 미만의 층수에 해당하는 건축물은 일제경보방식으로 설계하여야 한다.

우선경보방식은 층수가 높은 건축물에 적용하는 것으로써 일시에 많은 피난자가 피난경로인 계단에 진입하는 것을 방지하기 위해 발화층과 직상 4개층에만 알려 주기 위한 목적으로 설치한다.

최근 「NFTC 203」35)에 경종 및 경종선이 단락되어도 다른 층 경종 작동에 문제가 없도록 유효한 조치를 요구하는 규정이 신설되었다. 이런 기능을 갖고 있는 제품을 '경종 단락보호장치'라 불리고 있다. '경종 단락보호장치'는 여러 가지 제품이 출시되고 있으며 제품에 따라 수신기에 설치할 수도 있고 지구경종 층 인입부 또는 지구경종마다 설치할 수 있다.

설계 입장에서 본다면 기존 설계방식을 유지하면서 경종측에만 단락보호장치를 설치하는 방법이 가장 무리가 없는 선택이 될 것이다. 수신기에 설치하는 방법과 지구경종 층 인입부에 설치하는 방법은 기존과 다르게 지구경종 전선 수를 고민해야 하므로 선뜻 적용하기가 쉽지 않아 보인다.

다음은 경종마다 설치하는 경종 단락보호장치를 보여주는 그림이다.

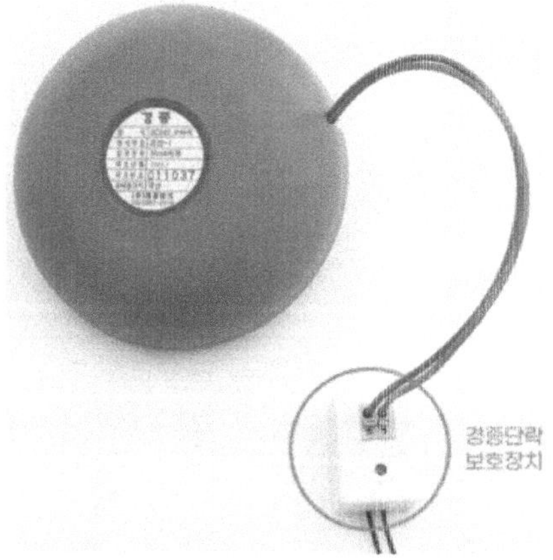

<그림 69> 경종 단락보호장치

---

33) 화재 시 모든 층의 지구경종이 작동하는 경보방식으로 일제명동방식, 전층경보방식, 전층명동방식이라고도 한다.
34) 화재 시 해당 층의 지구경종만 작동하는 경보방식으로 우선명동방식, 구분경보방식, 구분명동방식, 직상발화(우선)경보방식, 직상발화(우선)명동방식이라고도 한다.
35) 「NFTC 203」(시행 2022.12.1.) 2.2.3.9

경종마다 설치하는 경종 단락보호장치는 주로 발생하는 경종 불량 시에 해당 경종을 차단하므로 과전류가 수신기에 인입, 퓨즈가 끊어져 전체 경종이 작동하지 않는 것을 방지할 수 있다. 그러나 이는 경종 단락장치 이후의 배선에만 적용되는 것이고 이전 경종 배선에는 단락이 발생하여도 작동하지 않는 한계가 있다.

물론 수신기에 설치하는 단락보호장치와 지구경종 층 인입부에 설치하는 단락보호장치도 설치지점 이전에는 보호받지 못하는 문제점이 발생한다. 전체 경종선에 대한 단락을 보호하는 방법은 층별로 경종선 2선을 별개로 설치하는 것이 가장 확실하나 현재 상기의 3가지 방법이 많이 적용되는 실정이다.

따라서 경종선의 단락을 보호해야 할 범위를 어디까지 포함할 것인지를 진지하게 검토해야 할 것으로 보인다.

[예제 20]	다음 조건을 참조하여 각 물음에 답하시오. (조건) • 건축물은 지하 1층, 지상 10층 업무시설이다. • 각 층에 발신기세트 2개씩 설치하며 발신기세트 단자대에 각 기구 배선을 연결한다. • 수신기는 지상 1층에 설치하며 수신기 단자대에 발신기세트 배선을 연결한다. • 발신기세트단자에서 수신기에 이르는 배선은 경종표시등 공통선 1선을 사용한다. • 경종 단락보호장치는 지구경종마다 설치하며 □으로 그려 넣는다. • 각 배선은 단자대 이외에는 도중에서 분기하지 않는다. 1. 다음 그림에서 각 기구를 단자대에 연결하여 배선을 완성하고, 배선이 연결된 단자대의 명칭을 쓰시오. 단, 1, 2층을 제외한 다른 층의 배선은 제외한다. 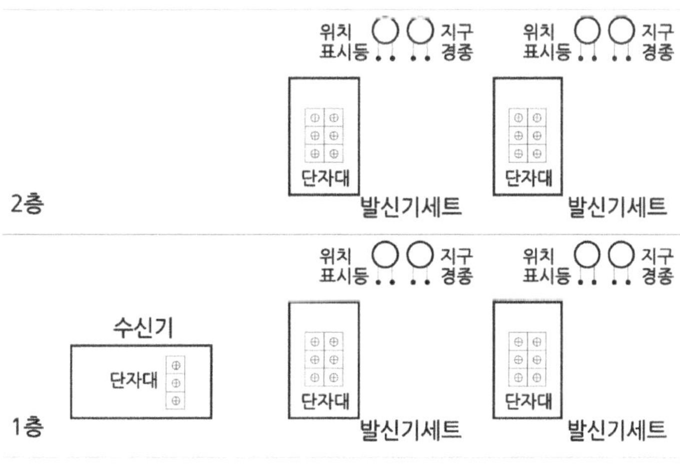

2. 다음 층 화재 시 경보해야 하는 층을 쓰시오.
   1) 지하 1층 화재 시 :
   2) 1층 화재 시 :
   3) 2층 화재 시 :
   4) 9층 화재 시 :
   5) 10층 화재 시 :

풀이

1. 배선 연결 및 단자대 명칭

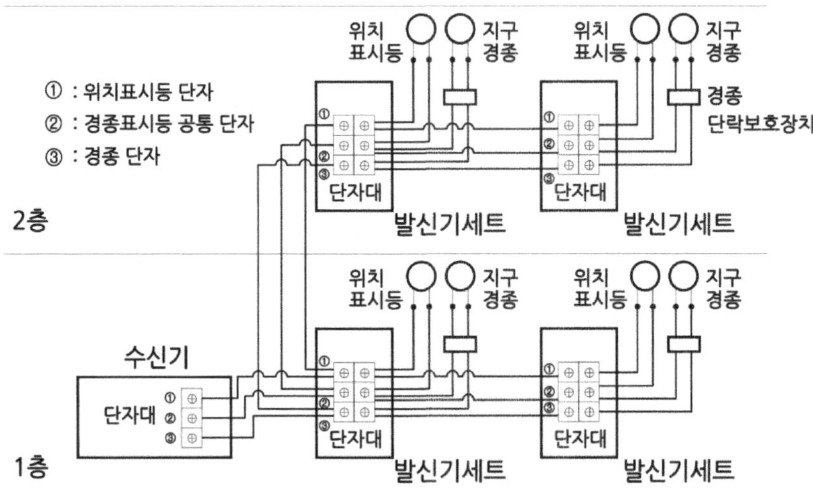

2. 화재 시 경보해야 할 층
   1) 지하 1층 화재 시 : 전층 (지하1층 ~ 10층)
   2) 1층 화재 시 : 전층 (지하1층 ~ 10층)
   3) 2층 화재 시 : 전층 (지하1층 ~ 10층)
   4) 9층 화재 시 : 전층 (지하1층 ~ 10층)
   5) 10층 화재 시 : 전층 (지하1층 ~ 10층)

[예제 21]

다음 조건을 참조하여 각 물음에 답하시오.

(조건)

- 건축물은 지하 3층, 지상 11층 숙박시설이다.
- 각 층에 발신기세트 2개씩 설치하며 발신기세트 단자대에 각 기구 배선을 연결한다.
- 수신기는 지상 1층에 설치하며 수신기 단자대에 발신기세트 배선을 연결한다.
- 발신기세트단자에서 수신기에 이르는 배선은 경종표시등 공통선 1선을 사용한다.
- 경종 단락보호장치는 지구경종마다 설치하며 □으로 그려 넣는다.
- 각 배선은 단자대 이외에는 도중에서 분기하지 않는다.

1. 다음 그림에서 각 기구를 단자대에 연결하여 배선을 완성하고, 배선이 연결된 단자대의 명칭을 쓰시오. 단, 1, 2층을 제외한 다른 층의 배선은 제외한다.

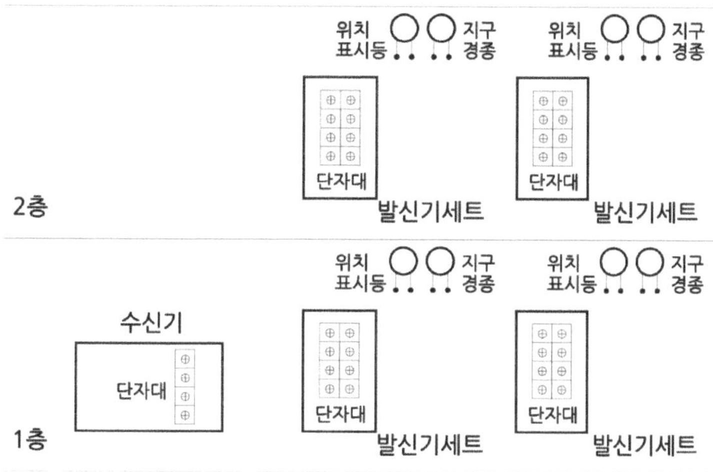

2. 다음 층 화재 시 경보해야 하는 층을 쓰시오.
   1) 지하 3층 화재 시 :
   2) 지하 2층 화재 시 :
   3) 지하 1층 화재 시 :
   4) 1층 화재 시 :
   5) 2층 화재 시 :
   6) 11층 화재 시 :

풀이

1. 배선 연결 및 단자대 명칭

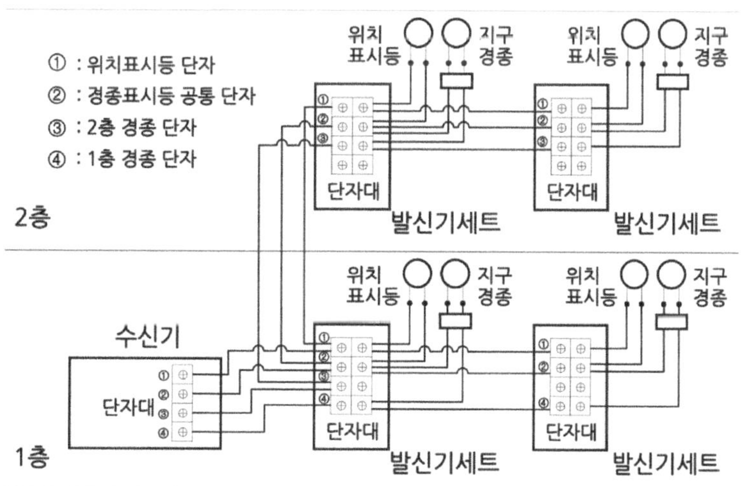

	2. 화재 시 경보해야 할 층 1) 지하 3층 화재 시 : 지하 3층, 지하 2층, 지하 1층 2) 지하 2층 화재 시 : 지하 2층, 지하 1층, 지하 3층 3) 지하 1층 화재 시 : 지하 1층, 1층, 지하 2층, 지하 3층 4) 1층 화재 시 : 1층, 2층, 3층, 4층, 5층, 지하 1층, 지하 2층, 지하 3층 5) 2층 화재 시 : 2층, 3층, 4층, 5층, 6층 6) 11층 화재 시 : 11층

발신기세트와 수신기사이의 전선수와 관련된 규정을 「NFTC 203」[36]에서 찾아 아래 표에 나타내었다. 「NFTC 203」규정과 함께 설계 시 검토해야 할 사항을 언급하였으니 업무에 도움이 되었으면 한다.

<표 29> 발신기세트와 수신기 간 전선수 규정

구분	규정 내용 및 검토 사항
「NFTC 203」 2.2.1.1	해당 특정소방대상물의 경계구역을 각각 표시할 수 있는 회선 수 이상의 수신기를 설치할 것 ⇒ 경계구역을 표시하는 회로선은 각 각 별도로 수신기와 연결되도록 설계해야 해야 한다.
「NFTC 203」 2.5.1.4.3	음향장치는 감지기 및 발신기의 작동과 연동하여 작동할 수 있는 것으로 할 것 ⇒ 지구경종 작동을 위해 최소 1선(경종선)이 수신기와 연결되도록 설계해야 한다.
「NFTC 203」 2.5.1.2	층수가 11층(공동주택의 경우에는 16층) 이상의 특정소방대상물은 다음의 기준에 따라 경보를 발할 수 있도록 할 것 (이하 생략) ⇒ 우선경보방식인 경우에는 해당 층 경보가 가능하도록 지상층은 층별로 지구경종선을 별개로 하여야 하고, 지하층은 전체 1선(지하층 지구경종선)으로 설계하여야 한다.
「NFTC 203」 2.6.1.1	발신기는 조작이 쉬운 장소에 설치할 것 ⇒ 발신기 조작 시 확인을 위해 3선(발신기선, 회로공통선, 회로선)이 수신기와 연결되도록 설계해야 한다.
「NFTC 203」 2.6.2	위치표시등의 불빛은 부착면으로부터 15° 이상의 범위 안에서 부착지점으로부터 10 m 이내의 어느 곳에서도 쉽게 식별할 수 있는 적색등으로 해야 한다 ⇒ 위치표시등 상시 점등을 위해 최소 1선(표시등선)이 수신기와 연결되도록 설계해야 한다.

36) 「NFTC 203」(시행 2022.12.1.)

「NFTC 203」 2.8.1.7	P형 수신기 및 G.P형 수신기의 감지기 회로의 배선에 있어서 하나의 공통선에 접속할 수 있는 경계구역은 7개 이하로 할 것 ⇒ P형 시스템에서는 회로선 7선마다 회로공통선이 추가되도록 설계한다.

〈표 29〉에 의한 P형 수신기가 필요한 전선 용도 및 전선수는 다음과 같다. 회로선 1선, 경종선 1선, 발신기선 1선, 회로공통선 1선, 표시등선 1선이 필요하고, 경종 및 표시등의 정상작동을 위해 경종·표시등공통선 1선이 포함되어야 한다. 따라서 총 6선이 최소 전선수에 해당하며 이 6선이 포함되어야 「NFTC 203」에 적합한 설계가 될 것이다.

최소 전선수가 기존 7선에서 6선으로 변경된 이유는 「NFTC 203」의 수신기 규정에서 전화선이 삭제되었기 때문이다. 그러나 최소 전선수가 6선 이상이면 관련 규정을 준수하는 것이므로 전화선을 포함한 7선으로 설계하여도 별 문제는 없다. 전화선 추가는 송, 수화기에 의한 발신기와 수신기간 통화가 가능하다는 장점 외에 전선이 필요할 때 전화선을 필요 전선으로 사용할 수 있는 예비 전선으로의 장점도 있다. 이런 연유로 최소 전선수가 6선이 아닌 7선으로 설계하는 것이 유지보수까지 고려한 설계라 할 수 있다.

기본 7선에 대한 명칭을 살펴보도록 하겠다. 명칭은 여러 가지를 사용하고 있으며 공식적으로 지정된 명칭은 없다. 많이 사용되는 명칭을 다음 표에 정리하였으니 참고하기 바란다.

<표 30> 기본 7선 명칭

구분	권장 명칭	사용되는 명칭
1	회로공통선	C(Common), 지구공통선, 감지기공통선, 신호공통선, 발신기공통선
2	경종표시등공통선	C(Common), 벨표시등공통선
3	경종선	B(Bell), 지구경종선, 벨선
4	표시등선	L(Lamp)
5	발신기선	P(Push Button), 응답선, 발신기응답선
6	전화선	T(Telephone)
7	회로선	L(Line), 지구선, 감지기선, 신호선,

P형시스템에서 발신기세트와 수신기사이 필요 전선수를 산출해 보자. 수신기가 필요한 전선수를 산출하려면 가장 먼 말단 발신기세트의 출발 전선수를 알아야 한다. 가장 먼 발신기세트에 종단저항이 3개 그려져 있으면 회로 수가 3개가 있다는 뜻이다. 따라서 말단 발신기세트의 출발 전선 수는 기본 7선(기본 7선에 회로 1선이 이미 포함되어 있다.)에 회로선 2선을 더해서 9선이 된다. 이 9선이 말단 발신기세트에서 다음 발신기세트로 보내주어야 하는 전선수가 된다.

발신기세트에서 층이 다른 발신기세트로 가는 전선수는 일제경보방식과 우선경보방식으로 구분하여 계산해야 한다. 일제경보방식은 경종선이 1선이므로 층을 경유할 때마다 경종선 고민 없이 증가하는 회로수만 추가하면 된다. 그러나 우선경보방식은 층을 통과할 때마다 회로수 추가와 함께 층별 경종선을 더해야 하므로 '회로수 + 층수'가 된다. 경종 층수 산출은 지상층일 경우에는 층별 1선씩 추가하여야 하고, 지하층은 지하층 층수와 상관없이 1선으로 가능하다. 이는 지하층 경종회로에 여러 개의 다이오드를 부착하여 1선으로도 우선 경보가 가능하도록 수신기가 제작되었기 때문이다.

회로공통선 추가 규정은 경보방식(일제경보방식, 우선경보방식)과는 무관하며 오로지 회로수가 7선을 넘을 때마다 적용해야 한다. 회로공통선 산출은 그리 어려운 것이 아니므로 회로수를 7로 나누어 보거나 7의 배수인 표를 그려보면 쉽게 구할 수 있다. 물론 이는 회로공통선에만 적용하고 경종표시등공통선에는 적용하지 않는다.

다음은 회로공통선 산출 방법을 나타내는 표이므로 설계 시 옆에 두고 찾아보면 편리할 것 같다.

<표 31> 회로공통선 산출 방법

<table>
<tr><th>구분</th><th>산출 방법</th></tr>
<tr><td>계산식</td><td>회로공통선 선수 = 회로 수 / 7
단, 소수점 이하는 올림으로 계산한다.</td></tr>
<tr><td>표</td><td>
<table>
<tr><td>회로 수</td><td>회로공통선 선수</td></tr>
<tr><td>1 ~ 7선</td><td>1선</td></tr>
<tr><td>8 ~ 14선</td><td>2선</td></tr>
<tr><td>15 ~ 21선</td><td>3선</td></tr>
<tr><td>22 ~ 28선</td><td>4선</td></tr>
<tr><td>29 ~ 35선</td><td>5선</td></tr>
<tr><td>36 ~ 42선</td><td>6선</td></tr>
<tr><td>… …</td><td>…</td></tr>
</table>
</td></tr>
</table>

다음은 P형 자동화재탐지설비의 기본 전선수와 추가 전선수를 나타낸 표이다. 전선수의 변동 유, 무와 어떠한 경우에 전선수를 증가해야 하는 지를 최종적으로 정리한 것이다. 설계업무에 참고하면 좋을 듯 싶다.

<표 32> P형 시스템 기본 전선수와 추가 전선수

구분	전선 수	내용	
기본 전선수	7	회로공통선	변동 유, 7회로 초과 시마다 1선씩 추가
		경종표시등공통선	변동 무, 전체 1선
		경종선	변동 유, 지상층 : 층별 1선씩 추가, 지하층 : 전체 1선 추가
		표시등선	변동 무, 전체 1선
		발신기선	변동 무, 전체 1선
		전화선	변동 무, 전체 1선
		회로선	경계구역(종단저항)마다 1선씩 추가
추가 전선수	1※1	일제경보방식 (회로선)	경계구역(종단저항)마다 1선씩 추가
	2※2	우선경보방식 (회로선, 경종선)	• 경계구역(종단저항)마다 1선씩 추가 • 지상층 : 층별 1선씩 추가, 지하층 : 전체 1선 추가

※1 : 여기서는 늘어나는 회로수가 1개인 경우이다. 회로수가 2개 이상으로 늘어나는 경우에는 그 수만큼 전선수를 추가해야 한다.
※2 : 층이 바뀔 때마다 1선씩 추가하라는 의미이며, 층이 바뀌지 않는 상황에서 발신기세트만 늘어나는 경우에는 경종선을 추가하지 않는다.

[예제 22] 다음 조건을 참조하여 각 물음에 답하시오.

(조건)

- 건축물은 지하 1층, 지상 5층 근린생활시설이다.
- 발신기에 전화선을 연결하는 것으로 한다.
- 각 지구경종마다 경종 단락보호장치를 설치한다.
- 계단 등 조건이 주어지지 않은 사항은 고려하지 않는다.

발신기세트 산출이 끝난 후 계통도를 작성하고자 한다. 각 번호에 맞는 최소 전선수와 각 각의 전선 용도를 기입하시오.

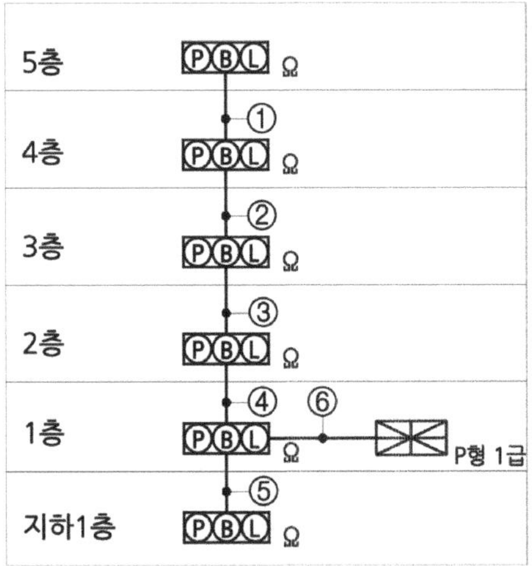

구분	최소 전선수	전선 용도
①		
②		
③		
④		
⑤		
⑥		

풀이

구분	최소 전선수	전선 용도
①	7	회로공통선1, 경종표시등공통선1, 경종선1, 표시등선1, 발신기선1, 전화선1, 회로선1 (5층회로선1)
②	8	회로공통선1, 경종표시등공통선1, 경종선1, 표시등선1, 발신기선1, 전화선1, 회로선2 (5층회로선1, 4층회로선1)※1
③	9	회로공통선1, 경종표시등공통선1, 경종선1, 표시등선1, 발신기선1, 전화선1, 회로선3 (5층회로선1, 4층회로선1, 3층회로선1)
④	10	회로공통선1, 경종표시등공통선1, 경종선1, 표시등선1, 발신기선1, 전화선1, 회로선4 (5층회로선1, 4층회로선1, 3층회로선1, 2층회로선1)
⑤	7	회로공통선1, 경종표시등공통선1, 경종선1, 표시등선1, 발신기선1, 전화선1, 회로선1 (지하1층회로선1)
⑥	12	회로공통선1, 경종표시등공통선1, 경종선1, 표시등선1, 발신기선1, 전화선1, 회로선6 (5층회로선1, 4층회로선1, 3층회로선1, 2층회로선1, 1층회로선1, 지하1층회로선1)

※1 : '각 각의 전선용도'를 구하는 문제이므로 '5층회로선1, 4층회로선1'으로 기재하는 것이 정답이다. '회로선2'라고 기재하여도 그리 잘못된 답은 아니나 논란의 여지가 있어 주의를 요한다. 여기서 '각 각의 전선용도'가 아닌 '전선용도'를 구하라고 하면 '회로선2'도 정답이 가능하다.

[예제 23] 다음 조건을 참조하여 각 물음에 답하시오.

(조건)

- 건축물은 지하 1층, 지상 5층 업무시설이다.
- 5층에는 계단회로, 엘리베이터회로가 발신기세트에 연결되는 것으로 한다.
- 각 지구경종마다 경종 단락보호장치를 설치한다.
- 조건이 주어지지 않은 사항은 고려하지 않는다.

발신기세트 산출이 끝난 후 계통도를 작성하고자 한다. 각 번호에 맞는 최소 전선수와 전선 용도를 기입하시오.

구분	최소 전선수	전선 용도
①		
②		
③		
④		
⑤		
⑥		

풀이

구분	최소 전선수	전선 용도
①	8	회로공통선1, 경종표시등공통선1, 경종선1, 표시등선1, 발신기선1, 회로선3 (5층회로선1, 계단회로선1, 엘리베이터회로선1)※1
②	9	회로공통선1, 경종표시등공통선1, 경종선1, 표시등선1, 발신기선1, 회로선4 (5층회로선1, 계단회로선1, 엘리베이터회로선1, 4층회로선1)
③	10	회로공통선1, 경종표시등공통선1, 경종선1, 표시등선1, 발신기선1, 회로선5 (5층회로선1, 계단회로선1, 엘리베이터회로선1, 4층회로선1, 3층회로선1)
④	11	회로공통선1, 경종표시등공통선1, 경종선1, 표시등선1, 발신기선1, 회로선6 (5층회로선1, 계단회로선1, 엘리베이터회로선1, 4층회로선1, 3층회로선1, 2층회로선1)
⑤	6	회로공통선1, 경종표시등공통선1, 경종선1, 표시등선1, 발신기선1, 회로선1 (지하1층회로선1)
⑥	14	회로공통선2※2, 경종표시등공통선1, 경종선1, 표시등선1, 발신기선1, 회로선8 (5층회로선1, 계단회로선1, 엘리베이터회로선1, 4층회로선1, 3층회로선1, 2층회로선1, 1층회로선1, 지하1층회로선1)

※1 : 조건에 전화선 내용이 없고 최소 전선 수를 구하는 문제이므로 전화선을 제외해서 산출해야 한다.

※2 : 회로공통선을 '회로공통선1, 회로공통선1'으로 표현할 수도 있으나 회로선과 같이 특정장소를 구분하여 표현(예: 5층회로선, 4층회로선)하는 것이 아니므로 '회로공통선2'로 기재하여도 무방하다.

[예제 24]

다음 조건을 참조하여 각 물음에 답하시오.

(조건)

- 건축물은 지하 2층, 지상 3층 창고이다.
- 발신기에 전화선을 연결하는 것으로 한다.
- 각 지구경종마다 경종 단락보호장치를 설치한다.
- 조건이 주어지지 않은 사항은 고려하지 않는다.

발신기세트 산출이 끝난 후 계통도를 작성하고자 한다. 각 번호에 맞는 최소 전선수와 전선 용도를 쓰시오.

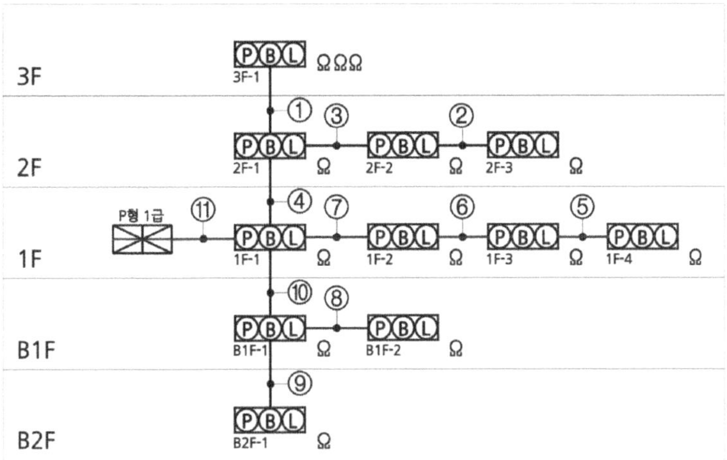

풀이

구분	최소 전선수	전선 용도
①	9	회로공통선1, 경종표시등공통선1, 경종선1, 표시등선1, 발신기선1, 전화선1, 3F-1 회로선3
②	7	회로공통선1, 경종표시등공통선1, 경종선1, 표시등선1, 발신기선1, 전화선1, 2F-3 회로선1
③	8	회로공통선1, 경종표시등공통선1, 경종선1, 표시등선1, 발신기선1, 전화선1, 2F-3 회로선1, 2F-2 회로선1
④	12	회로공통선1, 경종표시등공통선1, 경종선1, 표시등선1, 발신기선1, 전화선1, 3F-1 회로선3, 2F-3 회로선1, 2F-2 회로선1, 2F-1 회로선1
⑤	7	회로공통선1, 경종표시등공통선1, 경종선1, 표시등선1, 발신기선1, 전화선1, 1F-4 회로선1
⑥	8	회로공통선1, 경종표시등공통선1, 경종선1, 표시등선1, 발신기선1, 전화선1, 1F-4 회로선1, 1F-3 회로선1
⑦	9	회로공통선1, 경종표시등공통선1, 경종선1, 표시등선1, 발신기선1, 전화선1, 1F-4 회로선1, 1F-3 회로선1, 1F-2 회로선1
⑧	7	회로공통선1, 경종표시등공통선1, 경종선1, 표시등선1, 발신기선1, 전화선1, B1F-2 회로선1
⑨	7	회로공통선1, 경종표시등공통선1, 경종선1, 표시등선1, 발신기선1, 전화선1, B2F-1 회로선1
⑩	9	회로공통선1, 경종표시등공통선1, 경종선1, 표시등선1, 발신기선1, 전화선1, B2F-1 회로선1, B1F-2 회로선1, B1F-1 회로선1
⑪	20	회로공통선2, 경종표시등공통선1, 경종선1, 표시등선1, 발신기선1, 전화선1, 3F-1 회로선3, 2F-3 회로선1, 2F-2 회로선1, 2F-1 회로선1, 1F-4 회로선1, 1F-3 회로선1, 1F-2 회로선1, 1F-1 회로선1, B1F-2 회로선1, B1F-1 회로선1, B2F-1 회로선1

	[간단 산출 방법] 1. 일제경보방식은 5 + 회로선 + 회로공통선으로 산출한다. 5에는 경종표시등공통선, 경종선, 표시등선, 발신기선, 전화선이 각 각 1선씩 포함되어 있다. 2. ④번 산출 [예] 5 + 6(회로수) + 1(회로공통선) = 12선 3. ⑪번 산출 [예] 5 + 13(회로수) + 2(회로공통선) = 20선
[예제 25]	다음 조건을 참조하여 각 물음에 답하시오. (조건) • 건축물은 지하 1층, 지상 11층 업무시설이다. • 발신기에 전화선을 연결하는 것으로 한다. • 각 지구경종마다 경종 단락보호장치를 설치한다. • 조건이 주어지지 않은 사항은 고려하지 않는다. 발신기세트 산출이 끝난 후 계통도를 작성하고자 한다. 각 번호에 맞는 최소 전선수와 전선 용도를 쓰시오. 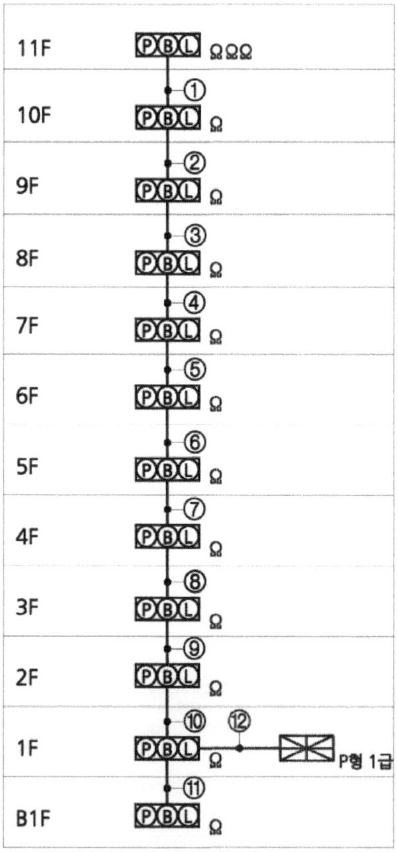

풀이

구분	최소 전선수	전선 용도
①	9	회로공통선1, 경종표시등공통선1, 표시등선1, 발신기선1, 전화선1, 11층 경종선1, 11층 회로선3
②	11	회로공통선1, 경종표시등공통선1, 표시등선1, 발신기선1, 전화선1, 11층 경종선1, 10층 경종선1, 11층 회로선3, 10층 회로선1
③	13	회로공통선1, 경종표시등공통선1, 표시등선1, 발신기선1, 전화선1, 11층 경종선1, 10층 경종선1, 9층 경종선1, 11층 회로선3, 10층 회로선1, 9층 회로선1
④	15	회로공통선1, 경종표시등공통선1, 표시등선1, 발신기선1, 전화선1, 11층 경종선1, 10층 경종선1, 9층 경종선1, 8층 경종선1, 11층 회로선3, 10층 회로선1, 9층 회로선1, 8층 회로선1
⑤	17	회로공통선1, 경종표시등공통선1, 표시등선1, 발신기선1, 전화선1, 11층 경종선1, 10층 경종선1, 9층 경종선1, 8층 경종선1, 7층 경종선1, 11층 회로선3, 10층 회로선1, 9층 회로선1, 8층 회로선1, 7층 회로선1
⑥	20	회로공통선2, 경종표시등공통선1, 표시등선1, 발신기선1, 전화선1, 11층 경종선1, 10층 경종선1, 9층 경종선1, 8층 경종선1, 7층 경종선1, 6층 경종선1, 11층 회로선3, 10층 회로선1, 9층 회로선1, 8층 회로선1, 7층 회로선1, 6층 회로선1
⑦	22	회로공통선2, 경종표시등공통선1, 표시등선1, 발신기선1, 전화선1, 11층 경종선1, 10층 경종선1, 9층 경종선1, 8층 경종선1, 7층 경종선1, 6층 경종선1, 5층 경종선1, 11층 회로선3, 10층 회로선1, 9층 회로선1, 8층 회로선1, 7층 회로선1, 6층 회로선1, 5층 회로선1
⑧	24	회로공통선2, 경종표시등공통선1, 표시등선1, 발신기선1, 전화선1, 11층 경종선1, 10층 경종선1, 9층 경종선1, 8층 경종선1, 7층 경종선1, 6층 경종선1, 5층 경종선1, 4층 경종선1, 11층 회로선3, 10층 회로선1, 9층 회로선1, 8층 회로선1, 7층 회로선1, 6층 회로선1, 5층 회로선1, 4층 회로선1
⑨	26	회로공통선2, 경종표시등공통선1, 표시등선1, 발신기선1, 전화선1, 11층 경종선1, 10층 경종선1, 9층 경종선1, 8층 경종선1, 7층 경종선1, 6층 경종선1, 5층 경종선1, 4층 경종선1, 3층 경종선1, 11층 회로선3, 10층 회로선1, 9층 회로선1, 8층 회로선1, 7층 회로선1, 6층 회로선1, 5층 회로선1, 4층 회로선1, 3층 회로선1

⑩	28	회로공통선2, 경종표시등공통선1, 표시등선1, 발신기선1, 전화선1, 11층 경종선1, 10층 경종선1, 9층 경종선1, 8층 경종선1, 7층 경종선1, 6층 경종선1, 5층 경종선1, 4층 경종선1, 3층 경종선1, 2층 경종선1, 11층 회로선3, 10층 회로선1, 9층 회로선1, 8층 회로선1, 7층 회로선1, 6층 회로선1, 5층 회로선1, 4층 회로선1, 3층 회로선1, 2층 회로선1
⑪	7	회로공통선1, 경종표시등공통선1, 표시등선1, 발신기선1, 전화선1, 지하1층 경종선1, 지하1층 회로선1
⑫	32	회로공통선2, 경종표시등공통선1, 표시등선1, 발신기선1, 전화선1, 11층 경종선1, 10층 경종선1, 9층 경종선1, 8층 경종선1, 7층 경종선1, 6층 경종선1, 5층 경종선1, 4층 경종선1, 3층 경종선1, 2층 경종선1, 1층 경종선1, 지하1층 경종선1, 11층 회로선3, 10층 회로선1, 9층 회로선1, 8층 회로선1, 7층 회로선1, 6층 회로선1, 5층 회로선1, 4층 회로선1, 3층 회로선1, 2층 회로선1, 1층 회로선1, 지하1층 회로선1

[간단 산출 방법]
1. 우선경보방식은 4 + 경종선 + 회로선 + 회로공통선으로 산출한다. 4에는 경종표시등공통선, 표시등선, 발신기선, 전화선이 각 각 1선씩 포함되어 있다.
2. ⑩번 산출 [예]
   4 + 10(경종선) + 12(회로선) + 2(회로공통선) = 28선
3. ⑫번 산출 [예]
   4 + 12(경종선) + 14(회로선) + 2(회로공통선) = 32선

[예제 26]

다음 조건을 참조하여 각 물음에 답하시오.

(조건)

- 건축물은 지하 3층, 지상 11층 사무실 건물이다.
- 발신기에 전화선을 연결하는 것으로 한다.
- 각 지구경종마다 경종 단락보호장치를 설치한다.
- 조건이 주어지지 않은 사항은 고려하지 않는다.

발신기세트 산출이 끝난 후 계통도를 작성하고자 한다. 각 번호에 맞는 최소 전선수와 전선 용도를 쓰시오.

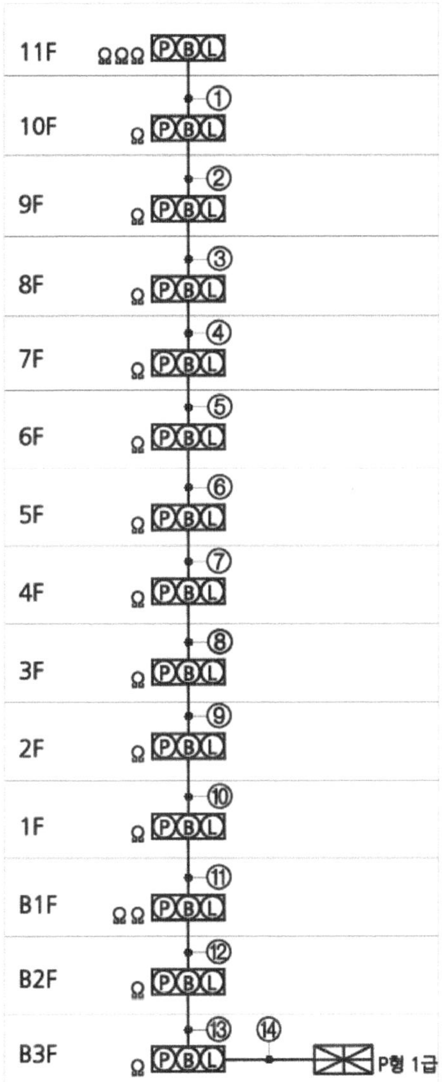

풀이

구분	최소 전선수	전선 용도
①	9	회로공통선1, 경종표시등공통선1, 표시등선1, 발신기선1, 전화선1, 11층 경종선1, 11층 회로선3
②	11	회로공통선1, 경종표시등공통선1, 표시등선1, 발신기선1, 전화선1, 11층 경종선1, 10층 경종선1, 11층 회로선3, 10층 회로선1
③	13	회로공통선1, 경종표시등공통선1, 표시등선1, 발신기선1, 전화선1, 11층 경종선1, 10층 경종선1, 9층 경종선1, 11층 회로선3, 10층 회로선1, 9층 회로선1

④	15	회로공통선1, 경종표시등공통선1, 표시등선1, 발신기선1, 전화선1, 11층 경종선1, 10층 경종선1, 9층 경종선1, 8층 경종선1, 11층 회로선3, 10층 회로선1, 9층 회로선1, 8층 회로선1
⑤	17	회로공통선1, 경종표시등공통선1, 표시등선1, 발신기선1, 전화선1, 11층 경종선1, 10층 경종선1, 9층 경종선1, 8층 경종선1, 7층 경종선1, 11층 회로선3, 10층 회로선1, 9층 회로선1, 8층 회로선1, 7층 회로선1
⑥	20	회로공통선2, 경종표시등공통선1, 표시등선1, 발신기선1, 전화선1, 11층 경종선1, 10층 경종선1, 9층 경종선1, 8층 경종선1, 7층 경종선1, 6층 경종선1, 11층 회로선3, 10층 회로선1, 9층 회로선1, 8층 회로선1, 7층 회로선1, 6층 회로선1
⑦	22	회로공통선2, 경종표시등공통선1, 표시등선1, 발신기선1, 전화선1, 11층 경종선1, 10층 경종선1, 9층 경종선1, 8층 경종선1, 7층 경종선1, 6층 경종선1, 5층 경종선1, 11층 회로선3, 10층 회로선1, 9층 회로선1, 8층 회로선1, 7층 회로선1, 6층 회로선1, 5층 회로선1
⑧	24	회로공통선2, 경종표시등공통선1, 표시등선1, 발신기선1, 전화선1, 11층 경종선1, 10층 경종선1, 9층 경종선1, 8층 경종선1, 7층 경종선1, 6층 경종선1, 5층 경종선1, 4층 경종선1, 11층 회로선3, 10층 회로선1, 9층 회로선1, 8층 회로선1, 7층 회로선1, 6층 회로선1, 5층 회로선1, 4층 회로선1
⑨	26	회로공통선2, 경종표시등공통선1, 표시등선1, 발신기선1, 전화선1, 11층 경종선1, 10층 경종선1, 9층 경종선1, 8층 경종선1, 7층 경종선1, 6층 경종선1, 5층 경종선1, 4층 경종선1, 3층 경종선1, 11층 회로선3, 10층 회로선1, 9층 회로선1, 8층 회로선1, 7층 회로선1, 6층 회로선1, 5층 회로선1, 4층 회로선1, 3층 회로선1
⑩	28	회로공통선2, 경종표시등공통선1, 표시등선1, 발신기선1, 전화선1, 11층 경종선1, 10층 경종선1, 9층 경종선1, 8층 경종선1, 7층 경종선1, 6층 경종선1, 5층 경종선1, 4층 경종선1, 3층 경종선1, 2층 경종선1, 11층 회로선3, 10층 회로선1, 9층 회로선1, 8층 회로선1, 7층 회로선1, 6층 회로선1, 5층 회로선1, 4층 회로선1, 3층 회로선1, 2층 회로선1

⑪	30	회로공통선2, 경종표시등공통선1, 표시등선1, 발신기선1, 전화선1, 11층 경종선1, 10층 경종선1, 9층 경종선1, 8층 경종선1, 7층 경종선1, 6층 경종선1, 5층 경종선1, 4층 경종선1, 3층 경종선1, 2층 경종선1, 1층 경종선1, 11층 회로선3, 10층 회로선1, 9층 회로선1, 8층 회로선1, 7층 회로선1, 6층 회로선1, 5층 회로선1, 4층 회로선1, 3층 회로선1, 2층 회로선1, 1층 회로선1
⑫	34	회로공통선3, 경종표시등공통선1, 표시등선1, 발신기선1, 전화선1, 11층 경종선1, 10층 경종선1, 9층 경종선1, 8층 경종선1, 7층 경종선1, 6층 경종선1, 5층 경종선1, 4층 경종선1, 3층 경종선1, 2층 경종선1, 1층 경종선1, 지하층 경종선1, 11층 회로선3, 10층 회로선1, 9층 회로선1, 8층 회로선1, 7층 회로선1, 6층 회로선1, 5층 회로선1, 4층 회로선1, 3층 회로선1, 2층 회로선1, 1층 회로선1, 지하1층 회로선2
⑬	35	회로공통선3, 경종표시등공통선1, 표시등선1, 발신기선1, 전화선1, 11층 경종선1, 10층 경종선1, 9층 경종선1, 8층 경종선1, 7층 경종선1, 6층 경종선1, 5층 경종선1, 4층 경종선1, 3층 경종선1, 2층 경종선1, 1층 경종선1, 지하층 경종선1, 11층 회로선3, 10층 회로선1, 9층 회로선1, 8층 회로선1, 7층 회로선1, 6층 회로선1, 5층 회로선1, 4층 회로선1, 3층 회로선1, 2층 회로선1, 1층 회로선1, 지하1층 회로선2, 지하2층 회로선1
⑭	36	회로공통선3, 경종표시등공통선1, 표시등선1, 발신기선1, 전화선1, 11층 경종선1, 10층 경종선1, 9층 경종선1, 8층 경종선1, 7층 경종선1, 6층 경종선1, 5층 경종선1, 4층 경종선1, 3층 경종선1, 2층 경종선1, 1층 경종선1, 지하층 경종선1, 11층 회로선3, 10층 회로선1, 9층 회로선1, 8층 회로선1, 7층 회로선1, 6층 회로선1, 5층 회로선1, 4층 회로선1, 3층 회로선1, 2층 회로선1, 1층 회로선1, 지하1층 회로선2, 지하2층 회로선1, 지하3층 회로선1

[간단 산출 방법]

1. 우선경보방식은 4 + 경종선 + 회로선 + 회로공통선으로 산출한다. 4에는 경종표시등공통선, 표시등선, 발신기선, 전화선이 각 각 1선씩 포함되어 있다.
2. ⑭번 산출 [예]
   4 + 12(경종선) + 17(회로선) + 3(회로공통선) = 36선

[예제 27] 다음 조건을 참조하여 각 물음에 답하시오.

(조건)

- 건축물은 지하 3층, 지상 11층 업무시설이다.
- 발신기에 전화선을 연결하는 것으로 한다.
- 각 지구경종마다 경종 단락보호장치를 설치한다.
- 조건이 주어지지 않은 사항은 고려하지 않는다.

발신기세트 산출이 끝난 후 계통도를 작성하고자 한다. 각 번호에 맞는 최소 전선수와 전선 용도를 쓰시오.

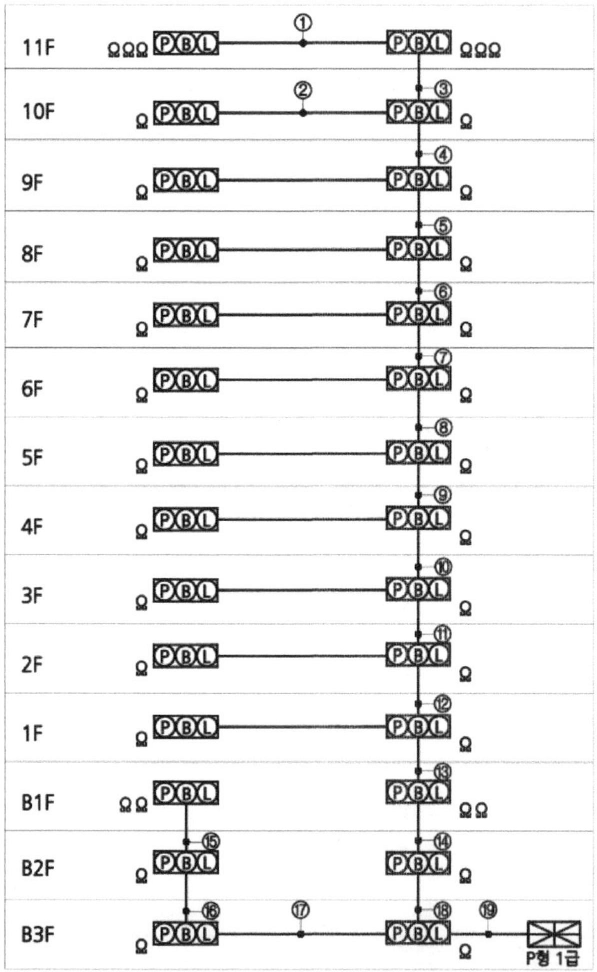

풀이

구분	최소 전선수	전선 용도
①	9	회로공통선1, 경종표시등공통선1, 표시등선1, 발신기선1, 전화선1, 11층 경종선1, 11층 회로선3
②	7	회로공통선1, 경종표시등공통선1, 표시등선1, 발신기선1, 전화선1, 10층 경종선1, 10층 회로선1
③	12	회로공통선1, 경종표시등공통선1, 표시등선1, 발신기선1, 전화선1, 11층 경종선1, 11층 회로선6
④	16	회로공통선2, 경종표시등공통선1, 표시등선1, 발신기선1, 전화선1, 11층 경종선1, 10층 경종선1, 11층 회로선6, 10층 회로선2
⑤	19	회로공통선2, 경종표시등공통선1, 표시등선1, 발신기선1, 전화선1, 11층 경종선1, 10층 경종선1, 9층 경종선1, 11층 회로선6, 10층 회로선2, 9층 회로선2
⑥	22	회로공통선2, 경종표시등공통선1, 표시등선1, 발신기선1, 전화선1, 11층 경종선1, 10층 경종선1, 9층 경종선1, 8층 경종선1, 11층 회로선6, 10층 회로선2, 9층 회로선2, 8층 회로선2
⑦	25	회로공통선2, 경종표시등공통선1, 표시등선1, 발신기선1, 전화선1, 11층 경종선1, 10층 경종선1, 9층 경종선1, 8층 경종선1, 7층 경종선1, 11층 회로선6, 10층 회로선2, 9층 회로선2, 8층 회로선2, 7층 회로선2
⑧	29	회로공통선3, 경종표시등공통선1, 표시등선1, 발신기선1, 전화선1, 11층 경종선1, 10층 경종선1, 9층 경종선1, 8층 경종선1, 7층 경종선1, 6층 경종선1, 11층 회로선6, 10층 회로선2, 9층 회로선2, 8층 회로선2, 7층 회로선2, 6층 회로선2
⑨	32	회로공통선3, 경종표시등공통선1, 표시등선1, 발신기선1, 전화선1, 11층 경종선1, 10층 경종선1, 9층 경종선1, 8층 경종선1, 7층 경종선1, 6층 경종선1, 5층 경종선1, 11층 회로선6, 10층 회로선2, 9층 회로선2, 8층 회로선2, 7층 회로선2, 6층 회로선2, 5층 회로선2
⑩	35	회로공통선3, 경종표시등공통선1, 표시등선1, 발신기선1, 전화선1, 11층 경종선1, 10층 경종선1, 9층 경종선1, 8층 경종선1, 7층 경종선1, 6층 경종선1, 5층 경종선1, 4층 경종선1, 11층 회로선6, 10층 회로선2, 9층 회로선2, 8층 회로선2, 7층 회로선2, 6층 회로선2, 5층 회로선2, 4층 회로선2

⑪	39	회로공통선4, 경종표시등공통선1, 표시등선1, 발신기선1, 전화선1, 11층 경종선1, 10층 경종선1, 9층 경종선1, 8층 경종선1, 7층 경종선1, 6층 경종선1, 5층 경종선1, 4층 경종선1, 3층 경종선1, 11층 회로선6, 10층 회로선2, 9층 회로선2, 8층 회로선2, 7층 회로선2, 6층 회로선2, 5층 회로선2, 4층 회로선2, 3층 회로선2
⑫	42	회로공통선4, 경종표시등공통선1, 표시등선1, 발신기선1, 전화선1, 11층 경종선1, 10층 경종선1, 9층 경종선1, 8층 경종선1, 7층 경종선1, 6층 경종선1, 5층 경종선1, 4층 경종선1, 3층 경종선1, 2층 경종선1, 11층 회로선6, 10층 회로선2, 9층 회로선2, 8층 회로선2, 7층 회로선2, 6층 회로선2, 5층 회로선2, 4층 회로선2, 3층 회로선2, 2층 회로선2
⑬	45	회로공통선4, 경종표시등공통선1, 표시등선1, 발신기선1, 전화선1, 11층 경종선1, 10층 경종선1, 9층 경종선1, 8층 경종선1, 7층 경종선1, 6층 경종선1, 5층 경종선1, 4층 경종선1, 3층 경종선1, 2층 경종선1, 1층 경종선1, 11층 회로선6, 10층 회로선2, 9층 회로선2, 8층 회로선2, 7층 회로선2, 6층 회로선2, 5층 회로선2, 4층 회로선2, 3층 회로선2, 2층 회로선2, 1층 회로선2
⑭	48	회로공통선4, 경종표시등공통선1, 표시등선1, 발신기선1, 전화선1, 11층 경종선1, 10층 경종선1, 9층 경종선1, 8층 경종선1, 7층 경종선1, 6층 경종선1, 5층 경종선1, 4층 경종선1, 3층 경종선1, 2층 경종선1, 1층 경종선1, 지하층 경종선1, 11층 회로선6, 10층 회로선2, 9층 회로선2, 8층 회로선2, 7층 회로선2, 6층 회로선2, 5층 회로선2, 4층 회로선2, 3층 회로선2, 2층 회로선2, 1층 회로선2, 지하1층 회로선2
⑮	8	회로공통선1, 경종표시등공통선1, 표시등선1, 발신기선1, 전화선1, 지하층 경종선1, 지하1층 회로선2
⑯	9	회로공통선1, 경종표시등공통선1, 표시등선1, 발신기선1, 전화선1, 지하층 경종선1, 지하1층 회로선2, 지하2층 회로선1
⑰	10	회로공통선1, 경종표시등공통선1, 표시등선1, 발신기선1, 전화선1, 지하층 경종선1, 지하1층 회로선2, 지하2층 회로선1, 지하3층 회로선1

⑱	50	회로공통선5, 경종표시등공통선1, 표시등선1, 발신기선1, 전화선1, 11층 경종선1, 10층 경종선1, 9층 경종선1, 8층 경종선1, 7층 경종선1, 6층 경종선1, 5층 경종선1, 4층 경종선1, 3층 경종선1, 2층 경종선1, 1층 경종선1, 지하층 경종선1, 11층 회로선6, 10층 회로선2, 9층 회로선2, 8층 회로선2, 7층 회로선2, 6층 회로선2, 5층 회로선2, 4층 회로선2, 3층 회로선2, 2층 회로선2, 1층 회로선2, 지하1층 회로선2, 지하2층 회로선1
⑲	55	회로공통선5, 경종표시등공통선1, 표시등선1, 발신기선1, 전화선1, 11층 경종선1, 10층 경종선1, 9층 경종선1, 8층 경종선1, 7층 경종선1, 6층 경종선1, 5층 경종선1, 4층 경종선1, 3층 경종선1, 2층 경종선1, 1층 경종선1, 지하층 경종선1, 11층 회로선6, 10층 회로선2, 9층 회로선2, 8층 회로선2, 7층 회로선2, 6층 회로선2, 5층 회로선2, 4층 회로선2, 3층 회로선2, 2층 회로선2, 1층 회로선2, 지하1층 회로선4, 지하2층 회로선2, 지하3층 회로선2

[간단 산출 방법]

1. 우선경보방식은 4 + 경종선 + 회로선 + 회로공통선으로 산출한다. 4에는 경종표시등공통선, 표시등선, 발신기선, 전화선이 각 각 1선씩 포함되어 있다.
2. ⑲번 산출 [예]
   4 + 12(경종선) + 34(회로선) + 5(회로공통선) = 55선
   자탐 간선 수가 50을 넘으므로 P형보다는 R형으로 설계하는 것이 좋다.

지금까지는 P형시스템에 대하여 설명하였다. R형시스템을 사용하는 경우의 자동화재탐지설비 간선수를 생각해 보자. R형시스템도 P형시스템과 같이 발신기세트 - 발신기세트 - ···· - 수신기로 구성이 되며 감지기 역시 발신기세트로 연결된다. 가장 크게 다른 것은 발신기세트에 중계기가 설치된다는 점이다.

중계기에는 입력 및 출력단자가 있는데 자동화재탐지설비의 일반감지기는 입력단자에, 지구경종은 출력단자에 연결된다. 아날로그감지기는 감지기 자체가 중계기 역할을 하므로 중계기를 경유하지 않고 직접 수신기의 신호선에 연결하면 된다. 발신기세트의 발신기와 위치표시등도 중계기에 연결되지 않고 직접 R형 수신기에 연결된다.

발신기세트와 R형수신기를 연결하는 선선 수는 제소사마다 다를 수 있으나 발신기에는 3선(발신기선, 전화공통선, 전화선)이 연결되고 위치표시등에는 2선(표시등공통선, 표시등선)이 연결된다. 따라서 R형수신기와 발신기세트의 필요 전선 수는 발신기 3선, 위치표시등 2선, 중계기 4선(전원선 2, 신호선 2) 해서 총 9선이 필요하다 하겠다.

물론 회로선 및 경종선 추가는 중계기의 입력과 출력에서 해결이 가능하므로 수신기와 발신기세트사이의 전선수 증가에는 영향을 미치지 않는다. 따라서 회로선, 경종선 추가 없이 발신기세트 - 발신기세트 - ···· - 수신기의 배선은 9선이면 가능하다 하겠다.

R형시스템에 사용하는 P형 1급 발신기에는 5개의 단자[37]가 필요하다. 이는 수신기와 연결되는 3개의 단자(발신기선, 전화공통선, 전화선)에 더해 일반감지기의 말단과 연결되는 2개의 단자(회로공통선, 회로선)가 필요하기 때문이다. 물론 이 두 개의 단자인 회로공통선과 회로선에는 감지기 도통시험을 위한 종단저항이 설치되어야 한다. 종단저항은 P형 시스템과 마찬가지로 발신기 단자 또는 발신기세트 단자대 모두에 설치가 가능하다.

다음은 R형시스템에서 발신기세트와 수신기간 배선을 나타내는 개념도로 감지기 종단저항을 발신기에 설치한 예이다. 업무에 도움이 되었으면 한다.

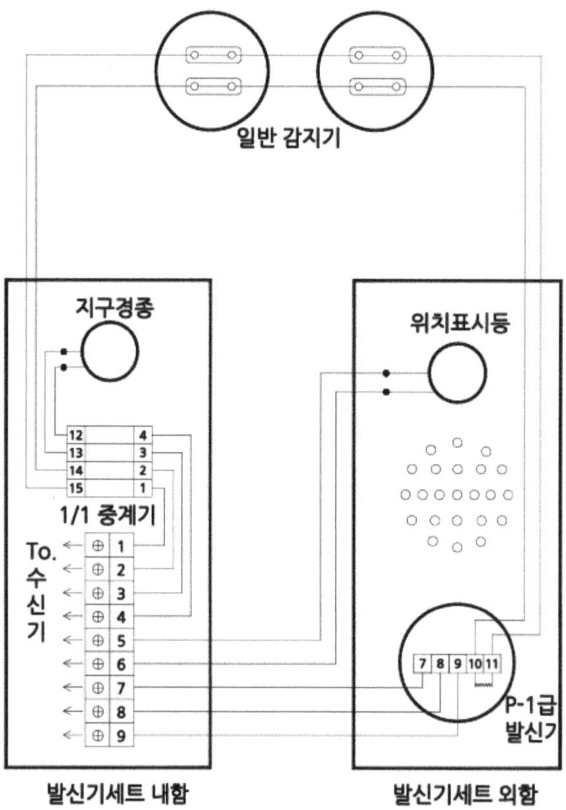

번호	단자 명칭
1	전원선(-)
2	전원선(+)
3	신호 공통선
4	신호선
5	표시등 공통선
6	표시등선
7	발신기선
8	전화 공통선
9	전화선
10	회로 공통선
11	회로선
12	출력 공통선
13	출력선
14	입력 공통선
15	입력선

주) 발신기 단자 다를 수 있음.

<그림 70> R형시스템 배선 개념도

37) 요즘은 발신기 상단에 위치표시등이 함께 설치된 위치표시등 겸용 발신기가 생산되고 있다. 겸용 발신기인 경우에는 5개 단자 이외에 표시등 단자도 포함되어야 한다.

[예제 28]

다음 조건을 참조하여 각 물음에 답하시오.

(조건)

- 배선은 R형수신기-1층 발시기세트-2층 발신기세트를 연결한다.
- 1층 발신기세트에는 일반감지기가 설치되고, 2층 발신기세트에는 아날로그감지기를 설치한다.
- 1층 일반감지기의 종단저항은 발신기세트 외함의 발신기 단자에 설치한다.
- 2층 아날로그감지기는 양방향을 연결하지 않고 한쪽 신호선만 연결한다.
- 신호선 접지는 단자대에서 제외하므로 고려하지 않는다.
- 각 배선은 단자대 이외에는 도중에서 분기하지 않으며 주어지지 않은 조건은 무시한다.

다음 그림에서 주어진 단자 명칭을 참조하여 각 기구를 연결하여 배선을 완성하시오. 종단저항도 그려야 하며 1, 2층을 제외한 다른 층의 배선은 고려하지 않는다.

번호	단자 명칭
1	신호 공통선
2	신호선
3	전원선(−)
4	전원선(+)
5	표시등 공통선
6	표시등선
7	발시기선
8	전화 공통선
9	전화선
10	회로 공통선
11	회로선
12	출력 공통선
13	출력선
14	입력 공통선
15	입력선

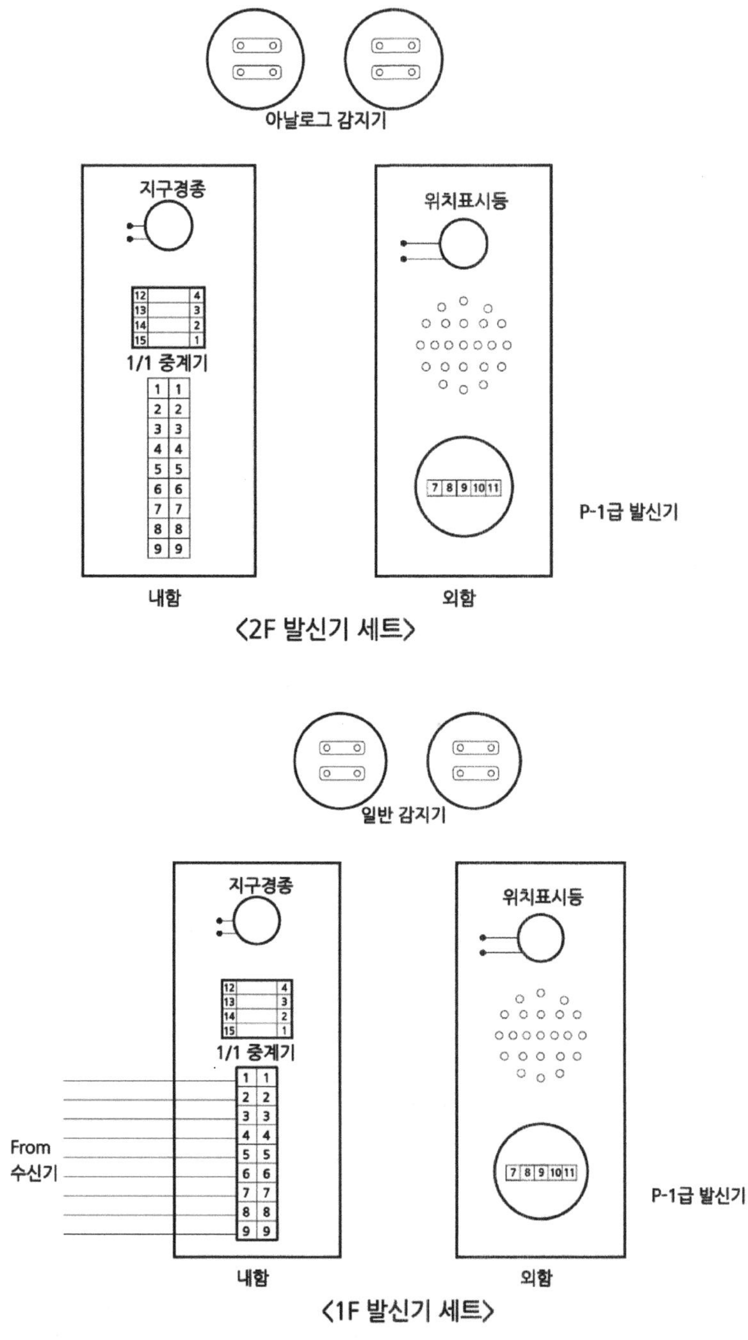
아날로그 감지기
지구경종
위치표시등
1/1 중계기
P-1급 발신기
내함
외함
〈2F 발신기 세트〉
일반 감지기
지구경종
위치표시등
1/1 중계기
From
수신기
P-1급 발신기
내함
외함
〈1F 발신기 세트〉

풀이

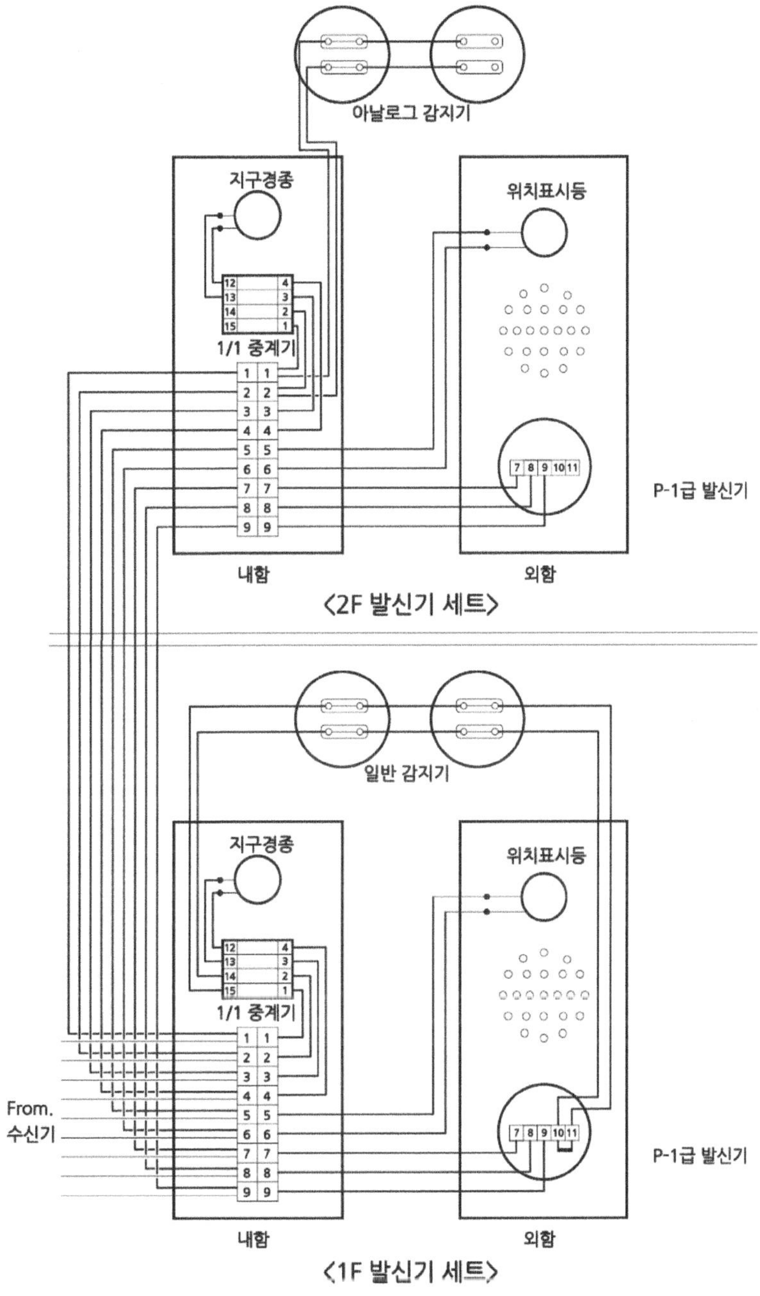
아날로그 감지기
지구경종
위치표시등
1/1 중계기
P-1급 발신기
내함
외함
<2F 발신기 세트>
일반 감지기
지구경종
위치표시등
1/1 중계기
From.
수신기
P-1급 발신기
내함
외함
<1F 발신기 세트>

(9) 계단 연기감지기의 배선 방법을 결정한다.

계단은 「NFTC 203」[38]에 의해 연기감지기를 설치하여야 하므로 일반적으로 연기감지기 2종을 선정하여 설계에 반영하고 있다.

연기감지기 2종은 최대높이가 15 m로 규정되어 있으므로 보통은 3개 층(층고 약 4 m × 3층 = 12 m, 15 m 이하이므로 적합)마다 1개씩 설치하는 것으로 도면화되고 있다.

하나의 계단회로는 최대높이 45 m까지 적용할 수 있으므로 연기감지기 2종을 설치한다면 하나의 계단회로에 최소 3개(45 m / 15 m/개 = 3개)의 연기감지기가 설계된다. 따라서 최소 3개의 연기감지기가 하나의 회로 구성을 위해 발신기세트와 연결이 되어야 한다.

발신기세트와 연기감지기의 연결 방법에 따라 다음과 같이 3가지 정도의 배선 방법을 생각해 볼 수 있겠다.

① 첫 번째 감지기와 발신기세트를 한 번 연결하는 방법

② 첫 번째 감지기와 마지막 감지기를 발신기세트에 연결하는 방법

③ 감지기마다 발신기세트에 여러 번 연결하는 방법

이해를 돕기 위해 피난계단 1개소인 지상 9층 건물을 가정하여 3가지 방법에 대한 개념도를 그림으로 나타내었다.

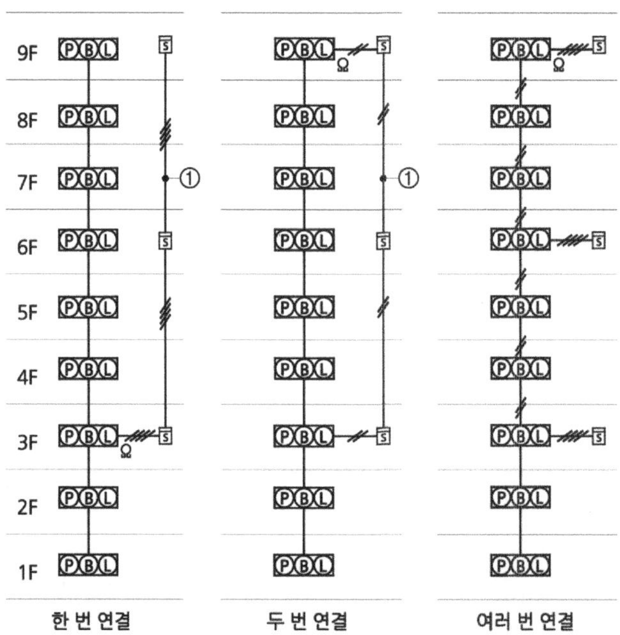

<그림 71> 계단감지기 배선 개념도

38) 「NFTC 203」(시행 2022.12.1.) 2.4.2.1

보통은 한 번 연결하는 방법으로 계단감지기를 설계하고 있다. 이는 문제가 되는 설계방법은 아니나 계단감지기 입상배관에서 배관이 막히는 경우(예 : ①)에는 문제가 발생한다. 막히는 경우에는 노출 계단을 파쇄하는 방법이 유일한 해결방법이고 파쇄 또한 매우 어렵다.

두 번 연결하는 방법은 계단감지기의 배관이 막힐 것을 우려하여 시공자가 선택하여 배관하는 방법이다. ① 등 감지기 입상배관이 막힌 경우에는 첫 번째와 마지막 발신기세트에서 4선을 보내서 계단감지기를 연결하면 파쇄 없이 무난한 해결이 가능하다. 물론 파쇄가 없는 대신에 발신기세트 간 간선 수에 감지기선 2선(회로공통선 1, 회로선 1)을 추가로 입선해야 한다.

여러 번 연결하는 방법은 계단감지기 입상 배관이 없으므로 입상배관 막힘 우려가 전혀 없다. 그러나 이 방법을 선택하면 기존 발신기세트 간 간선 수에 감지기선 2선(회로공통선 1, 회로선 1)을 추가로 설계해야 한다. 계단감지기의 입상배관 막힘을 고려할 때 가장 안전한 설계방법이라 하겠다.

따라서 한 번 연결하는 방법보다는 두 번 연결 또는 여러 번 연결되게 설계하는 것이 시공을 고려한 설계라 할 것이다.

[예제 29]	다음 조건을 참조하여 각 물음에 답하시오. (조건) • 3층, 6층, 9층 계단감지기의 입상배관은 없고 각 각 3층 발신기세트, 6층 발신기세트, 9층 발신기세트에 수평배관으로 연결한다. • 3층, 6층, 9층 계단감지기는 하나의 회로이다. • 계단회로의 종단저항은 9층 발신기세트 단자대에 설치하는 것으로 하고 단자대에 종단저항을 그려야 한다. • 계단감지기간 회로공통선과 회로선 연결은 발신기세트 단자대에서 처리하지 않고 발신기세드 내에시 선과 선을 연결하는 것으로 하고 연결점은 ●으로 표시한다. (총 8개소 표시) • 주어지지 않은 조건은 무시한다. 다음 그림과 주어진 단자 명칭을 참조하여 3개의 계단감지기를 연결하시오.

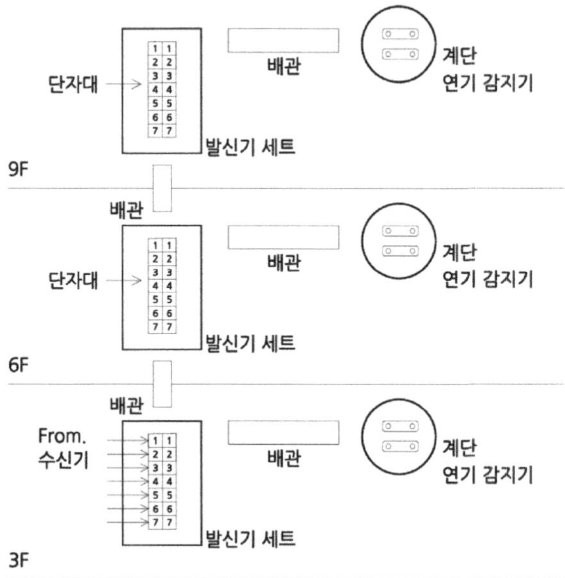

번호	단자 명칭
1	회로 공통선
2	3층 회로선
3	6층 회로선
4	9층 회로선
5	계단 회로선
6	계단 종단저항
7	계단 종단저항

풀이

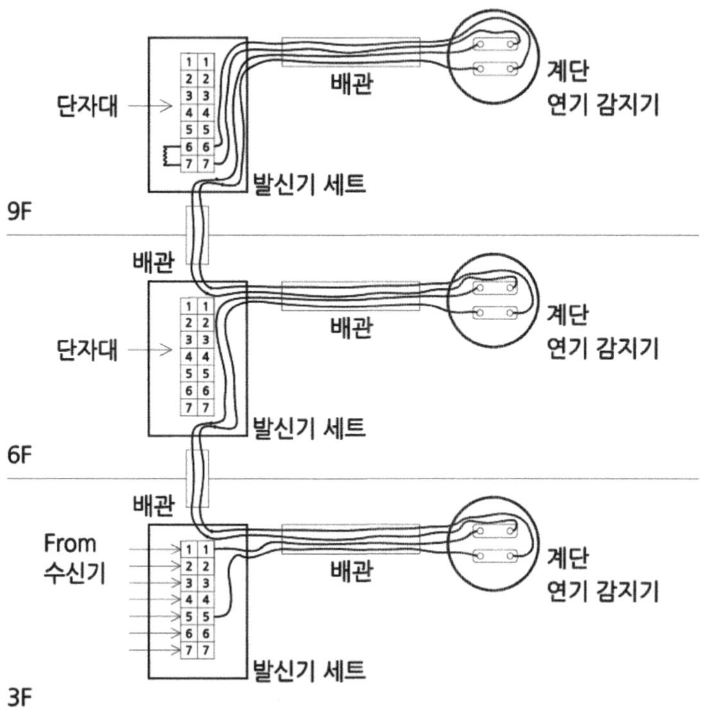

(10) 전선관을 선정하고 전선관 규격을 결정한다.

자동화재탐지설비에 사용 가능한 배관(전선관)을 알려면 「NFTC 203」 및 「NFTC 102」를을 찾아봐야 한다. 「NFTC 203」에서는 자동화재탐지설비의 전원배선과 그 밖의 배선을 구분하여 배선방법을 규정하고 있으므로 우선 「NFTC 203」[39]을 살펴보도록 하겠다.

1) **전원회로**의 배선은 「옥내소화전설비의 화재안전기술기준(NFTC 102)」 2.7.2의 표 2.7.2(1)에 따른 **내화배선**에 따르고, **그 밖의 배선**(감지기 상호간 또는 감지기로부터 수신기에 이르는 감지기회로의 배선을 제외한다)은 「옥내소화전설비의 화재안전기술기준(NFTC 102)」 2.7.2의 표 2.7.2(1) 또는 표 2.7.2(2)에 따른 **내화배선** 또는 **내열배선**에 따를 것
2) 감지기 상호간 또는 감지기로부터 수신기에 이르는 감지기회로의 배선은 다음의 기준에 따라 설치할 것
   (1) **아날로그식, 다신호식** 감지기나 **R형수신기용**으로 사용되는 것은 **전자파 방해**를 받지 않는 **실드선** 등을 사용해야 하며, 광케이블의 경우에는 전자파 방해를 받지 아니하고 내열성능이 있는 경우 사용할 것. 다만, 전자파 방해를 받지 않는 방식의 경우에는 그렇지 않다.
   (2) (1) 외의 **일반배선**을 사용할 때는 「옥내소화전설비의 화재안전기술기준(NFTC 102)」 2.7.2의 표 2.7.2(1) 또는 표 2.7.2(2)에 따른 **내화배선** 또는 **내열배선**으로 사용할 것

보다 정확한 이해가 가능하도록 자동화재탐지설비를 P형 시스템과 R형 시스템으로 구분하여 그림으로 나타내었다. 실제로 설계되는 내화배선, 내열배선, 차폐배선을 나타내었으니 참고가 되었으면 한다.

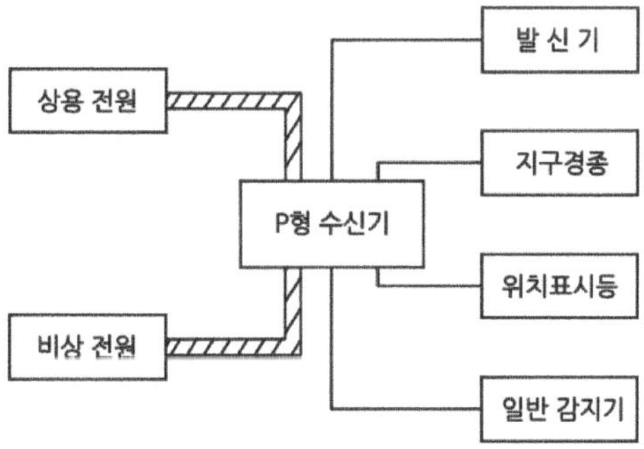

39) 「NFTC 203」(시행 2022.12.1.) 2.8.1.1 및 2.8.1.2

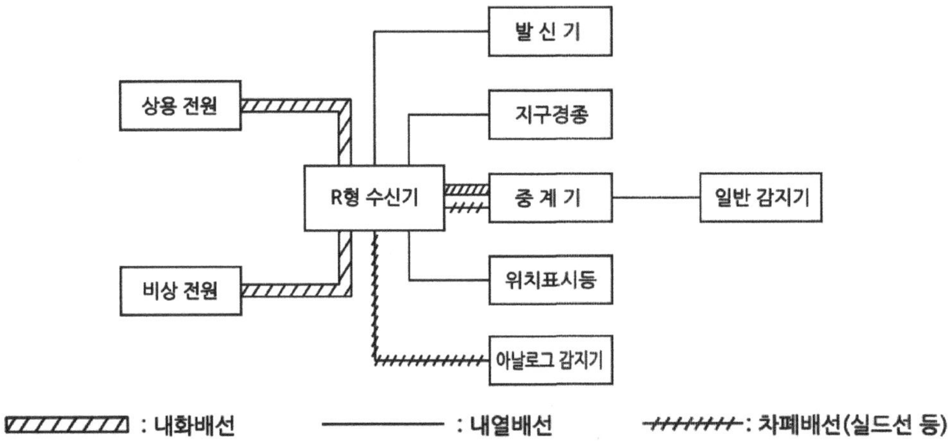

<그림 72> 자동화재탐지설비의 내화배선, 내열배선 적용

자동화재탐지설비의 전원회로는 내화배선을 적용해야 한다. 전원회로에는 평상시 한전 전원이 공급되는 상용전원 배선, 한전 전원 차단 시 투입되는 비상전원 배선, R형 중계기 전원배선이 포함되는 것으로 해석하여 설계에 적용하고 있다.

그 밖의 배선은 내화배선, 내열배선 둘 다 설계가 가능하나 경제적인 이유로 내열배선을 우선하여 설계에 반영하고 있다. 수신기에서 각각 발신기, 지구경종, 위치표시등, 일반감지기로 연결하는 내열배선은 P형시스템과 R형시스템 모두에서 적용이 가능하다.

그러나 R형시스템의 수신기에서 중계기, 아날로그감지기로 연결되는 신호선은 내열배선보다는 차폐배선인 실드선을 먼저 적용해야 하므로 실드선을 우선으로 하여 설계에 반영하고 있다.

내화·내열배선에 따른 배관(전선관) 선정은 「NFTC 203」 규정에 의해 「NFTC 102」의 표를 따르도록 되어 있다. 이 「NFTC 102」 표에는 사용 가능한 여러 가지 전선과 매립·노출공사에 따른 적용 가능한 배관들을 찾아볼 수 있다.

그러나 설계에서는 Hi-VE관, CD관, 후강 전선관, 1종 금속제 가요전선관을 우선 적용한다. 이들 주로 적용하는 전선관 위주로 「NFTC 102」의 표를 살펴 볼 가능성이 크므로 이 배관 위주로 「NFTC 102」표를 간단히 정리하여 다음에 나타내었다. 간단한 표에는 주요 전선관의 노출, 매립공사에 따른 사용 가능한 부위를 정리하였으니 조금이나마 도움이 되었으면 한다.

<표 33> 주요 전선관의 공사 방법에 따른 사용 가능 부위

구분※1	공사 방법	사용 가능 부위
Hi-VE관 CD관	노출공사	사용 가능 부위 없음 (노출 불가능)
	매립공사※2	모든 부위 사용 가능

후강 전선관	노출공사	전원배선을 제외한 그 밖의 배선에 사용 가능
	매립공사	모든 부위 사용 가능
1종 금속제 가요 전선관	노출공사	전원배선 제외한 그 밖의 배선에 사용 가능
	매립공사	사용 가능 부위 없음 (매립 불가능)

※1 : 배관에 입선되는 전선은 일반적으로 설계되는 450/750 HFIX전선으로 가정함.
※2 : 매립공사의 조건은 다음과 같다.

- 내화구조로 25 mm 이상 깊이로 매설하는 경우
- 내화성능을 갖는 배선전용실 등에 설치하는 경우
- 배선전용실 등에 다른 배선과 15 cm 이상 이격 또는 배선지름의 1.5배 이상 높이의 불연성 격벽을 설치하는 경우

일반적으로 배관을 철근콘크리트구조에 매립할 수 있는 경우에는 Hi-VE관, CD관으로 설계하고 있고 철골조 등인 경우로 철근콘크리트구조에 매립하지 못하여 노출되는 경우에는 아연도금된 후강전선관으로 설계하고 있다.

물론 전원회로가 노출되는 경우에는 아연도금된 후강전선관만으로 내화성능이 확보되지 않으므로 내화성능이 있는 내화전선으로 설계하여야 한다. 내화전선인 TFR-8 전선 또는 NFR-8 전선은 전선 자체가 내화성능이 확보된 상태이므로 배관에 의해 보호되지 않아도 되는 노출케이블이다. 따라서 배관이 불필요하나 미관을 고려하여 Hi-VE관, CD관에 인입되어 시공되고 있다.

노출되어야 하는 케이블이 배관에 인입되어 시공되어 있으면 화재 시 방열이 부족하여 집열된 열에 의해 절연능력 등 전기적 특성이 저하되므로 가능한 한 배관 없이 노출로 설계되어야 할 것이다.

진신관이 결정되면 그다음은 인입되는 전선수에 따라 전선관의 관경을 설계해야 한다. 관경 결정은 「KEC 핸드북」의 규정을 준용하고 있으며 관련 내용을 요약, 정리하면 다음과 같다.

'케이블 또는 절연도체의 내부 단면적이 합성수지관, 금속관, 가요전선관 단면적의 1/3를 초과하지 않도록 하는 것이 바람직하다.(KS C IEC/TS 61200-52의 521.6 표준 준용)'[40]이다. 이 「KEC 핸드북」 규정은 매번 관경을 결정할 때마다 인입되는 전선 수에 따라 전체 전선 단면적을 구해야 하고 구한 총 전선 단면적이 전선관 단면적의 1/3 이하인지를 확인해야 한다. 따라서 매번 계산해야 하는 번거로움을 피하고자 단면적 계산이 미리 반영된 표를 주로 사용한다.

40) 출처 : 「한국전기설비규정 핸드북」 2024.03.01, P.339, P.344, P.351

참고로 「전기설비기술기준」의 하위 규정인 「전기설비기술기준의 판단기준」은 2022년 1월 1일부터 폐지되어 현재에는 「한국전기설비규정」[41]을 적용하고 있다. 또한 기존의 「내선규정」 또한 폐지되어 「KEC 핸드북」으로 대체되었으므로 「내선규정」이 아닌 「KEC 핸드북」을 찾아보고 이를 전선관 관경 결정에 활용해야 할 것이다.

한국전기공사협회에서 발간한 'KEC 시공 가이드북(2022)'에는 '1/3 내부단면적' 표와 '관경별 수납 가능한 전선 수' 표가 잘 정리되어 있다. 이를 활용하면 단면적을 계산하는 것보다 훨씬 쉽게 설계가 가능할 것이다.

관경별, 전선 굵기별로 상세하게 정리되어 있으나 소방설계에 필요한 관경과 전선 굵기만을 발췌하여 아래 표에 나타내었다.

<표 34> CD, Hi-VE관의 내부 단면적 1/3

호칭※1	CD관		Hi-VE관	
	내경[mm]	내 단면적의 1/3 [㎟]	내경[mm]	내 단면적의 1/3 [㎟]
16	16	67	18	85
22	22	127	22	127
28	28	205	28	205

※1 : 배관 규격은 28(28C) 이상 36, 42, 54 등 많으나 보통은 28까지만 소방설계에 반영한다. 이는 36 이상은 배관 크기가 커서 콘크리트 바닥에 매립하는 경우에는 건축 구조에 영향을 미치므로 선정을 자제하기 때문이다. 따라서 표에는 호칭 규격 28까지만 나타내었다.

<표 35> 후강 전선관의 내부 단면적 1/3

호칭	내경[mm]	내 단면적의 1/3 [㎟]
16	16.4	70
22	21.9	125
28	28.3	209

41) 한국전기설비규정(KEC : Korea Electro-technical Code) : 한전설비는 미국방식이고 사용자설비는 일본방식인 국내환경을 국제표준인 IEC, ISO를 기초로 하여 일체화한 전기규정으로 전기설비의 안전성능과 기술적 요구사항을 구체적으로 규정하고 있음.

<표 36> CD관의 최소 굵기

전선[※1] 굵기	전선 수(본)									
단선[㎟]	1	2	3	4	5	6	7	8	9	10
	전선관 최소 굵기[mm]									
1.5	14	14	14	14	16	16	22	22	22	22
2.5	14	14	14	16	22	22	22	22	28	28

[비고]
전선 수량의 값은 접지선도 포함된다.
이 표는 실험결과와 경험을 기초로 하여 결정한 것임.

※1 : 450/750V비닐절연전선, HFIX를 기준으로 함.

<표 37> 경질 비닐(PVC) 전선관의 최소 굵기

전선※1 굵기	전선 수(본)									
단선[㎟]	1	2	3	4	5	6	7	8	9	10
	전선관 최소 굵기[mm]									
1.5	14	14	14	16	16	22	22	22	28	28
2.5	14	14	16	16	22	22	22	28	28	28

[비고]
전선 수량의 값은 접지선도 포함된다.
이 표는 실험결과와 경험을 기초로 하여 결정한 것임.

※1 : 450/750V비닐절연전선, HFIX를 기준으로 함.

<표 38> 후강 전선관의 최소 굵기

전선※1 굵기	전선 수(본)									
단선[㎟]	1	2	3	4	5	6	7	8	9	10
	전선관 최소 굵기[mm]									
1.5	16	16	16	16	22	22	22	22	28	28
2.5	16	16	16	16	22	22	22	28	28	28

[비고]
전선 수량의 값은 접지선도 포함된다
이 표는 실험결과와 경험을 기초로 하여 결정한 것임.

※1 : 450/750V비닐절연전선, HFIX를 기준으로 함.

<표 39> 금속제 가요전선관의 최소 굵기

전선 굵기	전선 수(본)									
단선[㎟]	1	2	3	4	5	6	7	8	9	10
	전선관 최소 굵기[mm]									
1.5	10	15	15	17	17	24	24	24	24	24
2.5	10	15	17	17	24	24	24	24	30	30

[비고]
전선 수량의 값은 접지선도 포함된다.
이 표는 실험결과와 경험을 기초로 하여 결정한 것임.

[예제 30] 말단 발신기세트 배관이 450/750 V HFIX전선 2.5㎟ 7가닥으로 설계되었다. 다음 조건을 참조하여 각 물음에 답하시오.

(조건)

- HFIX 2.5㎟ 의 전선 1가닥은 피복절연물을 포함하지 않는 경우에는 전선 단면적이 12㎟이고, 피복절연물을 포함하는 경우에는 전선 단면적이 13㎟이다.
- 배관 최소 규격은 「KEC 핸드북」의 규정을 따라 계산하여 산출한다.
- 배관은 Hi-VE관 또는 후강 전선관에서만 선택한다. 다른 종류의 배관은 고려하지 않는다.
- Hi-VE관의 최소 규격 선정은 호칭 규격 14C, 16C, 22C, 28C에서 선택한다.
- 후강 전선관의 최소 규격 선정은 호칭 규격 16C, 22C, 28C에서 선택한다.

1. 말단 발신기세트 배관이 철근콘크리트조 바닥 등에 30 mm로 매립되는 경우의 배관 종류와 최소 규격을 선정하시오.
   1) 배관 종류 :
   2) 최소 규격
      (1) 계산 과정 :
      (2) 최소 규격 선정 :
2. 말단 발신기세트 배관이 철근콘크리트조 바닥 등에 20 mm로 매립되는 경우의 배관 종류와 최소 규격을 선정하시오.
   1) 배관 종류 :
   2) 최소 규격
      (1) 계산 과정 :
      (2) 최소 규격 선정 :

풀이	1. 30 mm로 매립되는 경우의 배관 종류와 최소 규격 산정 1) 배관 종류 : Hi-VE관, 후강 전선관 2) 최소 규격 : (1) 계산 과정 : ① 전선단면적(피복 포함) ≤ 전선관 단면적 × 1/3 ② 전선관 단면적 ≥ 전선단면적(피복 포함) × 3 ③ 전선관 단면적 ≥ 1개의 전선단면적(피복 포함) × 전선 수 × 3 ④ $\frac{\pi}{4}d^2 \geq 13mm^2 \times 7 \times 3 \Rightarrow d = \sqrt{\frac{13mm^2 \times 7 \times 3 \times 4}{\pi}} \fallingdotseq 18.64mm$ (2) 최소 규격 선정 : 22C 2. 20mm로 매립되는 경우의 배관 종류와 최소 규격 산정 1) 배관 종류 : 후강 전선관 2) 최소 규격 : (1) 계산 과정 : ① 전선단면적(피복 포함) ≤ 전선관 단면적 × 1/3 ② 전선관 단면적 ≥ 전선단면적(피복 포함) × 3 ③ 전선관 단면적 ≥ 1개의 전선단면적(피복 포함) × 전선 수 × 3 ④ $\frac{\pi}{4}d^2 \geq 13mm^2 \times 7 \times 3 \Rightarrow d = \sqrt{\frac{13mm^2 \times 7 \times 3 \times 4}{\pi}} \fallingdotseq 18.64mm$ (2) 최소 규격 선정 : 22C
[예제 31]	다음 조건을 참조하여 물음에 답하시오. (조건) • 지상 2층 건물이다. • 발신기 및 수신기를 연결하는 전선은 450/750 V HFIX전선이다. • 발신기에 전화선을 연결하는 것으로 한다. • 각 지구경종마다 경종 단락보호장치를 설치한다. • 전선관은 Hi-VE관을 사용하고 전선관 매립이 가능한 구조이다. • 전선관 최소 규격은 한국전기공사협회에서 발간한 'KEC 시공 가이드북'의 표를 참조하여 산출한다. • 36C 이상 전선관은 매립하는 경우 건축 구조에 영향을 미치므로 사용하지 못한다. 많은 전선 수를 인입해야 하는 경우에는 28C 이하의 전선관을 여러 개 설치하는 것으로 하여 산출하며 최소 전선관의 규격은 16C로 한다.

다음 계통도의 그림을 참조하여 각 번호별 최소 전선 수와 최소 전선관 규격을 산출하시오.

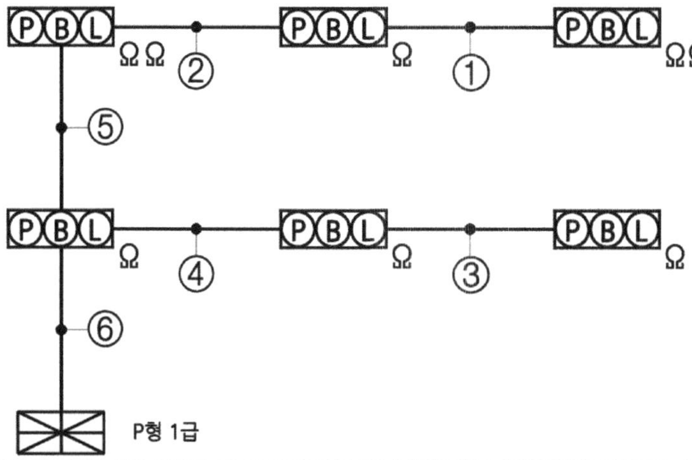

풀이

구분	최소 전선 수	최소 전선관 규격
①	8	28C
②	9	28C
③	7	22C
④	8	28C
⑤	11	28C, 16C
⑥	15	28C, 22C

(11) 수신기 설치 장소 등을 검토한다.

수신기 설계는 설치 장소, 설치 높이, 비치물 등을 고려하여 진행해야 한다. 이와 관련된 규정이 「NFTC 203」[42]에 제시되어 있다. 제시된 규정과 함께 몇 가지 해설을 추가하였으니 도움이 되었으면 한다.

1) **수위실** 등 상시 사람이 근무하는 장소에 설치할 것. 다만, 사람이 상시 근무하는 장소가 없는 경우에는 **관계인**이 쉽게 **접근**할 수 있고 **관리**가 용이한 장소에 설치할 수 있다.

(해설) 수신기 설치 장소는 일차적으로는 사람이 근무하는 방재실, 시설과 사무실 등을 선정한다. 그러나 소규모 건축물인 경우에는 방재실, 시설과 사무실 등이 없으므로 관계인이 쉽게 접근할 수 있고 관리가 용이한 장소에 설계해야 한다. 관계인이 살고 있는 주택이 좋은 예라 할 것이다.

42) 「NFTC 203」(시행 2022.12.1.) 2.2.3

다음은 계단과 가까운 복도를 생각해 볼 수 있다. 계단 근처 복도는 화재 또는 비화재보가 발생하는 경우 사무실의 출입문 개방 없이 쉽게 접근할 수 있는 장점이 있다. 그중에도 건물 외부에서 진입동선이 가장 짧은 1층 계단 주위 복도에 설계하는 것이 바람직해 보인다.

2) 수신기가 설치된 장소에는 **경계구역 일람도**를 비치할 것. 다만, 모든 수신기와 연결되어 각 수신기의 상황을 감시하고 제어할 수 있는 수신기(이하 "주수신기"라 한다)를 설치하는 경우에는 주수신기를 제외한 기타 수신기는 그렇지 않다.

(해설) 경계구역일람도(圖)는 관계인 등이 감지기, 발신기가 작동한 경계구역을 신속히 파악하여 초동 조치를 할 수 있도록 비치하는 것이다. 따라서 수신기 자체가 도면으로 표현되지 못하고 표시등, 문자로 알려 주는 P형 시스템에는 반드시 설치해야 할 사항이다. 그러므로 수신기를 P형으로 설계하는 경우에는 '경계구역 일람도(圖) 비치'를 설계도면에 명시해서 시공자가 잘 준비할 수 있도록 해야 한다.

3) 수신기의 **음향기구**는 그 **음량** 및 **음색**이 다른 기기의 소음 등과 명확히 구별될 수 있는 것으로 할 것

(해설) 수신기 제조회사가 고려해야 할 사항이다.

4) 수신기는 **감지기·중계기** 또는 **발신기**가 작동하는 **경계구역**을 표시할 수 있는 것으로 할 것

(해설) 수신기 제조회사가 고려해야 할 사항이다.

5) 화재·가스 전기등에 대한 **종합방재반**을 설치한 경우에는 해당 조작반에 수신기의 작동과 연동하여 **감지기·중계기** 또는 **발신기**가 작동하는 **경계구역**을 표시할 수 있는 것으로 할 것

(해설) 보통은 가스, 전기 제어반 등과 분리하여 소방 단독으로 수신기를 설치하고 있다. 이는 종합방재반을 설치하는 경우에는 설계 업무분장이 곤란하고 해당 공종과 협의를 해야 하는 등 번거로움이 발생하기 때문이다. 따라서 겸용인 종합방재반을 설치할 수도 있으나 소방 전용 수신기로 설계하는 것이 간편한 설계라 할 것이다.

6) 하나의 **경계구역**은 하나의 **표시등** 또는 하나의 **문자**로 표시되도록 할 것

(해설) 수신기 제조회사가 고려해야 할 사항이다. 보통의 P형 수신기 경계구역은 표시등(지구표시등) 또는 문자로 알려주고 있으며 R형 수신기의 경우에는 문자와 더불어 도면으로도 제시되고 있다.

7) 수신기의 **조작 스위치**는 바닥으로부터의 높이가 **0.8 m 이상 1.5 m 이하**인 장소에 설치할 것

(해설) 수신기 설치 높이에 관한 규정으로 설계도면에 언급되는 사항이다. 보통은 소방전기도면의 범례 중 수신기 항목에 설치 위치를 기재하고 있다.
[예] 화재수신반(벽부형) 설치 위치 : 바닥에서 상단까지 1,500 mm

8) 하나의 특정소방대상물에 2 이상의 **수신기**를 설치하는 경우에는 수신기를 상호 간 **연동**하여 **화재발생 상황**을 **각 수신기**마다 확인할 수 있도록 할 것

(해설) 건축물을 신축하는 경우에는 1대의 수신기로 설계하므로 2대 이상의 수신기가 설치될 일은 없다. 그러나 기존의 건축물을 증축, 용도변경하는 경우에는 기존 수신기 1대와 별도로 증축, 용도변경용으로 수신기를 설치해야 하므로 2대의 수신기가 설치된다. 이런 경우에는 기존 수신기와 신설되는 수신기사이에 화재발생 상황을 알 수 있도록 배선을 연결(화재접점 2선)하여야 한다. 이래야만 신설 수신기가 작동하였을 때 기존 수신기도 동작이 가능하기 때문이다.
물론 증축, 용도변경용 수신기를 설치하지 않고 기존 수신기를 철거한 후 증축, 용도변경용 회로수를 포함한 1대의 신설 수신기를 설치하는 것으로 설계하여도 된다. 신설 수신기 추가냐 기존 수신기 용량 증설이냐의 선택의 문제는 공사 가능성, 관리 가능성, 비용적 측면 등을 종합적으로 고려하여 발주처와 협의하여 결정하는 것이 좋다.

9) 화재로 인하여 하나의 **층**의 **지구음향장치** 또는 **배선이 단락**되어도 다른 층의 화재통보에 지장이 없도록 각 층 배선 상에 **유효한 조치**를 할 것

(해설) 소방전기도면에 관련 내용을 기재하는 것으로 설계에 반영하고 있다.
[예] 소방전기도면 계통도 중 '주기사항'에 기재된 경우
"NFTC 203 2.2.3.9 화재로 인하여 하나의 층의 지구음향장치 또는 배선이 단락되어도 다른 층의 화재통보에 지장이 없도록 각 층 배선 상에 유효한 조치를 한다"
지구경종 단락에 대한 검토사항은 앞에 기술하였으므로 '〈그림 69〉 경종 단락보호장치'의 전, 후 페이지를 참조하면 되겠다.

(12) 수신기 전원 및 사양을 결정한다.

수신기 전원은 상용전원과 비상전원 둘 다 확보해야 한다. 상용전원은 정전이 아닌 평상시에 수신기에 전원을 공급하는 것으로 보통은 한전의 AC 220V가 투입되는 것으로 설계하고 있다. 비상전원은 상용전원 차단 시 공급되는 대체전원으로 보통은 수신기에 내장된 축전지설비를 말한다.

전원에 대한 내용을 「NFTC 203」[43]에서 찾아 아래에 나타내었다.

1) 자동화재탐지설비의 상용전원은 다음의 기준에 따라 설치해야 한다.
   (1) **상용전원**은 전기가 정상적으로 공급되는 **축전지설비, 전기저장장치**(외부 전기에너지를 저장해 두었다가 필요한 때 전기를 공급하는 장치) 또는 **교류전압의 옥내 간선**으로 하고, 전원까지의 배선은 **전용**으로 할 것
   (2) **개폐기**에는 "**자동화재탐지설비용**"이라고 표시한 **표지**를 할 것
2) 자동화재탐지설비에는 그 설비에 대한 **감시상태**를 **60분**간 지속한 후 유효하게 **10분** 이상 **경보**할 수 있는 비상전원으로서 **축전지설비**(수신기에 내장하는 경우를 포함한다) 또는 **전기저장장치**(외부 전기에너지를 저장해 두었다가 필요한 때 전기를 공급하는 장치)를 설치해야 한다. 다만, 상용전원이 축전지설비인 경우 또는 건전지를 주전원으로 사용하는 무선식 설비인 경우에는 그렇지 않다.

건축물에 설치하는 모든 상용전원은 건축전기 설계업자가 설계한다. 이에 따라 수신기 상용전원도 건축전기 설계업자가 설계하므로 소방전기도면에 상용전원을 반영할 필요는 없다. 그러나 수신기에 내장되는 축전지설비는 비상전원이므로 소방설계업자의 설계도면에 반영이 되어야 한다. 보통은 축전지 종류와 용량을 표현하는 선에서 소방전기도면에 반영하고 있다.

다음은 자동화재탐지설비 설계에 반영된 P형 수신기의 사양을 나타낸 그림이다. P형 수신기를 설계하는 경우에는 '오동작 방지회로 내장'이라는 조건을 명시하고 있는데 이와 관련된 근거를 「NFTC 203」에서 찾아서 살펴보도록 하겠다.

화재수신반

화재수신반 10CCT (주경종 100A)	시각경보기 연동
자동화재탐지설비: 4회로	오동작 방지회로 내장
예비: 6회로	예비전원 및 기록장치내장

<그림 73> P형 수신기 사양

43) 「NFTC 203」(시행 2022.12.1.) 2.2.3

1)「NFTC 203」[44]규정

자동화재탐지설비의 수신기는 특정소방대상물 또는 그 부분이 **지하층 · 무창층** 등으로서 환기가 잘되지 아니하거나 실내면적이 **40 ㎡** 미만인 장소, 감지기의 부착면과 실내 바닥과의 거리가 **2.3 m** 이하인 장소로서 일시적으로 발생한 열·연기 또는 먼지 등으로 인하여 감지기가 화재신호를 발신할 우려가 있는 때에는 **축적기능** 등이 있는 것(축적형감지기가 설치된 장소에는 감지기회로의 감시전류를 단속적으로 차단시켜 화재를 판단하는 방식 외의 것을 말한다)으로 설치해야 한다. 다만, 2.4.1 단서에 따른 감지기를 설치한 경우에는 그렇지 않다.

2) 상기에 기술한 3가지 장소를 '비화재보의 우려가 있는 장소'로 통칭되고 있다. 자동화재탐지설비를 설계하는 대상물에는 '비화재보의 우려가 있는 장소'가 하나 이상 포함될 가능성이 크므로 수신기는 축적기능이 있는 것으로 설계에 반영되어야 한다. 이 '축적기능'을 '오동작 방지회로 내장'이라고 명시하여 설계에 반영하고 있는 것이다.
엄밀히 얘기하면 '오동작 방지회로 내장'보다는 '축적기능 내장'이라고 표현하는 것이 「NFTC 203」에 적합한 기술이라 판단된다. 현장에서는 축적, 비축적 둘 다 사용할 수 있는 '축적기능'이 있는 P형 수신기를 주로 설치하고 있다.

3) 수신기의 주요 기능은 화재가 발생한 경계구역을 나타내는 것이며 이는 지구표시등 또는 표시창의 문자, 도면으로 표현되고 있다. 따라서 경계구역을 나타내는 회로 수가 수신기의 용량을 결정하는 주요 요소가 된다. 용량 결정은 예비 회로를 반영하여 결정하는 것이 좋은데 이는 차후에 증축, 용도변경 등이 발생하는 경우 대응이 손쉽기 때문이다.
보통 P형 수신기인 경우에는 회로 수가 5단위로 증가한다. 따라서 설계 시에는 5, 10, 15, 20, 25 … 에서 수신기 회로 수를 선택하여 용량을 결정해야 한다. 소규모 장소의 자동화재탐지설비 실제 설계 사례인 〈그림 73〉을 살펴보자. 자탐 필요 회로 수는 4회로이나 예비 6회로를 더해 총 10회로(CCT)로 설계되었다. 이렇게 미리 예비 회로 수를 확보하면 차후에 증축, 개축 등이 발생하더라도 기존 수신기 교체 없이 기존 수신기를 그대로 사용할 수 있게 된다.

44) 「NFTC 203」(시행 2022.12.1.) 2.2.2

1.2.5 비상방송설비를 검토한다.

(1) 비상방송설비를 설치해야 할 대상인지 검토한다.

비상방송설비 설치 대상물은 「소방시설 설치 및 관리에 관한 법률 시행령」[45)][별표 4]의 2.바에서 찾아 볼 수 있다. 관련 규정을 찾아 다음의 표로 나타내었다.

<표 40> 비상방송설비 설치 대상물

구분	특정소방대상물※1
모든 층 설치	• 연면적 3,500 ㎡ 이상인 것 • 층수가 11층 이상인 것 • 지하층의 층수가 3층 이상인 것
※1 : 위험물 저장 및 처리 시설 중 가스시설, 사람이 거주하지 않거나 벽이 없는 축사 등 동물 및 식물 관련 시설, 지하가 중 터널 및 지하구는 제외한다.	

(2) 비상방송설비를 설치 기준을 검토한다.

비상방송설비 설치 대상물이면 설치 규정인 「NFTC 202」을 찾아보고 그 규정 중 해당되는 사항을 설계에 반영하여야 한다. 설계단계에서 검토해야 할 몇 개의 「NFTC 202」[46)] 규정을 해설과 함께 아래에 나타내었으니 도움이 되었으면 한다.

1) **확성기**의 **음성입력**은 **3 W**(**실내**에 설치하는 것에 있어서는 **1 W**) 이상일 것

(해설) 확성기는 스피커를 말한다. 소방전용 비상방송설비를 설치하는 경우에는 거실은 1 W, 주차장은 3 W, 5 W로 주로 설계하고 있다.

2) **확성기**는 각 **층**마다 **설치**하되, 그 층의 각 부분으로부터 하나의 확성기까지의 **수평거리**가 **25 m** 이하가 되도록 하고, 해당 층의 각 부분에 **유효**하게 **경보**를 발할 수 있도록 설치할 것

(해설) 확성기는 각 실마다 반드시 설치해야 하는 것은 아니다. 예를 들어 수평거리 25m 이하인 조건에서 사무실에서 경보되는 비상방송 음성을 탕비실에서 유효하게 들을 수 있으면 탕비실에는 스피커를 설치하지 않아도 된다.
물론 탕비실이 아주 작은 경우를 제외하고, 가능하면 확성기를 배치하는 것이 보다 안전한 설계가 될 것이다.

---

45) 「소방시설 설치 및 관리에 관한 법률 시행령」 (시행 2023.3.7.)
46) 「NFTC 202」(시행 2023.2.10.) 2. 기술기준

3) 음량조정기를 설치하는 경우 **음량조정기**의 **배선**은 **3선식**으로 할 것

(해설) 음량조정기는 소리(音)의 양을 조정할 수 있는 장치로 조절이 필요한 실 내부 벽체에 설치된다. 이는 음량 조정이 가능해야 하는 업무용 확성기에 필요한 것으로 일반방송과 소방방송이 겸용되는 경우에 설치된다.

겸용이므로 음량조정기에는 일반방송선 2선과 소방방송선 2선이 함께 배선이 되어야 한다. 그러나 공통선을 사용하면 전선 수가 4선이 아닌 3선으로도 가능하므로 음량조정기 배선은 공통선을 사용하는 3선식 배선방식을 채택한다. 따라서 증폭기(앰프)와 음량조정기 사이의 최소 배선은 공통용 1선, 업무용(일반용) 1선, 비상용(소방용) 1선하여 총 3선으로 설계하면 되겠다.

물론 소방전용 방송설비에는 음량조정기를 설치하지 않으므로 증폭기(앰프)와 확성기 사이의 배선은 2선이면 가능하다.

4) 조작부의 **조작스위치**는 바닥으로부터 **0.8 m** 이상 **1.5 m** 이하의 높이에 설치할 것

(해설) 조작부는 일반적으로 증폭기(앰프)의 조작부를 말하는 것으로 해석하고 있다. 따라서 증폭기를 조작할 수 있는 스위치가 바닥에서 0.8 m 이상 1.5 m 이하에 위치하게끔 설계가 되어야 한다.

5) **조작부**는 **기동장치**의 작동과 연동하여 해당 기동장치가 작동한 **층** 또는 **구역**을 **표시**할 수 있는 것으로 할 것

(해설) 비상방송설비 제조회사가 고려해야 할 사항이다.

6) **증폭기** 및 **조작부**는 **수위실** 등 상시 사람이 근무하는 **장소**로서 점검이 편리하고 방화상 유효한 곳에 설치할 것

(해설) 소방전용 비상방송설비인 경우에는 수신기 설치장소인 방재실 등에 수신기와 함께 증폭기/조작부를 설계하고 있다. 이에 반해 일반방송 겸용 비상방송설비는 방송 관계자가 근무하는 방송실 등에 증폭기/조작부를 설계하고 있다.

7) 층수가 **11층**(**공동주택**의 경우에는 **16층**) 이상의 특정소방대상물은 다음의 기준에 따라 경보를 발할 수 있도록 해야 한다.

(1) **2층** 이상의 층에서 발화한 때에는 **발화층** 및 그 **직상 4개층**에 경보를 발할 것

(2) **1층**에서 발화한 때에는 **발화층**·그 **직상 4개층** 및 **지하층**에 경보를 발할 것

(3) **지하층**에서 발화한 때에는 **발화층**·그 **직상층** 및 **기타**의 **지하층**에 경보를 발할 것

(해설) 자동화재탐지설비의 지구경종 경보방식에 맞춰 최근에 개정된 비상방송설비의 경보방식이다. 자동화재탐지설비의 지구경종과 동일하게 11층(공동주택은 16층) 이상의 확성기는 우선경보방식을 하도록 규정하고 있으며 경보해야 할 층도 발화층, 직상 4개층, 지하층 등으로 자동화재탐지설비의 지구경종과 같다.

소방전용 비상방송설비와 일반방송 겸용 비상방송설비는 확성기 배선을 층마다 2선씩 별도로 추가하는 것으로 설계하고 있다. 따라서 확성기 배선이 층마다 2선이 확보되어 있어, 우선경보방식에 해당한다 하더라도 경보해야 할 층을 구성하는 데는 큰 문제가 없어 보인다.

8) 다른 방송설비와 **공용**하는 것에 있어서는 **화재** 시 비상경보 외의 **방송**을 **차단**할 수 있는 구조로 할 것

(해설) 일반방송 겸용 비상방송설비를 설치하는 경우로 제조회사가 고려해야 할 사항이다.

9) **다른 전기회로**에 따라 **유도장애**가 생기지 않도록 할 것

(해설) 비상방송설비 제조회사가 고려해야 할 사항이다.

10) 하나의 특정소방대상물에 **2** 이상의 **조작부**가 설치되어 있는 때에는 각각의 조작부가 있는 장소 상호 간에 **동시 통화**가 가능한 설비를 설치하고, **어느 조작부**에서도 해당 특정소방대상물의 **전 구역**에 **방송**을 할 수 있도록 할 것

(해설) 기존 건물이 증축이 되거나 용도변경이 되어 기존 비상방송설비 외에 신설 비상방송설비가 추가로 설치되는 경우이다. 이때에는 기존 방송설비와 신설 방송설비가 연동되어 전 구역 방송이 가능하도록 설계가 되어야 한다.

물론 기존 방송설비를 철거한 후 기존 확성기를 포함한 신설 비상방송설비를 설치하는 방안도 가능하므로 설계대상물을 잘 파악하여 가장 현실적인 방법으로 설계가 되어야 할 것이다.

11) 기동장치에 따른 화재신호를 수신한 후 필요한 음량으로 화재발생상황 및 피난에 유효한 **방송**이 자동으로 **개시**될 때까지의 **소요시간**은 **10초** 이내로 할 것

(해설) 비상방송설비 제조회사가 고려해야 할 사항이다.

12) **음향장치**는 다음의 기준에 따른 구조 및 성능의 것으로 해야 한다.

(1) 정격전압의 **80 %** 전압에서 음향을 발할 수 있는 것을 할 것

(2) **자동화재탐지설비**의 작동과 **연동**하여 **작동**할 수 있는 것으로 할 것

(해설) 비상방송설비의 주요 구성품은 확성기와 증폭기이다. 감지기가 없으므로 자동으로 동작할 수 없고 조작자에 의해 수동으로만 동작시킬 수 있다.
따라서 감지기가 있어 자동 동작이 가능한 자동화재탐지설비 수신기와 연동이 되어야 한다. 비상방송설비와 수신기간 연동 전선수는 각 제조사마다 다를 수 있으나 보통은 2선을 요구하고 있다.

13) 비상방송설비의 배선은 「전기사업법」 제67조에 따른 「전기설비기술기준」에서 정한 것 외에 다음의 기준에 따라 설치해야 한다.

(1) 화재로 인하여 하나의 **층**의 **확성기** 또는 **배선**이 **단락** 또는 **단선**되어도 다른 **층**의 **화재 통보**에 지장이 없도록 할 것

(해설) 확성기의 배선이 단락되면 과전류가 증폭기에 유입되어 전체 확성기가 작동되지 않는다. 이를 방지하기 위한 제품을 설치하는데 일명 '비상방송설비 단락보호장치'라고 불리고 있다. '비상방송설비 단락보호장치'는 여러 가지 제품이 있으나 설치 장소에 따라 증폭기 자체에 설치된 제품, 증폭기 근처에 설치하는 제품, 확성기 층 인입부에 설치하는 제품 등으로 구분해 볼 수 있다.
설계 입장에서는 단락보호장치가 설치된 증폭기를 선택하는 방법이 기존 설계방식을 유지하는 가장 손쉬운 해결책이 될 것이다. 따라서 증폭기는 '비상방송설비 단락보호장치'가 내장된 것으로 설계도면에 명시하고 배선 수는 기존과 마찬가지로 층별로 2선씩 추가(소방전용 비상방송설비, 일반방송 겸용 비상설비 둘 다 층별 2선씩 추가)되는 것으로 설계하면 되겠다.

(2) **전원회로**의 배선은 「옥내소화전설비의 화재안전기술기준(NFTC 102)」 2.7.2의 표 2.7.2(1)에 따른 **내화배선**에 따르고, **그 밖의 배선**은 「옥내소화전설비의 화재안전기술기준(NFTC 102)」 2.7.2의 표 2.7.2(1) 또는 표 2.7.2(2)에 따른 **내화배선** 또는 **내열배선**에 따를 것

(해설) 상용전원(한전 전원)을 공급받는 배선은 건축전기 설계업자가 통상적으로 설계하고 있으며 내화배선을 적용하여야 한다.
상용전원을 제외한 증폭기, 확성기 등의 배관은 내열배선으로 설계하고 있으며 소방전용인 경우에는 소방 설계업자가, 일반방송 겸용인 경우에는 통신 설계업자가 진행하였으나 점차 통신 설계업자가 둘 다 설계하는 쪽으로 변모하고 있다.
비상방송설비의 내화, 내열배선 구간을 아래의 그림으로 나타내었다. 이해하는데 도움이 되었으면 한다.

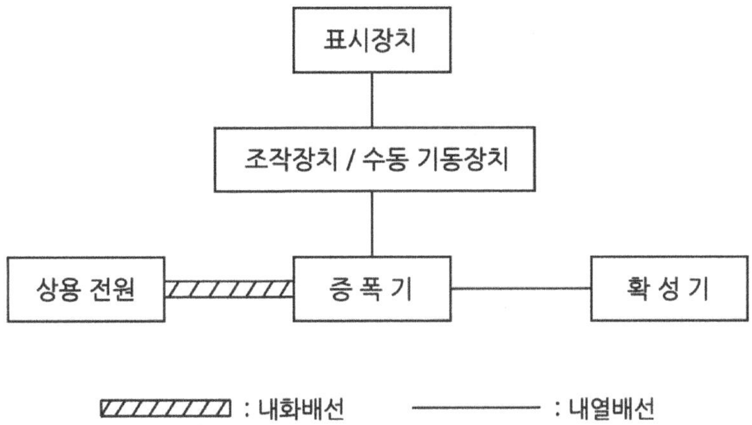

<그림 74> 비상방송설비의 내화배선, 내열배선 적용

(3) 전원회로의 전로와 대지 사이 및 배선상호간의 절연저항은「전기사업법」 제67조에 따른「전기설비기술기준」이 정하는 바에 따르고, 부속회로의 **전로**와 **대지 사이** 및 **배선 상호간**의 **절연저항**은 **1경계구역**마다 **직류 250 V**의 **절연저항측정기**를 사용하여 측정한 절연저항이 **0.1 ㏁** 이상이 되도록 할 것

(해설) 소방시설 공사업자가 반영하여 공사해야 할 사항이다.

(4) 비상방송설비의 배선은 다른 전선과 **별도**의 **관·덕트**(절연효력이 있는 것으로 구획한 때에는 그 구획된 부분은 별개의 덕트로 본다) **몰드** 또는 **풀박스** 등에 설치할 것. 다만, 60 V 미만의 약전류회로에 사용하는 전선으로서 각각의 전압이 같을 때는 그렇지 않다.

(해설) 비상방송설비의 배선을 다른 설비인 자동화재탐지설비 등의 배관과 겸용하지 못한다는 조항이다. 따라서 비상방송설비에 사용하는 배관, 몰드, 풀박스 등을 전용으로 설계하여야 한다.

14) 비상방송설비의 상용전원은 다음의 기준에 따라 설치해야 한다.

(1) **상용전원**은 전기가 정상적으로 공급되는 **축전지설비**, **전기저장장치**(외부 전기에너지를 저장해 두었다가 필요한 때 전기를 공급하는 장치) 또는 **교류전압**의 **옥내간선**으로 하고, 전원까지의 배선은 **전용**으로 할 것

(2) **개폐기**에는 "**비상방송설비용**"이라고 표시한 **표지**를 할 것

(해설) 상용전원에 대한 규정으로서 건축전기 설계업자가 전원 관련 도면에 반영하여야 할 사항이다. 일반적으로 비상방송설비의 상용전원은 한전 전원인 AC 220V가 투입되는 것으로 설계하고 있다. 개폐기는 배선용 차단기[47] 또는 누전 차단기[48]를 반영하고 있으며 비상방송설비 전용으로 설치하고 있다.

15) 비상방송설비에는 그 설비에 대한 **감시**상태를 **60분간** 지속한 후 유효하게 **10분** 이상 **경보**할 수 있는 비상전원으로서 **축전지설비**(수신기에 내장하는 경우를 포함한다) 또는 **전기저장장치**(외부 전기에너지를 저장해 두었다가 필요한 때 전기를 공급하는 장치)를 설치해야 한다.

(해설) 비상방송설비의 비상전원은 거의 대부분 축전지설비로 설치한다. 간혹 설계도면에 반영되지 못하여 미설치되는 경우가 있으므로 설계에 반영되도록 설계자의 주의가 필요하다.

[예제 32] 다음 조건을 참조하여 각 번호에 맞는 최소 전선수와 전선 용도를 쓰시오.

(조건)

- 건축물은 지하 1층, 지상 3층 근린생활시설이다.
- 비상방송설비는 소방전용이다.
- 비상방송설비 단락보호장치는 증폭기(AMP)에 내장되었다.
- 기타 조건이 주어지지 않은 사항은 고려하지 않는다.

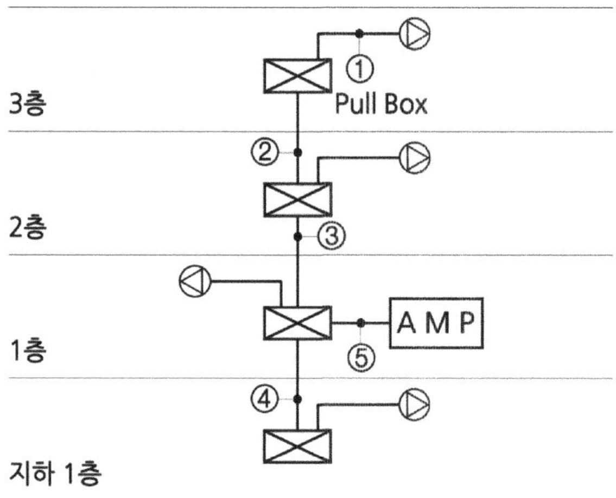

47) 배선용 차단기 = MCCB(Molded Case Circuit Breaker) = NFB(No Fuse Breaker) 수동 개폐 및 과전류(과부하전류 및 단락전류)를 자동 차단하기 위해 사용하는 것으로 개폐기구, 트립장치 등을 절연물 용기 내에 조립한 것으로 퓨즈를 사용하지 않고 바이메탈(Bimetal) 또는 전자석으로 회로를 차단시키는 기기. 일반적으로 시험버튼이 없다. 출처 : 그림·사진으로 보는 옥내소화전설비 실무, 동화기술, 2022.01.03.

48) 누설전류(누전)을 검출하여 차단하는 기기로 과전류 발생 시 동작은 하나 배선용 차단기와 같이 민감하지는 않다. 시험버튼이 있다. 출처 : 그림·사진으로 보는 옥내소화전설비 실무, 동화기술, 2022.01.03.

풀이

구분	최소 전선수	전선 용도
①	2	3층확성기※1 2
②	2	3층확성기2
③	4	3층확성기2, 2층확성기2
④	2	지하1층확성기2
⑤	8	3층확성기2, 2층확성기2, 1층확성기2, 지하1층확성기2

※1 : 스피커도 가능하다.

[예제 33] 조건을 참조하여 개념도의 배선을 연결하시오.

(조건)

- 그림은 1층과 2층을 나타낸 개념도로 1개의 확성기마다 1개의 음량조정기를 설치한다.
- 일반방송과 겸용하는 비상방송설비이다.
- 비상방송설비 단락보호장치는 증폭기(AMP)에 내장되었다.
- 개념도와 단자 명칭은 아래와 같다.

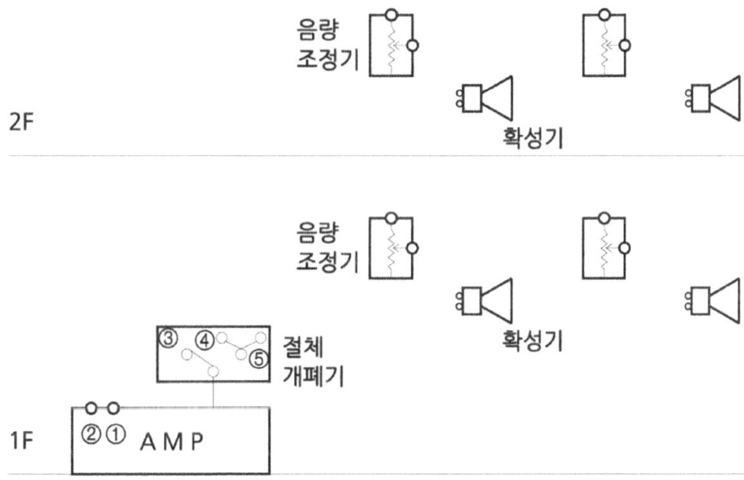

번호	단자 명칭
①	1층 공통선
②	2층 공통선
③	업무용선
④	1층 비상용선
⑤	2층 비상용선

풀이	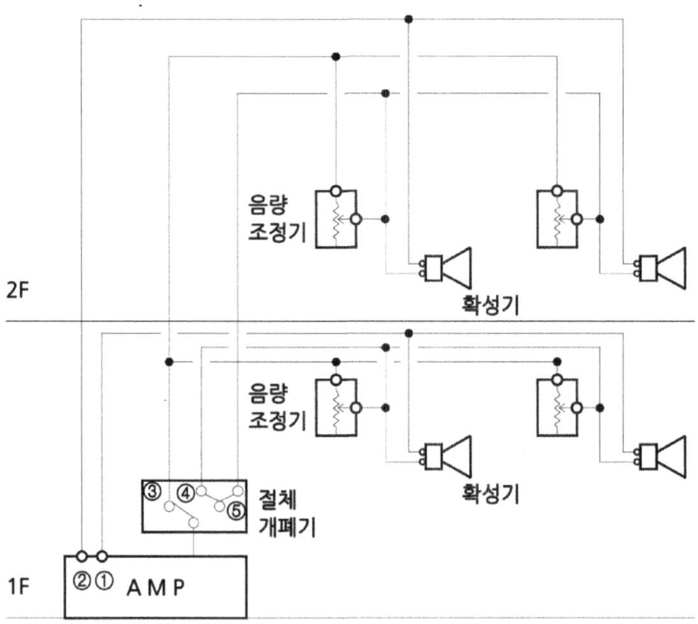
[예제 34]	다음 조건을 참조하여 각 번호에 맞는 최소 전선수와 전선 용도를 쓰시오. (조건) • 건축물은 지상 4층 학교이다. • 일반방송과 겸용하는 비상방송설비이다. • 비상방송설비 단락보호장치는 증폭기(AMP)에 내장되었다. • 기타 조건이 주어지지 않은 사항은 고려하지 않는다. 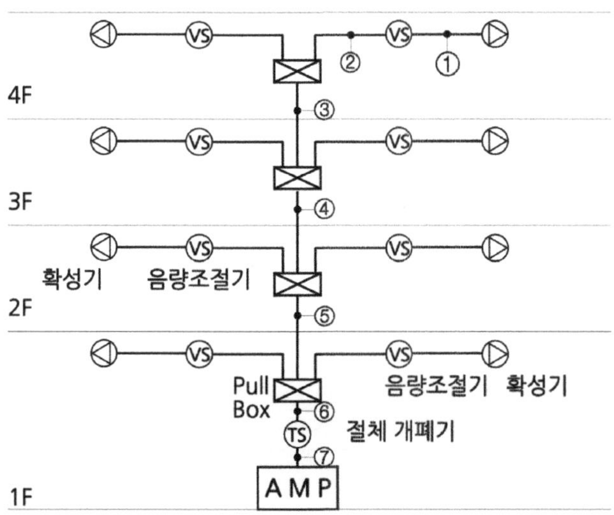

풀이

구분	최소 전선수	전선 용도
①	2	4층확성기2
②	3	업무용선, 4층공통선, 4층비상용선
③	3	업무용선, 4층공통선, 4층비상용선
④	5	업무용선, 4층공통선, 3층공통선, 4층비상용선, 3층비상용선※1
⑤	7	업무용선, 4층공통선, 3층공통선, 2층공통선, 4층비상용선, 3층비상용선, 2층비상용선
⑥	9	업무용선, 4층공통선, 3층공통선, 2층 공통선, 1층공통선, 4층비상용선, 3층비상용선, 2층비상용선, 1층비상용선
⑦	5	증폭기선※2, 4층공통선, 3층공통선, 2층 공통선, 1층공통선

※1 : 이를 '업무용선, 공통선2, 비상용선2'로 표현할 수 있으나 상기 기술된 사항이 보다 정확한 표현이다.
※2 : 앰프선도 가능하다.

Chapter 2

공사시방서 작성하기

Chapter 2

2.1 표준시방서 확인 및 공사시방서 작성

[필요 지식]

2.1.1 시방서

시방서(Specification)는 설계도면에 다 담아내지 못하는 제품 규격, 자재 품질, 시공 조건, 공사 방법, 준수해야 할 관련 규정 등을 기술한 문서이다. 소방청에서 관여한 소방 표준시방서가 없던 시기에는 건축 표준시방서, 토목 표준시방서, 건축설비 표준시방서, 전기 표준시방서, 정보통신 표준시방서를 참고하여 소방공사 공사시방서를 작성하였다. 그러나 2019년 9월 1일에 소방청과 한국소방시설협회가 함께 '소방공사 표준시방서'를 발간하였다. 이 표준시방서가 소방청에서 권장하는 공식적인 소방공사 표준시방서이다.

현재에는 2021년 11월 9일에 개정된 '2022 소방공사 표준시방서'가 가장 최근의 표준시방서이다. 따라서 소방설계업자는 이 '소방공사 표준시방서'를 기본으로 하여 공사시방서를 작성해야 한다. 물론 소방청/한국소방시설협회의 '소방공사 표준시방서'에 관련 내용이 없는 경우에는 건축공사 표준시방서, 설비공사 표준시방서, 지반공사 표준시방서 등을 참조하여 그 내용을 보충하여야 한다.

'2022 소방공사 표준시방서'의 앞부분을 그림으로 나타내었다.

<그림 75> 2022 소방공사 표준시방서

(1) 시방서의 종류

시방서의 종류를 소방청/한국소방시설협회의 '2022 소방공사 표준시방서'[49]에서 찾아보면 '총칙' 중 '일반공통사항'의 '용어의 정의'에서 내용을 확인할 수 있다. 이를 정리하여 다음에 나타내었다.

① 표준시방서

표준시방서는 소방시설물의 안전 및 공사시행의 적정성과 품질확보 등을 위하여 소방시설별로 정한 표준적인 시공기준으로서, 전문시방서 작성 또는 설계 등의 용역자가 공사시방서를 작성하는 경우에 활용하기 위한 시공기준이다.

[예] 2022 소방공사 표준시방서, 소방청/한국소방시설협회

표준시방서 KCS 31 80 30 : 2019 소방전기설비공사, 국토교통부

② 전문시방서

전문시방서는 소방시설별 표준시방서를 기본으로 하여 특정한 공사의 시공 또는 공사시방서의 작성에 활용하기 위하여 발주자가 작성한 종합적인 시공기준이다.

[예] 고속도로공사 전문시방서 EXCS 31 80 30 : 2021 소방전기설비공사(부대시설편), 한국도로공사

③ 공사시방서

공사시방서는 표준시방서 및 전문시방서를 기본으로 하여 설계자가 작성한 것으로서, 해당 공사의 특수성·지역여건·공사방법 등을 고려하여 기본설계 및 실시설계도면에 구체적으로 표시할 수 없는 내용과 공사수행을 위한 시공 방법, 자재의 성능·규격 및 공법, 품질시험 및 검사 등 품질관리, 안전관리, 환경관리 등에 관한 사항을 기술한 시공 기준이다.

[예] OO지구 국민체육센터 건립사업 소방공사 시방서, OO엔지니어링

따라서 소방설계업자가 발주처에 제출하는 공사시방서 작성 업무는 소방청/소방시설협회의 표준시방서와 발주처에서 제시되는 전문시방서를 기본 내용으로 하여 공사 현장 특성에 맞게 이를 수정, 변경, 추가하는 것이라고 요약할 수 있겠다.

---

49) 출처 :「2022 소방공사 표준시방서」 1.3.5, 2021.11.09.

[수행 내용]

2.1.2 표준시방서를 확인한다.

(1) 표준시방서의 적용범위와 관련 법규·기준을 살펴본다.

소방청/한국소방시설협회의 '2022 소방공사 표준시방서'는 크게 총칙, 소화설비, 경보설비공사, 피난구조설비공사, 소화용수설비, 소화활동설비공사, 그 외의 소방시설공사로 구성되어 있다. 그 중 총칙은 다시 일반공통사항, 가설공사, 토공사, 소방기계 배관공사, 소방전기 배관공사, 소방전기 배선공사로 구분되어진다.

총칙의 일반공통사항에서 표준시방서가 적용되어야 할 범위와 관련된 법규가 기술되어 있으므로 이를 발췌하여 나타내면 다음과 같다.

1) 적용범위

(1) 이 표준시방서는 소방시설공사에 관한 표준을 정한 것으로 대한민국 내에서 수행되는 소방시설공사에 적용한다.

(2) 설계도면, 공사시방서, 전문시방서, 현장설명서 및 질의응답서에 기재된 사항 이외에는 이 표준시방서에 의하되, 이 기준 중 당해 공사에 관계없는 사항은 이를 적용하지 않는다.

(3) 이 표준시방서에 기재된 것 이외의 건축, 토목, 기계설비, 전기설비 및 통신설비 분야에 관한 사항은 국토교통부 제정 KCS 41 00 00(건축공사표준시방서), KCS 11 00 00(지반공사표준시방서) 및 KCS 31 00 00(설비공사표준시방서)에 따른다.

(4) 이 표준시방서의 내용 중 선택적 사항으로서 그 지정이 필요한 것은 해당 공사시방서에서 정하도록 한다.

2) 관련 법규

(1) 수급인[50)]은 공사와 관련된 모든 법령, 조례 및 규칙, 기타 기준 등을 준수한다.

(2) 이 표준시방서에 포함한 설계도서의 내용이 관련 법규의 규정과 상호 모순되는 경우(소방시설공사 중에 관련 법규가 변경되고 변경된 규정을 따라야 할 경우를 포함한다.)에는 관련 법규의 규정을 우선하여 준수한다.

(3) 관련 법규는 최근에 고시된 내용을 우선 적용하는 것을 원칙으로 한다.

---

50) 발주자로부터 「소방시설공사업법」에 의한 소방공사를 도급받은 소방시설공사업자를 말한다. 출처 : 「2022 소방공사 표준시방서」 1.3.10, 2021.11.09.

(4) 이 표준시방서에 인용 및 소방시설공사 중 참고하여야 할 법규[51]는 다음과 같다.

- 「소방기본법」
- 「소방시설공사업법」
- 「화재예방, 소방시설 설치·유지 및 안전관리에 관한 법률」
- 「위험물안전관리법」
- 「다중이용업소의 안전관리에 관한 특별법」
- 「초고층 및 지하연계 복합건축물 재난관리에 관한 특별법」
- 「소방산업의 진흥에 관한 법률」
- 「산업표준화법」
- 「건축법」
- 「주택법」
- 「건설기술준진흥법」
- 「건설산업기본법」
- 「근로기준법」
- 「산업안전보건법」
- 「고압가스안전관리법」
- 「공중위생관리법」
- 「대기환경보전법」
- 「물환경보전법」
- 「소음·진동관리법」
- 「수도법」
- 「전기사업법」
- 「정보통신공사업법」
- 「소방용품의 품질관리 등에 관한 규칙」
- 「건축물의 설비기준 등에 관한 규칙」
- 「건축물의 피난·방화구조 등의 기준에 관한 규칙」

51) 2019년 이후 일부 법규가 명칭이 변경되어서 이를 반영하여야 한다. 그러나 공사시방서는 표준시방서의 내용을 수정하여 반영하면 되므로 원안을 살리는 차원에서 그대로 수록하였다.

3) 관련 기준

(1) 이 표준시방서에 참조된 표준은 국내법에 기준한 한국산업표준 등을 적용하는 것을 원칙으로 한다. 단, 현재 일반적으로 사용되고 있는 기기 및 재료 등에 대한 국내 표준이 없는 경우에 한하여 예외적으로 해외 표준 등을 참조할 수 있다.

(2) 상기 (1)에 있어 예외적으로 인용되는 해외 표준은 국내 표준이 제정되는 즉시 이를 국내 표준으로 대체한다.

(3) 이 표준시방서에 인용 및 소방시설공사 중에 참고하여야 할 기준은 다음과 같다.

- 「국가화재안전기준」
- 한국산업표준(KS)
- 단체표준
- 소방시설의 내진설계 기준
- 형식승인 및 제품검사의 기술기준
- 성능인증의 대상이 되는 소방용품의 품목에 관한 고시
- 내화구조의 인증 및 관리기준
- 전기설비 기술기준
- 건축전기설비 설계기준
- 고효율에너지기자재 보급촉진에 관한 규정
- 소화설비규정(보험개발원 제정)

(2) 해석의 우선순위를 확인한다.

'2022 소방공사 표준시방서'(소방청/한국소방시설협회)에는 시방서에서 사용된 용어의 해석 순서와 설계도서의 해석 순위를 정하고 있다. 이는 다음과 같이 나타낼 수 있다.

1) 해석

표준시방서(또는 공사시방서)에서 사용된 용어의 해석은 아래 순서에 따른다.

(1) 계약문서(표준시방서 또는 공사계약서 포함)

(2) 「소방시설공사업법」, 「소방시설공사업법 시행령」, 「소방시설공사업법 시행규칙」

(3) 그 외의 「소방관련 법규」

(4) 기타 「건설 관련 법규」

(5) 국어사전

2) 설계도서 해석의 우선순위

(1) 설계도서, 법규 해석, 감리자의 지시 등이 서로 일치하지 아니하는 경우로서 계약으로 그 적용의 우선순위를 정하지 아니한 때에는 다음의 순서를 원칙으로 한다.

① 공사시방서

② 설계도면

③ 전문시방서

④ 표준시방서

⑤ 산출내역서

⑥ 승인된 상세시공도면

⑦ 관계법규의 유권해석

⑧ 감리자의 지시사항

(2) 설계도서에서 정한 공법, 자재, 제품 등의 내용이 현실적으로 이해하기 불가능할 경우에는 반드시 감리원에게 서면으로 보고하고 대안에 대한 승인을 얻은 후 시공한다.

(3) 수급인은 소방시설공사의 품질과 안전이 확보되도록 소방시설공사에 관한 법규를 준수하고, 설계도서·시방서 및 도급계약 등의 내용 등에 따라 성실하게 소방시설공사를 수행한다.

(3) 소방전기 배관공사[52)] 내용을 검토한다.

'소방전기 배관공사'는 경보설비 뿐만아니라 피난구조설비, 소화활동설비 등 소방전기 배관이 설계된 경우에 공사시방서에 포함되어야 하는 내용이다.

따라서 경보설비인 비상경보설비(비상벨설비, 자동식사이렌설비), 자동화재탐지설비, 화재알림설비, 비상방송설비, 자동화재속보설비, 통합감시시설, 누전경보기, 가스누설경보기를 설계하는 경우에는 표준시방서의 내용을 확인한 후 이를 기준으로 하여 공사시방서를 작성하여야 하겠다.

1) 일반사항

(1) 적용범위

이 시방서는 소방전기 배관공사에 적용한다.

(2) 관련시방

이 시방서에 언급되지 아니한 사항은 국토교통부 제정 KCS 31 00 00(설비공사 표준시방서)의 해당 규정에 따른다.

---

52) 출처 : 「2022 소방공사 표준시방서」 01050 소방전기 배관공사, 2021.11.09.

(3) 참조표준

다음 기준은 이 시방서의 일부를 구성하고 있는 것으로 본다.

① 「국가화재안전기준」

② 한국산업표준(KS)

KS C 8401 강제 전선관

KS C 8422 금속제 가요 전선관

KS C 8431 경질 폴리염화비닐 전선관

KS C 8433 커플링(경질 비닐 전선관용)

KS C 8434 코넥터(경질 비닐 전선관용)

KS C 8436 합성수지제 박스 및 커버

KS C 8454 합성 수지제 휨(가요) 전선관

KS C 8455 파상형 경질 폴리에틸렌 전선관

KS C 8456 합성 수지제 휨(가요) 전선관 부속품

KS C 8458 금속제 박스 및 커버(전선관용)

KS C 8459 금속제 가요 전선관용 부속품

KS C 8460 금속제 전선관용 부속품

KS C 8461 노출 배관용 부속품(전선관용)

KS C 8464 케이블 트레이

KS D 8304 전기 아연 도금

KS D 8308 용융 아연 도금

(4) 제출물

다음에 언급한 것 외의 사항은 "01010 일반공통사항 4.제출물"에 따른다.

① 제품자료 : 제작업자의 기술자료, 한국산업표준인증 증명서(KS제품에 한함), 전기용품안전인증서 또는 공인기관시험성적서

② 시공계획서

③ 시공상세도

가. 소방설비 기구별 설치 위치 및 설치 높이 시공상세도

나. 건축물 옥외 및 옥내 관통슬리브 시공상세도

다. 건축물 신축이음부위(Expansion Joint) 횡단 시공상세도

라. 건축물 방화구획 관통부위 시공상세도

마. 소방전기 배관계획 등의 상세도

바. 소방전기 매입풀박스 등의 상세도

(5) 운반, 보관, 취급

① 배관을 운반차량에서 상차 및 하차 시 과도한 충격을 받지 않도록 주의하여 취급한다.

② 보관 장소는 직사광선, 침수 및 우수, 도난의 우려가 없는 장소로 한다.

③ 배관자재 및 부속자재는 자재보관대를 설치하여 품명별 및 규격별로 분리 보관한다.

④ 현장 작업 시 배관에 충격이나, 급격한 구부림 등을 하지 아니한다.

2) 기기 및 재료

(1) 공통 사항

① 배관의 종류 및 크기는 설계도면에 의하며, 설계도면에 표시된 규격의 것보다 작은 규격의 배관을 사용하지 않는다.

② 전선관의 굵기 선정

가. 관의 굵기는 설계도면에 따른다.

나. 전선관의 굵기가 다른 전선을 동일관 내에 넣은 경우 전선 단면적의 합계는 관내 단면적 합계의 32% 이하가 되도록 한다.

다. 관의 굴곡이 적어 쉽게 전선을 교체할 수 있는 경우에는 전선관 내 배선의 단면적 합계가 48% 이하가 되도록 한다.

라. 케이블 배관은 케이블 외경의 1.5배 이상의 굵기를 선정한다.

마. 기타 사항에 대하여는 「내선규정」에서 정하는 바에 따른다.

③ 소방전기 배관재료는 「국가화재안전기준」에 적합하도록 내화배선 및 내열배선 방법에 따라 선정한다.

가. 내화배선에 적합한 배관자재의 종류

가) 금속관

나) 제2종 금속제 가요전선관

다) 합성수지관(위의 자재에 수납하여 내화구조로 된 벽 또는 바닥 등에 벽 또는 바닥의 표면으로부터 25 mm 이상의 깊이로 매설하는 경우에 한함.)

나. 내열배선에 적합한 배관자재의 종류

가) 금속관

나) 금속제 가요전선관

다) 금속덕트

(2) 금속관

① 금속관 및 부속품

가. 금속관은 KS C 8401 후강 전선관을 사용한다.

나. 부속품은 KS C 8460 후강 전선관용 부속품을 사용한다.

다. 관의 끝부분 및 내면은 전선의 피복이 손상되지 않도록 매끈한 것을 사용한다.

② 박스 및 부속류

가. 박스 및 부속류는 KS C 8458 및 KS C 8461에 적합한 것을 사용한다.

나. 벽체에 사용하는 박스는 스위치 박스(54 mm 이상)를 사용하고, 콘크리트에 매입하여 사용하는 박스는 4각 콘크리트 박스 (54 mm 이상) 또는 8각 콘크리트 박스(54 mm 이상)를 사용한다.

(3) 금속제 가요전선관

① 금속제 가요전선관

금속제 가요전선관은 KS C 8422에 적합한 제품을 사용한다.

② 부속품

부속품은 KS C 8459에 적합한 제품을 사용한다.

(4) 합성수지관

① 전선관 및 부속품

가. 경질비닐전선관 및 부속품은 KS C 8431 및 KS C 8433, KS C 8434, KS C 8437에 따른다.

나. 합성수지제 가요전선관 및 부속품은 KS C 8454 및 KS C 8456에 따른다.

다. 수직 간선배관 및 수평 간선배관은 합성수지제 가요전선관 선정을 지양하고, 경질비닐전선관을 선정한다.

라. 합성수지제 가요전선관 적용시 소방전기 배관용은 적색을 사용한다.

② 박스 및 부속품

가. 박스 및 부속품은 KS C 8436에 따른다.

나. 벽체에 사용하는 박스는 스위치 박스(54 mm 이상)를 사용하고, 콘크리트에 매입하는 사용하는 박스는 4각 콘크리트 박스(54 mm 이상) 또는 8각 콘크리트 박스(54 mm 이상)를 사용한다.

(5) 금속덕트

① 금속덕트

가. 금속덕트의 형상과 재질은 설계도면에 따른다.

나. 금속덕트는 전기아연도금 한 제품 또는 분체도장한 제품 등을 사용한다.

다. 금속덕트에 넣는 전선의 단면적(절연피복의 단면적을 포함)의 합계는 덕트 내부 단면적의 20%(제어회로 등의 배선만을 넣는 경우에는 50%) 이하가 되도록 한다.

② 부속품

가. 부속품은 전기아연도금한 제품 또는 분체도장한 제품 등을 사용한다.

나. 절단면에 전선의 피복이 손상되지 않도록 매끈한 것을 사용한다.

3) 시공

(1) 공통사항

① 내화배선 및 내열배선에 적용되는 배관의 시공

가. 내화배선

가) 금속관, 금속제가요전선관 또는 합성수지관에 수납하여 내화구조로 된 벽 또는 바닥 등에 벽 또는 바닥의 표면으로부터 25 mm 이상의 깊이로 매입한다.

나) 케이블 트레이 및 금속 덕트를 사용하는 경우 내화전선을 사용한다.

나. 내열배선에 적용되는 배관의 시공

가) 금속관, 금속제가요전선관 또는 합성수지관에 수납하여 내화구조로 된 벽 또는 바닥 등에 벽 또는 바닥의 표면으로부터 25 mm 이상의 깊이로 매입한다.

나) 금속관, 금속제가요전선관, 금속덕트에 수납하여 시공한다.

다) 케이블 트레이를 사용하는 경우 내열전선을 사용한다.

라) 건식벽체의 시공 시 내화구조를 인정받은 제품인 경우 건식벽체 내부에 합성수지배관을 시공하여도 내화구조 인정 기준에 영향을 미치지 않은 경우에만 배관의 시공이 가능하다.

② 매입배관의 시공

가. 매입배관공사시의 배관경

콘크리트에 매입되는 전선관의 규격은 28 mm까지 하며, 부득이한 경우 36 mm까지 하되 구조적 결함이 없도록 검토하여 시공상세도 승인을 득한 후 시공한다.

나. 매입배관의 결속

매입배관의 경우 배관 커플링의 양단 및 박스 콘넥타 부분은 0.3 m 이내에 결속하고 배관은 1.0 m 마다 결속선으로 철근 등에 결속하여 콘크리트 타설시 배관 이탈을 방지한다.

다. 매입 배관 사이의 간격

매입 배관시 여러 배관이 한 경로를 지나는 경우 배관 간격을 30 mm 이상 이격하여 콘크리트 타설시 지장이 발생하지 않도록 한다.

라. 매입 배관시 회피해야 할 장소

매입 배관시 건축물의 우수 드레인 부분과 화장실의 부분은 추후 타 공종에서 하자처리시 매입배관 손상 우려가 있으므로 가능한 회피하여 배관한다.

마. 매입배관 내부 이물질 침입 방지

매입배관 완료 후 이물질의 침입을 방지하기 위하여 테이핑 등의 조치를 취한다.

바. 매입배관의 협착 방지

콘크리트 타설시 배관의 협착이 일어나지 않도록 철근스페이서 설치 등의 조치를 취한다.

사. 타설 콘크리트 피복 유지

매입 배관시 철근의 상부근과 하부근 사이에 배관을 하며, 배관이 건축 형틀에 접촉되어 형틀 해체시 벽체 외부로 노출되지 않도록 한다.

아. 매입 벽체 배관시 횡 배관 금지

벽체 내부에서의 횡 배관은 콘크리트 타설 시에 파손의 우려가 있으므로, 횡 배관은 2m 이내로 제한하여 시공한다.

자. 매입 배관내·외 결로 방지 등

난방이 되지 않는 장소와 난방이 되는 장소 간에 매입배관을 하는 경우(예: 아파트 발코니에 감지기 설치 시 해당 발코니와 거실 등)에는 배관 내부에서 결로가 발생할 우려가 있으므로, 실리콘 등으로 결로방지 조치를 하고 감지기 접속배선 등을 통해 결로에 의한 물이 감지기에 침투하지 아니하게 조치를 하여야 한다.

③ 노출배관의 시공

가. 노출되는 금속관은 1.5 m 이내마다 견고하게 고정한다. 다만, 관과 박스와의 접속점에서는 0.3 m 이내에서 전선관을 고정하여 전선관의 하중이 박스에 인가되지 않도록 한다.

나. 현장에서 절단 등 금속관을 가공하여 사용하는 경우에는 도금 또는 부식방지 마감이 손상된 부분을 현장에서 재도장하여 부식을 방지한다.

④ 배관의 굴곡 및 배관의 길이

가. 전선관은 굴곡개소가 3개소를 초과하여서는 아니되며, 초과시 풀박스를 설치하여 배선시 작업에 용이하도록 조치한다.

나. 배관규격이 28 mm 이상의 배관은 배관의 굴곡시 노말 밴드를 사용하여 시공한다.

다. 배관경로 길이가 30 m를 초과시에는 풀박스를 설치하여 배관한다.

라. 유니버설 엘보(Universal elbow), 티, 크로스 등은 점검 가능한 장소에 설치한다.

⑤ 건축물의 신축이음부위

건축물의 신축이음부위(Expasion Joint) 부분을 통과하는 배관은 건축물의 신축에 대응할 수 있는 조치를 한다.

⑥ 온도가 높은 것으로부터의 보호

저압의 옥내배선은 난방용 배관과 같은 열을 방산하는 장치에서 이격하여 설치한다.

⑦ 건축물에 대한 주의 사항

가. 전선관 등을 건축물에 설치할 때에는 건축물의 구조적 강도를 감소시키지 않도록 주의하여야 하며, 건축물의 마감과 미관에 유의한다.

나. 건축물에 과대한 구멍이나 틈을 내지 않도록 한다.

다. 전선관이 건축물 외벽을 관통하는 경우 지수날개를 사용하여 누수가 되지 않도록 하여야 하며, 배관 연결 후 방수 몰타르로 기밀하게 충전하는 등의 조치한다.

라. 방화구획을 관통하는 전기배관은 「건축물의 피난·방화구조 등의 기준에 관한 규칙」에서 정하는 바에 따라 시공한다.

⑧ 배관용 박스

가. 배관용 박스의 설치높이는 설계도면에 따른다.

나. 배관용 박스는 전선관의 수용되는 수에 따라 다음과 같이 사용한다.

1) 콘크리트 매입전선관 4개 이하 : 콘크리트 8각 박스

2) 콘크리트 매입전선관 5개 이상 7개 이하 : 콘크리트 4각 박스

3) 콘크리트 매입전선관 8개 이상 : 풀박스

(2) 금속관 공사

가. 금속관 상호 및 금속관과 박스 그 밖에 이에 유사한 것과의 접속은 견고하게 하고 또한 전기적으로 완전하게 접속한다.

나. 전선관과 박스의 접속은 로크너트와 부싱을 사용하여 견고하게 전선의 피복에 손상이 발생하지 않도록 한다.

다. 금속관 상호는 같은 재질의 커플링으로 접속하며 전선관 접속 수나사 부분이 전체의 4분의 1이상이 외부로 노출되지 않도록 한다.

라. 금속관은 직접 지중에 매입하여 배관하여서는 아니 된다.

(3) 금속제 가요전선관 공사

가. 금속제 가요전선관은 외상을 받을 우려가 없고 건조한 장소에 설치한다. 다만 적당한 방호조치를 하는 경우에는 예외로 한다.

나. 금속제 가요전선관 및 그 부속품의 끝부분은 매끈하게 하여 전선의 피복이 손상될 우려가 없도록 한다.

다. 금속제 가요전선 및 그 부속품의 접속은 견고하게 하고 또한 전기적으로 완전하게 접속한다

(4) 합성수지전선관 공사

① 경질비닐전선관

가. 경질비닐전선관 상호간의 접속은 커플링을 사용하여야 하며, 전선관과 박스와의 접속은 콘넥타를 사용한다. 또한, 접착제를 사용하여 이탈 방지 및 방수가 되도록 한다.

나. 매입배관의 경우 배관 커플링의 양단 및 박스 콘넥타 부분은 0.3 m 이내에 결속하고 배관은 1.0 m 마다 결속선으로 철근 등에 결속하여 콘크리트 타설시 배관 이탈을 방지한다.

② 합성수지제 가요전선관

가. 합성수지제 가요전선관은 배관 후 처짐이 발생하지 않도록 결속선으로 철근 하부근의 상부에 견고하게 결속한다.

나. 매입배관의 경우 배관 커플링의 양단 및 박스 콘넥타 부분은 0.3 m 이내에 결속하고 배관은 1.0 m 마다 결속선으로 철근 등에 결속하여 콘크리트 타설시 배관 이탈을 방지한다.

다. 소방용으로 사용하는 합성수지제 가요전선관은 적색으로 하여 매입배관 시공 및 검사 시 다른 배관과 구별이 용이하도록 한다.

③ 노출배관

노출배관 시 1.5 m 이내마다 전선관을 고정하여야 한다. 다만, 관과 박스와의 접속점에는 0.3 m 이내에서 전선관을 고정하여야 한다.

(5) 금속덕트 공사

가. 금속덕트 배관은 옥내의 노출장소 또는 점검 가능한 장소에 설치한다.

나. 금속덕트 상호간은 견고하게 접속이 되고 또한 전기적으로 완전하게 접속한다.

다. 금속덕트 지지대는 2 m 이하의 간격으로 견고하게 지지한다.

라. 금속덕트의 뚜껑은 쉽게 열리지 않고, 내부에 이물질이 침입하지 않도록 하여야 하며, 금속덕트의 끝 부분은 막는다.

마. 금속덕트를 콘크리트 바닥에 매설하는 경우에는 물이 고일 수 있는 부분은 물을 제거 후 케이블을 시공한다.

바. 금속덕트 내에는 접속단자를 설치하거나, 전선의 피복을 손상시킬 우려가 있는 것을 설치하지 아니한다.

사. 금속덕트를 수직 또는 경사지게 설치하는 경우에는 전선의 이동을 방지하기 위하여 내부에 전선 지지대를 설치를 하여 견고하게 지지한다.

아. 같은 덕트 내에 고압배선, 저압배선, 소방배선 등의 서로 다른 용도의 배선을 하는 경우 반드시 상호간에 금속제의 격벽을 설치한다.

자. 사용되는 모든 금속자재에는 접지시설을 설치한다.

차. 금속덕트의 굴곡 및 분기 개소에는 돌기물이 없도록 하여야 하며, 덕트 내부에 설치되는 전선이나 케이블의 소요곡률반경을 확보한다.

카. 금속덕트의 굴곡 및 분기 개소는 45°이하 또는 원형으로 제작하여 소요곡률반경을 얻도록 한다. 이들 덕트는 제작도를 작성하여 감독원 또는 감리원의 승인을 얻은 후 제작한다.

(6) 접지공사

배관 기타 케이블을 넣는 방호장치의 금속제부분 및 금속제의 전선 접속함은 접지를 한다.

(7) 검사 및 시험

가. 배관공사 완료 후 수급인은 콘크리트 타설 전 도면과 일치하게 배관 경로 및 배관 규격이 적합한지 여부와 배관 협착 개소 여부를 확인한다.

나. 매입배관은 콘크리트 거푸집 해체 후 선통작업을 하여 배관 막힘이 없는지 확인한다.

다. 노출배관은 노출배관용 지지대가 견고하게 설치되어 있는지 여부와 설치 간격이 적합한지 확인한다.

(4) 소방전기 배선공사[53] 내용을 검토한다.

'소방전기 배선공사'는 경보설비를 포함한 모든 소방설비의 전기공사에 반영되어야 할 사항이다. 따라서 소방전기도면을 작성하는 경우에는 필히 '소방전기 배선공사'의 표준시방서를 검토해야 한다.

표준시방서 내용을 기초로 하여 이를 수정하는 방식으로 공사시방서를 작성하면 보다 내용이 풍부하고 현실감 있는 공사시방서 작성이 가능하겠다.

1) 일반사항

(1) 적용범위

이 시방서는 소방전기 배선공사에 적용한다.

(2) 관련시방

이 시방서에 언급되지 아니한 사항은 국토교통부 제정 KCS 31 00 00(설비공사 표준시방서)의 해당 규정에 따른다.

(3) 참조표준

다음 기준은 이 시방서의 일부를 구성하고 있는 것으로 본다.

① 「국가화재안전기준」

② 한국산업표준(KS)

- KS C 2306 전기 절연용 폴리염화비닐 점착 테이프
- KS C 2618 압축 단자
- KS C 2620 동선용 압착 단자
- KS C 2621 동선용 나압착슬리브
- KS C 3341 저독성 난연 폴리올레핀 절연전선
- KS C IEC 60227-3 정격전압 450/750V 이하 염화비닐절연전선케이블-제3부 : 배선용절연전선
- KS C IEC 60245-3 정격전압 450/750V 이하 고무 절연 케이블-제3부 : 내열 실리콘 고무절연 전선
- KS C IEC 60245-7 정격전압 450/750V 이하 고무 절연 케이블-제7부 : 내열성 에틸렌비닐아세테이트 고무절연 케이블

53) 출처 : 「2022 소방공사 표준시방서」 01060 소방전기 배선공사, 2021.11.09.

- KS C IEC 60502-1 정격전압 1~30 kV 압출성형 절연 전력케이블 및 그 부속품 - 제1부 케이블 : 정격전압 1 kV 및 3 kV 케이블
- KS C IEC 60502-2 정격전압 1~30 kV 압출성형 절연 전력케이블 및 그 부속품 - 제2부 : 케이블(6 kV~30 kV)
- KS C IEC 60947-7-1 저전압 개폐장치 및 제어장치-제7-1부 : 보조장치-동도체용 단자대

(4) 제출물

다음에 언급한 것 외의 사항은 "01010 일반공통사항 4.제출물"에 따른다.

① 제품자료 : 제작업자의 기술자료, 한국산업표준인증 증명서(KS제품에 한함), 전기용품안전인증서 또는 공인 기관시험성적서

② 시공계획서

③ 시공상세도

가. 각 소방설비 기구별 배선 계획서 (전선 규격 및 색상)

나. 각 소방설비 단자대 결선 계획서 (단자번호에 따른 회로 계획)

(5) 운반, 보관, 취급

가. 전선을 운반차량에서 상차 및 하차시 과도한 충격을 받지 않도록 주의하여 취급한다.

나. 보관 장소는 직사광선, 침수 및 우수, 도난의 우려가 없는 장소로 한다.

다. 현장 작업시 전선에 충격이나, 급격한 구부림 등을 하지 아니한다.

2) 기기 및 재료

(1) 공통 사항

가. 전선의 종류 및 크기는 설계도면에 의하며, 설계도면에 표시된 규격의 것보다 작은 규격을 사용하지 않는다.

나. 전선의 굵기는 허용전류와 전압강하 등을 고려하여 선정한다.

다. 허용전류는 전선 및 케이블 제조사에서 제공하는 자료를 참조한다.

라. 소방전기 배선공사시에는 「국가화재안전기준」에 적합하도록 내화배선 및 내열배선 방법에 적합한 전선 및 케이블을 선정한다.

(2) 절연전선 및 케이블

① 절연전선

절연전선은 한국산업표준(KS) 또는 전기용품안전인증에 적합한 제품을 사용한다.

② 케이블

케이블은 한국산업표준(KS) 또는 전기용품안전인증에 적합한 제품을 사용한다.

(3) 부속품

① 전기절연용 비닐접착 테이프

전선의 접속부에 사용하는 전기절연용 비닐접착 테이프는 KS C 2306에 적합한 제품을 사용한다.

② 동선용 압착단자

상호 배선에 사용하는 연동연선 또는 단선의 전선을 접속하기 위하여 사용하며, KS C 2620에 적합한 제품을 사용한다.

③ 동선용 납압착슬리브

배선에 사용하는 연동연선 및 단선의 전선 상호를 접속하기 위하여 사용하며, KS C 2621에 적합한 제품을 사용한다.

④ 공업용 단자대

전선의 분기를 목적으로 발신기함 또는 기기 내부에 사용하며, KS C IEC 60947-7-1에 적합한 제품을 사용한다.

3) 시공

(1) 공통사항

① 소방전기설비 배선 및 색상 계획

가. P형1급에서의 배선 계획

구분	응답	회로	전화	공통	벨	표시	공통	기동램프 (+)	기동램프 (-)
단면적(㎟)	1.5	1.5	1.5	1.5	2.5	2.5	2.5	2.5	2.5
색상	흑	적	청	백	청	황	백	흑	적

나. R형에서의 배선 및 색상 계획

구분	응답	전화	공통	표시	공통	중계기용 전원(+)	중계기용 전원(-)	기동램프 (+)	기동램프 (-)
단면적(㎟)	1.5	1.5	1.5	2.5	2.5	2.5	2.5	2.5	2.5
색상	흑	청	백	황	백	청	적	흑	적

다. 위 사항에 대하여 현장 여건에 적합하지 않은 경우, 수급인은 감독원 또는 감리원과 협의하여 현장 여건에 적합하도록 배선 규격 및 색상 계획을 수립하여 시공한다.

라. 위에서 정하지 않은 설비에 대하여도 수급인은 감독원 또는 감리원과 협의하여 배선 규격 및 색상 계획을 수립하여 시공한다.

마. 배선은 유지보수가 용이하도록 단순하고 명확하게 결선 및 단말 처리하며 선번을 표시한다.

바. 신호선 입선 시 급격히 구부리거나 외부의 충격을 받지 않도록 하고, 차폐케이블은 심선의 노출을 최소화하고 차폐접지용 전선은 완전하게 접속한다.

② 소방 제어용 전선과 강전류용 전선의 이격거리는 15 cm 이상 이격하는 것을 원칙으로 하고, 부득이하여 15 cm 이상 이격할 수 없는 경우에는 차폐시설을 한다.

③ 배관 내 입선시 윤활제의 사용시 유의사항

전선 및 케이블의 배관내 입선시 윤활제를 사용하는 경우 전선 및 케이블의 피복에 유해하지 않아야 하며, 사용 후 굳지 않는 제품을 사용한다.

④ 절연저항의 측정

입선 완료 후 기기와의 접속전에 각 전선에 대한 절연저항을 측정한다. 측정구간은 전선 상호간, 전선과 대지간을 측정하며, 측정값은 1 ㏁ 이상으로 한다.

(2) 절연전선의 시공

① 절연전선 입선 시 유의사항

가. 절연물에 손상이 가지 않도록 배관 입구 주변에 날카로운 부분은 보호 조치를 취한 후 시공한다.

나. 동선의 인장강도에 영향을 주지 않도록 무리한 힘을 가하여 시공하지 않는다.

다. 입선 작업 시 배관 양단의 작업자가 통신이 원활하도록 조치를 취한 후 시공한다.

② 절연전선 접속 시 유의사항

가. 배관 내부에서 절연전선을 접속하여서는 아니 되며 접속은 기기 단자 또는 배선용으로 사용하는 박스 내부에서 시공한다.

나. 절연전선의 기기 내부 접속은 단자대를 사용하여 접속을 하며, 박스 내 부에서의 접속은 전선 접속구(Wire Connector)를 사용하여 접속한다. 또한, 절연전선 접속구의 탈락을 방지하기 위하여 추가로 절연테이프로 보강한다.

다. 단자대를 사용한 접속시 단자대에 각 소방회로별 명칭을 기입하며, 단자대가 설치된 함 문 뒤편에 회로도를 부착하여 유지보수에 용이하도록 한다.

(3) 케이블의 시공

① 케이블 포설시 유의사항

가. 절연물에 손상이 가지 않도록 배관 입구 주변에 날카로운 부분은 보호 조치를 취한 후 시공한다.

나. 동선의 인장강도에 영향을 주지 않도록 무리하게 구부리지 않도록 유의하며, 굴곡부의 곡률반경은 케이블 외경의 6배 이상으로 한다.

다. 트레이 및 덕트 내 케이블 포설 시에는 2m 간격으로 케이블타이를 사용하여 고정한다.

② 케이블 접속시 유의사항

가. 배관 내부에서 케이블을 접속하여서는 아니 되며, 접속은 기기 단자 또는 배선용으로 사용하는 박스 내부에서 시공한다.

나. 케이블과 기기의 단자 접속은 압착단자를 사용하며, 전용 공구를 사용하여 충분히 압착한다.

다. 케이블과 압착단자 사이의 충전부는 비닐캡으로 보호한다.

(4) 검사 및 시험

입선 완료 후 소방기구 결선 작업 전 절연저항을 측정하여 측정값은 1MΩ 이상이어야 하며, 절연저항 측정 결과를 제출한다.

(5) 자동화재탐지설비공사[54] 내용을 검토한다.

설계대상물이 자동화재탐지설비 설치 대상물일 때 검토해야 할 표준시방서이다. 이 표준시방서가 2021년에 개정되었다고는 하나 현시점에 맞지 않는 법규와 규정이 있는 것이 사실이다. 따라서 이 표준시방서의 내용을 검토하여 설계작업을 진행하는 현재에 맞게 내용을 수정, 삭제, 추가하는 등 변경하는 작업을 해야 한다.

이런 현재화 과정을 거치면서 자연스럽게 현장에 사용될 공사시방서가 작성되겠다. 변경이 필요한 사항을 두껍게 나타내었으니 도움이 되었으면 한다.

54) 출처 : 「2022 소방공사 표준시방서」 03010 자동화재탐지설비공사, 2021.11.09.

1) 일반사항

(1) 적용범위

이 시방서는 「**화재예방, 소방시설 설치·유지 및 안전관리에 관한 법률 시행령**」[**별표 5**] **제2호라목**에 따른 자동화재탐지설비공사에 적용한다.

(2) 관련시방

이 공사와 관련이 있는 사항 중 이 절에서 언급된 것 이외의 사항은 각 절의 해당 규정 및 국토교통부 제정「표준시방서」의 해당 규정에 따른다.

- 01050 소방전기 배관공사
- 01060 소방전기 배선공사
- 03030 비상경보설비공사
- KCS 31 80 30 소방전기설비공사[55]

(3) 참조표준

다음 기준은 이 시방서의 일부를 구성하고 있는 것으로 본다.

① 「**화재예방, 소방시설 설치·유지 및 안전관리에 관한 법률**」

② **국가화재안전기준**

「**자동화재탐지설비 및 시각경보장치의 화재안전기준(NFSC 203)**」

③ 한국소방산업기술원 기술기준

가. 수신기의 형식승인 및 제품검사의 기술기준

나. 중계기의 형식승인 및 제품검사의 기술기준

다. 감지기의 형식승인 및 제품검사의 기술기준

라. 발신기의 형식승인 및 제품검사의 기술기준

마. 경종의 형식승인 및 제품검사의 기술기준

바. 표시등의 성능인증 및 제품검사의 기술기준

사. 시각경보장치의 성능인증 및 제품검사의 기술기준

아. 비상경보설비의 축전지의 성능인증 및 제품검사의 기술기준

자. 예비전원의 성능인증 및 제품검사의 기술기준

---

55) 'KCS 31 80 30 소방전기설비공사'는 국토교통부의 표준시방서로서 국가건설기준센터(KCSC)에서 검색 및 내려받기가 가능하다.

(4) 제출물

① 제작도면

가. R형 수신반

나. 중계기

다. P형 수신반

라. 계통도

② 제작시방서

③ 증명서

가. 한국소방산업기술원 형식승인서

나. 전기용품 안전인증서 사본

다. KFI인정서(해당품목)

④ 경계구역일람표

⑤ 시공상세도

가. 자동화재탐지설비 간선 계통도

나. 각종 기기 설치 상세도

다. 수신기 예비전원 용량 계산서

라. 수신기와 연동되는 설비의 명세서 및 연동 계획서

(5) 운반, 보관, 취급

가. 수신기의 차량 운반은 진동이나 충격에 의하여 변형이나 파손이 되지 않도록 보호한다.

나. 각종 기기는 운반 시 충격에 기기의 성능에 영향을 주지 않도록 박스에 충격 완화제를 삽입하여 보호한다.

다. 각종 기기는 상하차 시 과도한 충격을 받지 않도록 주의하여 취급한다.

라. 장비 및 기기는 직사광선 및 침수, 누수 피해가 발생하지 않는 장소에 보관한다.

마. 장비의 파손을 방지하는 보호비닐류를 부착하여 취급한다.

2) 기기 및 재료

(1) 수신기

① 규격

가. 수신기는 먼지, 습기, 곤충 등에 의하여 기능에 영향을 받지 않아야 한다.

수신기의 외함은 강판을 사용하는 경우 1.2 mm 이상(벽속에 매립되는 외함의 부분은 1.6 mm 이상)의 강판 또는 이와 동등 이상의 강도 및 내열성능이 있는 것으로 한다. 다만, 합성수지를 사용하는 경우에는 강판의 2.5배 이상의 두께이어야 한다.

나. 외함의 도장은 소부도장이나 정전분체도장으로 한다.

가) 소부도장은 피도면 내·외부의 이물질 제거 및 인산염 피막처리를 하 고 멜라민 프라이머를 칠한 후 멜라민 도료를 사용하여 가열 건조한다.(도막두께 45 ㎛ 이상)

나) 정전분체도장은 함체의 내·외면에 인산염 피막처리한 후 도막두께 45 ㎛ 이상으로 도장을 하고, 표면온도 180℃ 이상에서 14분 이상 가열 건조한다.

다. 정격전압이 60 V를 넘는 기구의 금속제 외함에는 접지단자를 설치한다.

라. 자동화재탐지설비 전용의 수신기의 예비전원용량은 1시간 감시 후 화재 시 발생하는 최대부하전류를 10분간 계속 작동하는 용량(Ah)의 합에 20% 여유율을 갖는 용량을 내장한다.

마. 예비전원은 다음에 적합하게 설치한다.

가) 인출선은 적당한 색깔에 의하여 쉽게 구분할 수 있어야 한다.

나) 수신기의 예비전원의 용량은 감시상태를 60분간 계속한 후 다음에서 규정하는 부하에 견딜 수 있는 크기 이상이어야 한다. 이 경우 지구음향장치의 작동을 위한 예비전원의 소비전류는 P형, P형 복합식, GP형 및 GP형 복합식의 수신기에 있어서는 접속가능한 회선수(R형, R형 복합식, GR형 및 GR형 복합식의 수신기에 있어서는 접속가능한 중계기의 회선수)에 2를 곱하여 얻은 수의 지구음향장치가 울리는데 소비되는 전류로 하고 직상층 발화층 우선경보방식인 수신기로서 경종 또는 중계기의 회선수가 20을 넘는 경우에는 20을 부하로 하는 전류를 소비전류로 한다.

바. 고층건축물의 경우에는 수신기의 예비전원용량은 1시간 감시 후 화재 시 발생하는 최대부하전류를 30분간 계속 작동하는 용량(Ah)의 합에 20% 여유율을 갖는 용량을 내장한다.

사. 소화설비 감시제어반 겸용의 복합식 수신기의 예비전원용량은 1시간 감시 후 화재 시 발생하는 최대부하전류를 20분간 계속 작동하는 용량(Ah)의 합에 20% 여유율을 갖는 용량을 내장한다.

아. 수신기의 회로수는 도면에 의하며 20% 이상의 예비회로를 확보한다.

자. 수신기는 -10℃ ~ 50℃, 상대습도 90% 설치환경에서 정상 작동한다.

② 기능

가. 수신기는 모든 소방시설을 감시, 제어할 수 있어야 한다.

나. 수신기는 화재, 소방시설의 작동상태, 선로의 단선, 단락, 접지상태, 기기의 고장 등을 표시한다.

다. 수신기는 화재신호에 의하여 작동되는 관련 소방시설과 연동할 수 있어야 한다.

라. 수신기는 주전원이 정전시 자동적으로 예비전원으로 전환되고 정전 복귀 시 자동적으로 주전원으로 전환되어야 한다.

마. 음향기구는 음량 및 음색이 다른 기기의 음향과 구분되도록 한다.

바. 감지기·중계기 및 발신기의 경계구역을 표시하고, 화재·가스·전기 등에 대한 종합방재반 설치시는 수신기의 작동과 연동으로 감지기·중계기 및 발신기의 작동 경계구역을 표시할 수 있어야 한다.

사. 하나의 경계구역은 하나의 표시등 또는 하나의 문자로 표시한다.

아. 경보정지장치와 복구 장치를 설치한다.

자. 각종 스위치가 정상위치에 놓여 있지 않을 경우 이를 표시할 수 있는 기능을 내장한다.

차. 감시회로별, 중계기별, 계단별, 동별로 분리하여 도통시험 및 작동시험을 할 수 있어야 한다.

(2) 중계기

① 규격

가. 입력전압 : DC 24 V

나. 중계기는 보수 및 부속품의 교체가 쉬운 구조이어야 한다.

다. 중계기의 입력 및 출력의 회로 수는 제조자의 규격에 따른다.

라. 설치환경의 온도 -10℃ ~ 50℃, 습도 90% 미만에서 정상 작동한다.

② 기능

가. 중계기는 수신기와 단말기기 사이를 연결하여 감시 및 제어한다.

나. 중계기는 자체이상 또는 감지기 선로 단선 시 이를 확인할 수 있는 기능이 내장되고 이상신호를 수신반에 표시한다.

다. 수신기 이외에서 전원을 공급받는 중계기는 전원 입력측 배선에는 과전류차단기를 설치하고, 전원의 정전 시 즉시 수신기에 표시할 수 있어야 하며, 전원 및 예비전원의 시험을 할 수 있고 전원공급 상태를 수신기에 보내야 한다.

라. 중계기는 비상경보세트함 또는 소방용기기 장치함 내부에 견고히 부착하며, 회로수에 따른 중계기 설치수량은 제조자 규격에 따른다.

마. 중계기는 습기로 인하여 부식 또는 혼선이 발생하여 기기가 오동작 되 지 않도록 기판의 부분 방습코팅, 기판과 베이스의 이격설치 등 누수 및 결로에 대비한다.

(3) 감지기

① 규격

가. 제원

가) 사용전압 : DC 24 V

나) 작동표시방식 : 적색 LED 점등방식

다) 설치환경

(가) 온도 : -10℃ ~ 50℃

(나) 습도 : 95%에서 이상 없이 동작

나. 감지기는 작동표시장치가 있어야 한다.

다. 취급 점검이 용이하며 장해전파를 발하지 않아야 한다.

라. 감지기는 먼지, 습기, 곤충 등에 의하여 기능에 영향을 받지 않아야 한다.

마. 감지기의 구조는 형식승인을 받은 제조자의 규격에 따른다.

바. 고층건축물(**공동주택 예외**)의 경우에는 아날로그방식의 감지기를 선정한다.

② 기능

가. 화재 시 발생하는 열, 불꽃 또는 연소생성물인 연기 등을 자동으로 감지하여 수신기에 화재신호를 발신한다.

나. 화재를 발신한 감지기는 적색으로 작동표시를 한다.

다. 아날로그형 감지기

가) 감지기별로 작동 및 설치지점을 수신기에서 확인할 수 있어야 한다.

나) 주위상황의 상태를 감지하므로 주변여건 변화에 따른 대처가 가능하여야 한다.

다) 비정상 감지기의 검출 및 직접 점검이 어려운 부분(장소 등)에 대한 감시공백 해소를 위하여 수신기 등에서 화재감지기의 점검이 가능하여야 한다.

라. 감지기의 종별 및 형식에 따라 제조자의 규격에 따른 기능을 갖는다.

(4) 발신기

① 규격

가. 누름스위치, 보호판, 응답확인램프, 전화 잭으로 구성한다.

나. 발신기의 보호판은 지름 20 mm 이상의 투명 유기질 유리를 사용한다.

다. 발신기함의 크기는 설계도면에 따른다.

라. 발신기함의 내부에는 결선을 위한 단자대를 설치한다.

마. 발신기함에는 발신기, 위치표시등, 경종거치대 및 음향공을 설치한다.

바. 발신기의 작동 표시등은 등이 켜질 때 적색으로 표시되어야 한다.

사. 비상콘센트를 발신기함에 내장시키는 경우 외부에 명판을 부착하며, 명판은 백색아크릴(두께 : 3 mm)에 "비상콘센트내장" 문자를 적색 음각한다.

② 기능

가. 화재발생신호를 수동으로 수신기 또는 중계기에 발신한다.

나. 발신기의 조작부는 2kg을 초과하고 8kg 이하의 범위에서 보호판이 작동하여야 한다.

다. 누름스위치는 한번 조작으로 지속적인 화재신호를 발신하며 복구 시에는 수동으로 복구한다.

라. 발신기는 수신기와 통화가 가능한 장치를 설치할 수 있다. 이 경우 화재신호의 전송에 지장을 주지 아니하는 구조로 한다.

(5) 통보장치

① 경종 규격

가. 경종은 직류전원의 공급으로 회전하는 소형전동기와 전동기축에 연결되어 왕복 운전하는 캠과 종으로 구성한다.

나. 경종은 알루미늄 다이캐스팅 재질에 적색으로 도장되며 직경은 제조자의 규격에 따른다.

다. 경종의 소형전동기는 소비전류 50 mmA 이하이며 72시간 연속반복시험에 이상이 없어야 한다.

② 시각경보기 규격

가. 램프 : 크세논 스트로브(Xenon Strobe), LED

나. 램프색상 : 투명유리

다. 섬광광도 : 15 cd

라. 섬광율 : 1 ~ 3 Hz

마. 사용전원 : DC 24 V

바. 재질, 색상, 외함표기 : ABS수지, 적색, "화재"표시

사. 시각경보기의 광원은 투명 또는 흰색으로서 최대 1,000 cd를 초과하지 않는다.

③ 경종 기능

가. 음향장치는 정격 전압의 80% 전압에서 음향을 발할 수 있도록 하며, 음량은 부착된 음향장치의 중심으로부터 1 m 떨어진 위치에서 90 dB 이상이어야 한다.

나. 감지기의 작동과 연동하여 작동할 수 있어야 한다.

④ 시각경보기 기능

가. 시각경보장치의 광원은 매초당 1회 이상 3회 이내 점멸주기를 갖는다.

나. 감지기의 작동과 연동하여 작동할 수 있어야 한다.

3) 시공

(1) 배관공사

① 배관은 "01050 소방전기 배관공사"에 따른다.

② 수신기로 인입되는 케이블 트레이 등이 노출 설치될 경우에는 케이블 트레이 커버를 씌워야 한다.

(2) 배선공사

① 배선공사

배선은 "01060 소방전기 배선공사"에 따른다.

② 자동화재탐지설비 배선공사의 내화배선, 내열배선 적용

가. 전원회로 : 내화배선

나. 발신기 상호간 및 감지기 상호간 : 내화배선 또는 내열배선

다. 기타배선 : 내화배선 또는 내열배선

③ 고층건축물에서의 배선

고층건축물 중 50층 이상인 건축물에 설치하는 아래의 통신, 신호배선은 이중배선을 한다.

가. 수신기와 수신기 사이의 통신배선

나. 수신기와 중계기 사이의 신호배선

다. 수신기와 감지기 사이의 신호배선

④ 감지기배선

가. 감지기 배선은 송배전 방식으로 중간접속을 하지 않고 감지기에 연장 배선한다.

나. 감지기 배선은 기능별 구분과 제어선으로 구분하며 전선의 색상을 구분 통일되게 배선하여 유지보수가 용이하도록 한다.

⑤ 아나로그 감지기 배선

가. 아날로그식감지기에 사용되는 배선은 전자파 방해를 받지 아니하는 차폐전선을 사용한다.

나. 전자파 방해를 받지 아니하는 내열성능이 있는 광케이블 배선(난연성)을 사용한다.

다. 전자파 방해를 받지 않는 형식승인을 받은 경우에는 비차폐선은 설치가 가능하다.

라. STP(Shielded Twist Pair) 차폐전선은 전선관에 배선한다.

마. 차폐선(Drain Wire)은 연속으로 연결하여 수신기에서만 1선 접지한다.

⑥ 절연저항

가. 전선 상호간, 전선과 대지 간을 측정하며, 측정값은 1㏁ 이상이어야 한다.

나. 감지기 회로 및 부속회로의 전로와 대지 사이 및 배선상호간의 절연저항은 1경계구역마다 직류 250 V의 절연저항측정기로 측정한 절연저항이 0.1 ㏁ 이상이 되도록 한다.

⑦ 감지기 회로의 전로저항과 전압

자동화재탐지설비의 감지기회로의 전로저항은 50 Ω 이하가 되도록 하며, 수신기의 각 회로별 종단에 설치되는 감지기에 접속되는 배선의 전압은 감지기 정격전압의 80% 이상이어야 한다.

⑧ 접지시공

가. 수신기 외함은 접지 시공 방법에 의해 접지한다.

나. R형 수신기와 중계기간의 통신선의 차폐선은 접지 시공방법에 의해 접지한다.

⑨ 디지털감지기 등에 사용되는 데이터 배선은 배관을 구분하여 설치하는 것을 원칙으로 한다.

(3) 경계구역설정

가. 건축방화구획에 따라 방화벽으로 구획된 계단, 엘리베이터 권상기실 및 파이프피트 등 수직통로를 높이 45 m 이하마다 별도의 경계구역으로 설정한다.

나. 지하층이 2층 이상일 경우 계단 및 경사로는 별도의 경계구역으로 설정한다.

다. 자동소화설비의 방호구역별로 경계구역을 설정한다.

라. 제연구역과 동일하게 경계구역을 설정한다.

마. 나머지 거실 등은 운영자의 입장에서 화재발생위치를 쉽게 파악할 수 있도록 바닥면적 600 ㎡ 이하로 구획한다.

바. 아날로그식감지기, 불꽃감지기, 광전식 공기흡입형감지기, 광전식분리형감지기 등 특수감지기는 제조자가 형식승인 받은 내용에 의거하여 감지기가 방호하는 공칭감시거리, 시야각 및 방호면적에 따라 경계구역을 설정한다.

(4) 수신기

① 수신기 설치 장소

가. 수신기의 설치장소는 도면에 따르며 관계인이 쉽게 접근할 수 있고 관리가 용이한 장소에 설치한다.

나. 복합식수신기는 소방관의 진입이 용이한 피난층 또는 지하1층의 전용실에 설치한다. 다만, 특별피난계단으로부터 보행거리 5 m 이내에 출입구가 있는 전용의 실에 설치시에는 지상 2층 및 지하층에 설치할 수 있다.

다. 비상조명등 및 급배기설비를 설치한다.

라. 무선통신보조설비가 설치되는 특정소방대상물에는 무선기기 접속단자를 설치한다.

마. 바닥면적은 수신기 및 소화설비 감시제어반의 설치에 필요한 면적 외에 화재 시 소방대원이 조작에 필요한 최소면적 이상으로 한다.

바. 전용실에는 소방대상물의 기계, 기구 또는 시설 등의 제어 및 감시설비 외의 것을 두지 않는다.

② 수신기설치 설치기준

가. 수신기의 조작 스위치는 바닥으로부터 높이가 0.8 m 이상 1.5 m 이하인 장소에 설치한다.

나. 하나의 소방대상물에 2 이상의 수신기를 설치하는 경우에는 수신기를 상호간에 연동하여 화재발생 상황을 확인할 수 있어야 하며 경종을 어느 수신기에서도 제어할 수 있도록 한다.

다. 수신기에 전원을 공급하는 소방분전반의 과전류차단기는 배선용차단기(MCCB)를 사용하며 "자동화재탐지설비용"이라고 표지하고 배선은 내화배선에 의거하여 전용으로 설치한다.

라. 각종 소화설비와의 연동관계를 확인하여 설치한다.

마. 수신기에 배선 연결 후 회로도를 함 내부에 설치하여 유지보수에 용이할 수 있도록 조치를 한다.

바. 수신기의 금속제 외함은 제3종 접지공사방법에 따라 접지한다.

사. 수신기간 통신배선의 차폐선은 한 쪽에서만 제3종 접지공사방법에 따라 접지한다.

(5) 중계기

가. 중계기는 점검이 용이한 위치에 설치한다.

나. 중계기 설치수량은 제조자의 규격에 의거하여 도면에 따른다.

다. 중계기는 전용의 중계기 수용함 또는 소방기기 외함 내부에 견고히 설치한다.

라. 중계기 설치 전에 옥내소화전 등 수용함의 내부를 깨끗이 청소한 후 설치한다.

마. 중계기에 배선 연결 후 회로도를 함 내부에 설치하여 유지보수에 용이하도록 조치한다.

(6) 감지기

① 감지기 일반설치기준

가. 지하층, 무창층과 같이 환기가 잘되지 않는 곳, 실내 용적이 적은 곳 또는 높이가 낮은 장소에서 화재 이외의 열, 연기 및 먼지로 인해 비화재보를 발생할 우려가 있는 장소에는 복합형 또는 축적형 감지기 등을 설치한다.

나. 계단, 경사로, 복도, 엘리베이터 권상기실, 린넨슈트, 파이프덕트, 높은 천정(15 m 이상 20 m 미만)의 장소에는 연기식감지기를 설치한다.

다. 높이 20 m 이상의 장소에는 아날로그 감지기, 불꽃 감지기, **광전식 분리형 감지기**를 설치한다.

라. 감지기 설치시 이물질, 먼지 등을 제거한 후 부착한다.

② 스포트형 감지기

가. 스포트형 감지기의 형식별 설치장소는 설계도면에 따르며 설치위치는 방호대상 공간의 중심에 위치하도록 한다.

나. 감지기의 설치위치가 조명기구 등의 설치위치와 중복될 경우에는 조명기구 등의 끝선에서 30 cm 이상 이격하여 출입구 측에 설치한다.

다. 감지기는 공기유입구로부터 1.5 m 이상 이격하여 설치한다.

라. 감지기는 천장에서 45° 이상 경사되지 않도록 부착한다.

마. 감지기 작동 LED는 출입구에서 확인이 가능하도록 설치한다.

바. 감지기 설치 시 충격이나 무리한 힘이 가해지지 않도록 한다.

사. 감지기 설치 시 이물질, 먼지 등을 제거한 후 부착한다.

아. 감지기는 도배, 도장 등 건축마감이 완료된 후 설치한다.

자. 연기감지기의 먼지방호용 카버는 주변 환경의 청소가 완료된 후에 제거한다.

차. 감지기 회로의 말단에 설치하는 종단저항은 발신기함의 단자대에 설치한다. 감지기에 종단저항을 설치하는 경우 감지기 외부에 “종단저항 설치”라는 표지를 부착하여 쉽게 알아볼 수 있도록 한다.

카. 하나의 경계구역에 설치하는 감지기의 최대 설치수량은 제조자가 권장하는 수량 이하로 설치한다.

타. 감지기의 부착높이에 따른 면적제한은 「**국가화재안전기준**」에 따른다.

파. 복도 및 통로에 설치되는 연기감지기는 보행거리 30 m 마다 1개 이상 설치한다.

하. 계단 및 경사로에 설치되는 연기감지기는 수직거리 15 m 마다 1개 이상 설치한다.

거. 연기감지기는 천장 또는 반자 부근에 배기구가 있는 경우에는 그 부근에 설치한다.

너. 벽 또는 보로부터 0.6 m 이상 떨어진 곳에 설치한다.

더. 정온식 감지기는 주위의 평상시 최고온도보다 20℃ 이상 높은 것으로 설치한다.

러. 아날로그식감지기는 제조자의 규격에 따라 설치한다.

③ 차동식분포형감지기

가. 공기관식 차동식분포형감지기

가) 공기관의 노출부분은 감지구역마다 20 m 이상이 되도록 한다.

나) 공기관과 감지구역의 각 변과의 수평거리는 1.5 m 이하가 되도록 한다.

다) 공기관 상호간의 거리는 6 m(주요구조부를 내화구조로 한 소방대상물 또는 그 부분에 있어서는 9 m) 이하가 되도록 한다.

라) 공기관은 도중에서 분기하지 아니하도록 한다.

마) 하나의 검출부분에 접속하는 공기관의 길이는 100 m 이하로 한다.

사) 검출부는 5° 이상 경사되지 아니하도록 부착한다.

아) 검출부는 바닥으로 부터 0.8 m 이상 1.5 m 이하의 위치에 설치한다.

나. 열반도체식 차동식분포형감지기

가) 부착높이 및 소방대상물에 따라 다음의 바닥면적마다 1개 이상으로 설치한다.

부착높이 및 소방대상물의 구분		감지기의 종류	
		1종	2종
8 m 미만	주요구조부 내화구조	65 ㎡	36 ㎡
	기타 구조	40 ㎡	23 ㎡
8 m 이상 15 m 미만	주요구조부 내화구조	50 ㎡	36 ㎡
	기타 구조	30 ㎡	23 ㎡

나) 바닥면적이 상기면적의 2배 이하인 경우에는 2개 이상 설치한다.

다) 부착 높이가 8 m 미만이고 바닥면적이 상기면적 이하인 경우에는 1개 이상 설치한다.

라) 하나의 검출기에 접속하는 감지부는 2개 이상 15개 이하가 되도록 한다.

마) 감지부에 대한 작동여부를 검출기에서 표시를 할 수 있는 주소형은 형식승인 받은 성능인정 범위 내의 수량으로 설치한다.

바) 검출부는 5° 이상 경사되지 아니하도록 부착한다.

사) 검출부는 바닥으로부터 0.8 m 이상 1.5 m 이하의 위치에 설치한다.

다. 정온식 감지선형 감지기

가) 정온식 감지선형 감지기는 감지기와 감지구역의 각 부분과의 수평거리 가 1종에 있어서는 3 m (주요구조부가 내화구조로 된 소방대상물 또는 그 부분에 있어서는 4.5 m)이하, 2종에 있어서는 1 m (주요구조부가 내화구조로 된 소방대상물 또는 그 부분에 있어서는 3 m) 이하가 되도록 설치한다.

나) 감지기는 천장 또는 케이블 트레이 상부 등 화재를 유효하게 감지할 수 있는 위치에 설치한다.

다) 보조선이나 고정금구를 사용하여 감지선이 늘어지지 않도록 2 m 이내마다 고정하여 설치한다.

라) 감지선형감지기의 굴곡반경은 5 cm 이상으로 한다.

마) 감지기의 말단에 설치하는 종단저항은 단자대를 이용하여 풀리지 않도록 고정하며 점검이 용이한 장소에 설치하고 표지한다.

바) 아날로그식인 광센서선형감지기는 공칭감지 온도범위 및 공칭감지 농도범위에 적합한 장소에 기타 설치방법에 대하여는 형식승인 사항이나 제조사의 시방에 따라 설치한다.

④ 특수감지기

가. 광전식분리형 감지기

가) 감지기의 수광면은 햇빛을 직접 받지 않도록 설치한다.

나) 벽과 감지기 광축(송광면과 수광면의 중심을 연결한 선)간의 이격거리는 0.6 m 이상 이격하여 설치한다.

다) 감지기가 설치되는 벽면으로부터 1 m 이내 위치에 설치한다.

라) 고천장 대공간의 분리형감지기의 수광부와 송광부 간의 거리는 형식승인 받은 공칭감시거리 범위 이내로 설치한다.

마) 천장고(천장의 실내에 면한 부분 또는 상측 슬라브 바닥 하부면과 바닥면과의 높이)의 80% 이상의 높이에 설치한다.

바) 감지기의 광축의 길이는 공칭감시거리 범위 이내로 한다.

사) 감지기 지지금구는 진동에 의한 감지기의 위치변형이 발생하지 않도록 방진구조의 지지금구를 설치한다.

아) 감지기의 작동시험 및 상태감시를 하는 제어부는 조작 및 점검이 용이한 위치에 설치한다.

자) 제어부는 화재 및 고장신호를 수신기에 표시할 수 있도록 구성한다.

차) 기타 설치사항은 제조사의 시방에 따라 설치한다.

나. 불꽃감지기

가) 설치위치의 천장높이보다 큰 공칭감시거리를 형식승인 받은 제품을 설치한다.

나) 20 m 미만은 1 m 간격으로 구분하고 20 m 이상은 5 m 간격으로 구분한다.

다) 공칭시야각은 형식승인 내용에 따르며 5° 간격으로 구분한다.

라) 공칭감시거리와 공칭시야각을 기준으로 감시구역이 모두 포용 될 수 있도록 설치한다.

마) 유효하게 화재를 감지할 수 있는 모서리 또는 벽 등에 설치한다.

바) 천장에 설치하는 경우에는 감지기를 바닥을 향하여 설치한다.

사) 수분이 많이 발생할 우려가 있는 장소에는 방수형으로 설치한다.

아) 감지기 지지금구는 진동에 의한 감지기의 위치변형이 발생하지 않도록 방진구조의 지지금구를 설치한다.

자) 형식승인 내용에 없는 사항은 제조사의 시방에 따라 설치한다.

다. 광전식 공기흡입형감지기

가) 전산실, 주차장 및 반도체공장 등에 설치한다.

나) 감지면적은 제조자의 형식승인 내용에 따른다.

다) 공기흡입관의 이격거리는 형식승인 내용에 따른다.

라) 공기흡입구는 제조사 프로그램을 통하여 간격 및 크기를 설정한다.

마) 형식승인 사항이 아닌 것은 제조자의 시방에 따라 설치한다.

(7) 발신기

가. 누름스위치는 바닥으로부터 0.8 m 이상 1.5 m 이하의 높이에 설치한다.

나. 거주자가 피난하면서 조작이 용이한 출입구 직근에 우선 설치한다.

다. 소방대상물 각층의 거실 각 부분으로부터 하나의 발신기까지의 수평거리가 25 m 이하가 되도록 설치한다.

라. 복도 또는 구획된 실로부터 보행거리가 40 m 이상일 경우 추가로 설치한다.

마. 발신기의 위치를 표시하는 표시등은 함의 상부에 설치하되, 그 불빛은 부착 면으로부터 15° 이상의 범위 안에서 부착지점으로부터 10 m 이내의 어느 곳에서도 쉽게 식별할 수 있는 적색등으로 한다.

바. 발신기함 내의 배선은 발신기, 감지기, 종단저항 순으로 결선하여 감지기배선이 단선되어도 발신기의 작동이 가능하도록 배선한다.

사. 발신기함 내부에 배선 연결 후 회로도를 함 내부에 설치하여 유지보수에 용이할 수 있도록 조치를 한다.

(8) 통보장치

① 경종

가. 경종은 발신기함 내에 설치하고 **외함에는 음향공을 설치**한다.

나. **5층 미만의 건축물**에 적용하는 일제경보방식은 화재 시 전층이 전부 경보를 발한다.

다. **층수가 5층 이상으로서 연면적 3,000 ㎡를 초과하는 건축물**에 적용하는 발화층, 직상층 우선경보방식은 화재 시 다음과 같이 경보한다.

가) 2층 이상의 층에서 발화 : 발화층 및 그 **직상층**

나) 1층에서 발화 : 발화층, 그 **직상층** 및 지하층

다) 지하층에서 발화 : 발화층, 그 직상층 및 기타의 지하층

라. 고층건축물(30층 이상이거나 높이가 120 m 이상인 건축물, 이하 같음)의 경우에는 화재시 다음과 같이 경보한다.

가) 2층 이상의 층에서 발화 : 발화층 및 그 직상 4개층

나) 1층에서 발화 : 발화층, 그 직상 4개층 및 지하층

다) 지하층에서 발화 : 발화층, 그 직상층 및 기타의 지하층

마. 주 음향장치는 수신기의 내부 또는 그 직근에 설치한다.

바. 지구 음향장치는 소방대상물의 층마다 설치하며, 거실의 각 부분으로부터 하나의 음향장치까지의 수평거리가 25 m 이하가 되도록 설치한다.

사. 1개의 소방대상물에 2 이상의 수신기가 설치된 경우 어느 수신기에서도 지구음향장치를 작동할 수 있어야한다.

② 시각경보장치

가. 복도, 통로, 청각장애인용 객실 및 공용으로 사용하는 거실(로비, 회의실, 강의실, 식당, 휴게실, 오락실, 대기실, 체력단련실, 접객실, 안내실, 전시실, 기타 이와 유사한 장소)에 설치하며, 각 부분으로부터 유효하게 경보를 발할 수 있는 위치에 설치한다.

나. 공연장, 집회장, 관람장 또는 이와 유사한 장소에 설치하는 경우에는 시선이 집중되는 무대부 부분에 설치한다.

다. 설치높이는 바닥으로부터 2 m 이상 2.5 m 이하의 장소에 설치한다. 천장의 높이가 2 m 이하인 경우 천장으로부터 0.15 m 이내의 장소에 설치한다.

라. 1개의 소방대상물에 2 이상의 수신기가 설치된 경우 어느 수신기에서도 시각경보기를 작동할 수 있어야 한다.

마. 하나의 공간에서 시야에 2개 이상의 시각경보기가 보이도록 설치하는 경우에는 동조기를 사용하여 동시에 점멸하도록 한다.

바. 형식승인을 얻은 수신기 또는 전용의 축전지설비에 의하여 전원을 공급하며 말단의 전압강하가 20% 이상 떨어지지 않도록 설치한다

사. 시각경보기는 소방대상물의 각층의 피난구 직근에 우선 설치하며, 거실의 각 부분으로부터 하나의 시각경보기까지의 수평거리가 25 m 이하가 되도록 설치한다.

아. **5층 미만의** 건축물에 적용하는 일제경보방식은 화재 시 전층이 전부 작동한다.

자. **지하층을 제외한 건물의 층수가 5층 이상이고 연면적 3,000 ㎡ 이상의** 건물에 적용하는 발화층, 직상층 우선경보방식은 화재 시 다음과 같이 작동한다.

가) 2층 이상의 층에서 발화 : 발화층 및 그 **직상층**

나) 1층에서 발화 : 발화층, 그 **직상층** 및 지하층

다) 지하층에서 발화 : 발화층, 그 직상층 및 기타의 지하층

(9) 검사 및 시험

가. 입선 완료 후 소방기구 결선 작업 전 절연저항을 측정하여 측정값은 1 ㏁ 이상이어야 하며, 절연저항 측정 결과를 제출한다.

나. "소방시설 성능시험 조사표"에 따라 성능을 확인하고 그 결과를 제출한다.

(6) 비상방송설비공사[56] 내용을 검토한다.

설계대상물이 비상방송설비 설치대상물일 때 검토해야 할 표준시방서로 확성기, 증폭기, 조작부, 전원장치를 주된 내용으로 하고 있다.

자동화재탐지설비와 마찬가지로 이 표준시방서가 2021년에 개정되었기 때문에 현재에 맞게 수정하여 공사시방서에 적용해야 한다. 변경이 필요한 사항을 두껍게 나타내었으니 참고가 되었으면 한다.

1) 일반사항

(1) 적용범위

이 시방서는 「**화재예방, 소방시설 설치·유지 및 안전관리에 관한 법률 시행령**」[**별표 5**] **제2호나목**에 따른 비상방송설비공사에 적용한다.

(2) 관련시방

이 공사와 관련이 있는 사항 중 이 절에서 언급된 것 이외의 사항은 각 절의 해당 규정 및 국토교통부 제정 「표준시방서」의 해당 규정에 따른다.

- 01050 소방전기 배관공사
- 01060 소방전기 배선공사

(3) 참조표준

다음 기준은 이 시방서의 일부를 구성하고 있는 것으로 본다.

① **국가화재안전기준**

「비상방송설비의 화재안전기준(NFSC 202)」

② 한국산업표준(KS)

KS C IEC 60268-5 음향시스템기기-제5부 : 스피커

③ 「전기용품 및 생활용품 안전관리법」제2장 안전인증대상제품의 안전관리

(4) 제출물

① 제작도면

가. 방송시스템 외형도(RACK 구성도)

나. 방송시스템 회로도

다. 비상전원장치

② 제작시방서

56) 출처 : 「2022 소방공사 표준시방서」 03020 비상방송설비공사, 2021.11.09.

③ 증명서

가. 한국산업표준인증 증명서(KS제품에 한함)

나. 전기용품 안전인증서 사본 또는 공인기관시험성적서

④ 시공상세도

가. 수신기와의 연동관계도

나. 방송앰프 설치위치도

(5) 운반, 보관, 취급

가. 각종 기기는 운반 시 충격에 기기의 성능에 영향을 주지 않도록 박스에 충격 완화제를 삽입하여 보호되어야 한다.

나. 각종 기기는 상하차시 과도한 충격을 받지 않도록 주의하여 취급한다.

다. 장비 및 기기는 직사광선 및 침수, 우수 피해가 발생하지 않는 장소에 보관되어야 한다.

라. 방송장비는 온도, 습도에 영향이 없도록 보관하여야 한다.

마. 장비의 파손을 방지하는 보호비닐류를 부착하여 취급한다.

2) 기기 및 재료

(1) 구조

가. 작동이 확실하고 취급 및 보수점검, 부속부품의 교체가 쉽고 내구성이 있어야 한다.

나. 먼지, 습기 등에 의하여 기능이 이상이 없어야 한다.

다. 부식에 의하여 기능에 이상을 미칠 우려가 있는 부분은 부식방지 조치가 강구되어야 한다.

라. 기동장치에 의하여 화재신호를 수신하고 나서 필요한 음량으로 방송이 될 수 있을 때까지의 소요시간은 10초로 한다.

마. 2개 이상의 기동장치가 동시에 작동해서 이상 없이 화재를 전달할 수 있어야 한다.

바. 방송설비를 업무용의 목적과 공용하는 것은 기동장치에 의한 신호를 수신할 때, 자동 또는 수동에 의하여 비상경보 이외의 방송을 즉시 정지할 수 있어야 한다.

사. 화재로 인하여 하나의 층의 확성기 또는 배선이 단락 또는 단선되어도 다른 층의 화재통보에 지장이 없도록 한다. 이 경우 증폭기(앰프) 손상방지를 위해 보호차단기 작동되어서 증폭기 음성출력이 차단되어선 안된다.

아. 화재발생시에는 감지기와 연동하여 자동으로 비상방송이 가능해야 하며, 발화층, 직상층에 우선경보 및 유도방송을 할 수 있어야 한다.

(2) 확성기

가. 확성기의 종류, 크기 및 형상은 설계도면에 따른다.

나. 확성기의 커버 및 속판은 화재시 영향을 받지 않는 재질이어야 한다.

다. 확성기의 음성입력은 3 W 이상이어야 하며, 실내에 설치하는 것은 1 W 이상이어야 한다.

라. 확성기용 음량조절기의 배선은 3선식으로 한다.

마. 한국산업표준(KS)에 적합한 제품을 사용한다.

바. 확성기 지지 밴드와 지지형강의 크기 및 형상은 설계도면에 따른다.

사. 확성기 지지 밴드와 지지형강은 용융아연도 제품 이상이어야 한다.

아. 확성기 지지에 사용하는 볼트와 너트는 녹슬지 않는 제품이어야 한다.

(3) 증폭기

가. 증폭기는 수위실 등 상시 사람이 근무하는 장소에 설치한다.

나. 증폭기 등의 내부에 주전원 회로를 개폐할 수 있는 전원 스위치를 설치한다. 다만, 기동장치 또는 자동화재탐지설비의 감지기와 연동해서 자동적으로 전원이 들어가는 것은 이에 한하지 아니한다.

다. 전원표시램프, 회로의 단선 및 단락을 표시하는 램프를 설치하여야 한다.

라. 증폭기의 외함은 노출형의 경우 함 및 문짝은 강판두께 1.6 mm 이상 매입형의 경우 함은 두께 1.6 mm 문짝은 스테인리스(27종)두께 1.5 mm 이상으로 헤어 또는 미러라인으로 마감한다.

마. 전원은 AC 220 V, DC 24 V를 사용한다.

바. 정격출력은 100 W, 150 W, 200 W, 250 W, 300 W 등 각 제조사 규격에 따른다.

사. 전기용품 안전인증에 적합한 제품을 사용한다.

(4) 조작부

가. 전원은 DC 24 V를 사용한다.

나. 화재발생시 자동으로 경보 표시가 되어야 한다.

다. 비상방송지역선택(LOGIC MATRIX)에 의한 발화층과 직상층 자동경보방송 및 유도방송을 한다.

라. 방송조작부는 기동장치와 연동하여 동작 층과 구역을 표시할 수 있어야 한다.

마 방송설비가 다른 방송설비와 공용하는 경우는 화재 시 다른 신호를 차단할 수 있는 구조로 한다.

바. 전기용품 안전인증에 적합한 제품을 사용한다.

(5) 전원장치

가. 주전원장치는 전원의 종합제어기능과 정전시 자동으로 비상전원으로 전환기능을 가지고 있어야 한다.

나. 전원은 AC 220 V, 60 Hz를 사용한다.

다. 비상전원은 상용전원 정전시 자동으로 상용전원에서 비상전원으로 교체 되고, 정전 복구시에는 자동으로 비상전원에서 상용전원으로 교체되어야 한다.

라. 비상전원의 축전지에 과방전 및 과충전 방지회로를 설치하며, 항상 충전방전이 적정한 상태로 이루어져야 한다.

3) 시공

(1) 배관공사

배관공사는 "01050 소방전기 배관공사"를 따른다.

(2) 배선공사

① 배선공사

배선공사는 "01060 소방전기 배선공사"를 따른다.

② 비상방송설비 배선공사의 내화배선, 내열배선 적용

가. 전원회로 : 내화배선

나. 확성기 상호간 : 내화배선 또는 내열배선

③ 절연저항

전선 상호간, 전선과 대지 간을 측정하며, 측정값은 1 ㏁ 이상이어야 한다.

④ 접지시공

방송앰프 랙(RACK) 외함 및 통신용으로 사용하는 차폐케이블의 차폐층은 접지 시공방법에 의해 접지를 한다.

(3) 비상방송설비의 시공

① 비상방송설비 배선 방법

화재로 인하여 하나의 층의 확성기 또는 배선이 단락 또는 단선되어도 다른 층의 화재통보에 지장이 없도록 한다.

② 방송앰프 랙(RACK)

가. 조작부와 증폭기는 상시 사람이 근무하는 장소로서 점검에 편리하고 방화상 유효한 장소에 설치한다.

나. 조작부의 조작스위치는 바닥으로부터 0.8 m 이상 1.5 m 이하의 높이에 설치한다.

다. 조작부는 기동장치의 작동과 연동해서 해당 기동장치가 작동한 층 또는 구역을 표시할 수 있어야 한다.

라. 방송앰프 랙(RACK) 전원의 시공

가) 전원 배선은 「**국가화재안전기준**」에 적합한 내화배선으로 한다.

나) 전원용 차단기는 배선용차단기(MCCB)를 적용한다.

다) 전원용 차단기의 주회로는 **누전경보기**에 의해 누설전류를 감시하도록 하며, **누전경보기**의 수신부는 관리자가 상주하는 장소에 설치한다.

마. 비상전원 용량은 1시간 감시 후 화재 시 발생하는 최대부하전류를 10분간 계속 작동하는 용량(Ah)의 합에 20% 여유율을 갖는 용량을 내장한다.

바. 고층건축물의 경우에는 예비전원 용량은 1시간 감시 후 화재 시 발생하는 최대부하전류를 30분간 계속 작동하는 용량(Ah)의 합에 20% 여유율을 갖는 용량을 내장한다.

③ 확성기

가. 확성기 설치시에는 설치 후 흔들림이 없도록 견고하게 설치한다.

나. 확성기는 각 층마다 설치하고 그 층의 각 부분에서 하나의 확성기까지의 수평거리가 25 m 이하가 되도록 설치한다.

다. 노출형 확성기 설치 시 유의사항

매입배관으로 설치 된 박스에서 노출형으로 설치된 확성기에 배선 연결 시에는 노출된 배선 부분이 내열배선에 적합한 방법으로 시공되어야 한다.

(4) 비상방송 경보방식

가. **층수가 5층 이상으로서 연면적 3,000 ㎡ 를 초과하는 건축물**에 적용하는 직상층우선경보방식은 화재 시 다음과 같이 경보한다.

가) 2층 이상의 층에서 발화 : 발화층 및 그 **직상층**

나) 1층에서 발화 : 발화층, 그 **직상층** 및 지하층

다) 지하층에서 발화 : 발화층, 그 직상층 및 기타의 지하층

나. 고층건축물의 경우에는 화재시 다음과 같이 경보한다.

가) 2층 이상의 층에서 발화 : 발화층 및 그 직상 4개층

나) 1층에서 발화 : 발화층, 그 직상 4개층 및 지하층

다) 지하층에서 발화 : 발화층, 그 직상층 및 기타의 지하층

(5) 검사 및 시험

가. 입선 완료 후 소방기구 결선 작업 전 절연저항을 측정하여 측정값은 1 MΩ 이상이어야 하며, 절연저항 측정 결과를 제출한다.

나. "소방시설 성능시험 조사표"에 따라 성능을 확인하고 그 결과를 제출한다.

2.1.3 공사시방서를 작성한다.

(1) 작성 시 유의사항을 확인한다.

① 발주처의 업무지시서(설계지침, 요구사항 등)를 확인해야 하며 필요한 사항이 있으면 공사시방서에 반영한다.

② 설계 당시의 최신의 법규(소방관련법규, 건축관련법규 등)와 화재안전기술기준을 적용해야 한다.

③ 소방청/한국소방시설협회의 표준시방서 내용을 그대로 적용하는 것이 아니라 검토한 후 현장에 맞게 재작성한다.

④ 시방서 내용이 복잡하거나 모호하지 않도록 가능한 한 간결, 명료, 구체적으로 기술한다.

⑤ 설계도면, 계산서, 공사 내역서의 내용과 일치되도록 작성한다.

⑥ 띄어쓰기, 철자, 문법상 오류에 주의한다.

(2) 작성에 필요한 규정을 검토한다.

공사시방서에 필수적으로 반영해야 할 규정이 있는데, 소방청/한국소방시설협회의 표준시방서와 화재안전기술기준이 그것이다. 이 중 표준시방서는 2021년에 개정되었으므로 꼼꼼히 읽어본 후 공사시방서에 반영해야 한다. 삭제할 것은 삭제하고, 변경해야 할 것은 변경하고, 추가해야 할 것은 추가해야 한다.

그러나 화재안전기술기준은 소방공사에서 반드시 지켜야 할 사항이므로 내용의 변경없이 원안 그대로 공사시방서에 반영하는 것이 좋다. 물론 이번 설계에 해당되지 않는 불필요한 화재안전기술기준의 항목은 삭제가 가능하다.

경보설비 공사시방서에 반영해야 하는 화재안전기술기준과 표준시방서 규정을 표로 나타내었다. 공사시방서 작성에 도움이 되었으면 한다.

<표 41> 경보설비 공사시방서에 반영해야 할 규정

경보설비 종류	반영해야 할 규정
자동화재탐지설비	[화재안전기술기준] • NFTC 203, 자동화재탐지설비 및 시각경보장치의 화재안전기술기준 [표준시방서]※1 • 03010, 자동화재탐지설비공사
비상방송설비	[화재안전기술기준] • NFTC 202, 비상방송설비의 화재안전기술기준 [표준시방서]※1 • 03020, 비상방송설비공사
비상경보설비	[화재안전기술기준] • NFTC 201, 비상경보설비 및 단독경보형감지기의 화재안전기술기준 [표준시방서]※1 • 03030, 비상경보설비공사
자동화재속보설비	[화재안전기술기준] • NFTC 204, 자동화재속보설비의 화재안전기술기준 [표준시방서]※1 • 03040, 자동화재속보설비공사
누전경보기	[화재안전기술기준] • NFTC 205, 누전경보기의 화재안전기술기준 [표준시방서]※1 • 03050, 누전경보기 설치공사

※1 : 소방청/한국소방시설협회의 '2022 소방공사 표준시방서'를 말한다.
※1 : 각 설비의 표준시방서 항목에 01010-일반공통사항, 01050-소방전기 배관공사, 01060-소방전기 배선공사 규정이 추가되어야 한다.

(3) 설계장소에 맞게 공사시방서를 작성한다.

설계장소에 적합하도록 표준시방서와 화재안전기술기준 등을 수정하여 공사시방서를 작성한다. 공사시방서 목차는 설계사무소마다 자유롭게 구성하고 있으며 같은 설계사무소라고 하더라도 설치되는 소방시설(경보시설)에 따라 조금씩 다른 구성이 된다.

다음은 소방설계업체에서 작성되어 발주처에 납품된 공사시방서의 일부를 나타낸 그림이다. 작성에 도움이 되었으면 한다.

목 차

제 1 장 일 반 공 통 사 항

제 2 장 자 동 화 재 탐 지 설 비 공 사

제 3 장 유 도 등 설 비 공 사

제 4 장 소 화 기 구

제 5 장 간 이 스 프 링 클 러 설 비

공 사 시 방 서

1. 공 사 명: ○○○○○○○ 소방공사
2. 공사기간: 소방공사 준공 예정일까지

제 1 장 일 반 공 통 사 항

설계도면, 소방설비 시방서 및 현장 설명서(이하"설계도서"라 한다.)에 명시된 범위를 말한다..

1-1. 적용범위

가. 본 시방서는 상기 소방시설공사에 적용한다.
나. 본 공사에 대한 설계도서가 관계법령과 상이한 부분이 있을 경우는 관계법령에 따라 시공하여야 하며 공사기간중 관계법령이 개정될 경우에는 개정되는 법령에 따라 감독관의 승인을 받아 시공토록 한다.

1-2. 적용순서

가. 본 시방서에 특별한 명기 없는 사항 중 건축, 설비, 전기에 관한 사항은 해당표준 시방서에 준한다.
나. 본 시방서가 가장 우선하며 설계도면 표준시방서 순으로 적용한다.
다. 설계도서에 의한 공법, 자재의 재질 및 제품등의 내용이 현실적으로 이행하기 불가능할 경우에는 반드시 감독관에게 서면으로 보고하고 대안에 대한 승인을 얻은 후에 시공한다.

<그림 76> 공사시방서 일부(목차, 일반 공통사항)

[예제 35]	시방서의 종류 3가지를 쓰고, 설명하시오.
풀이	1. 표준시방서 소방시설별로 정한 표준적인 시공기준으로 전문시방서 또는 공사시방서를 작성하는 경우에 활용되는 시공기준 2. 전문시방서 표준시방서를 기본으로 하여 발주자가 작성한 것으로 공사시방서를 작성하는 경우에 활용되는 시공기준 3. 공사시방서 표준시방서 및 전문시방서를 기본으로 하여 설계자가 작성한 것으로서, 설계도면에 구체적으로 표시할 수 없는 내용과 시공 방법, 자재 성능·규격, 품질관리, 안전관리, 환경관리 등에 관한 사항을 기술한 시공기준
[예제 36]	다음 예시와 같이 자동화재탐지설비 표준시방서를 찾아보았다. 공사시방서 작성을 위해 현재 화재안전기술기준에 맞도록 경종 내용을 변경하고자 한다. 변경 전, 후 내용을 제시된 표 내에 기입하시오. 단, 변경할 내용이 없으면 제시된 표에 '변경할 내용 없음'이라고 변경 전, 후에 기입한다.

(예시) : 경종

1. 층수가 5층 미만의 건축물에 적용하는 일제경보방식은 화재 시 전층이 전부 경보를 발한다.
2. 층수가 5층 이상으로서 연면적 3,000㎡를 초과하는 건축물에 적용하는 발화층, 직상층 우선경보방식은 화재 시 다음과 같이 경보한다.
   1) 2층 이상의 층에서 발화 : 발화층 및 그 직상층
   2) 1층에서 발화 : 발화층, 그 직상층 및 지하층
   3) 지하층에서 발화 : 발화층, 그 직상층 및 기타의 지하층

예시 항목	변경 전 내용	변경 후 내용
1		
2		
2 1)		
2 2)		
2 3)		

풀이

예시 항목	변경 전 내용	변경 후 내용
1	5층 미만의 건축물	10층(공동주택은 15층) 미만의 건축물
2	5층 이상으로서 연면적 3,000㎡를 초과하는 건축물	11층(공동주택은 16층) 이상의 건축물
2 1)	직상층	직상 4개층
2 2)	직상층	직상 4개층
2 3)	변경할 내용 없음	변경할 내용 없음

Chapter 3

공사비 내역서 작성하기

Chapter 3

3.1 물량 산출 및 세부 내역서 작성

[필요 지식]

3.1.1 물량 산출(수량 산출)

물량 산출은 수량 산출이라고도 불리는 것으로서 공사 목적물을 구성하는 재료비의 양을 산정하는 것을 말한다. 재료비 양이 산출되어야 재료비 가격을 계산할 수 있는데, 이는 '재료비 양 × 재료비 단가 = 재료비 가격'이 되기 때문이다. 따라서 '재료비 양'을 산정하는 물량 산출이 공사비를 계산하는 첫걸음이 된다.

재료비의 물량이 산출되어야 공사에 소요되는 인건비를 계산할 수 있는 공량 또한 산정이 가능하다.

3.1.2 표준품셈 및 일위대가의 개념

1) 표준품셈의 개념

품셈은 품을 셈하다는 뜻으로 품, 즉 인건비가 어느 정도 소요될 것인지를 계산하는 것으로 해석할 수 있고 표준은 기본, 기준을 뜻하는 것으로 이해할 수 있다. 따라서 표준품셈은 '인건비 계산을 위한 기본 기준'이라 간단히 설명할 수 있겠다.

자세한 설명은 'NCS학습모듈 경보설비 실시설계'[57]의 48쪽에 나와 있는데 이를 인용하면 다음과 같다. 소방공사의 대표적이고 보편적인 공종, 공법을 기준으로 작업당 소요되는 노무량, 장비 사용 시간 등을 수치로 나타낸 표준적인 기준이다.

2) 일위대가(一位代價)의 개념

일위대가는 복합단가라고도 하는 것으로 내역서 속의 내역서로 이해하는 것이 가장 쉽다. 내역서를 작성하다 보면 어느 한 품목이 여러 가지 자재와 작업으로 구성되는 경우가 있다. 이런 품목을 내역서에 모두 기재하다 보면 내역서가 불가피하게 길어진다. 이런 점을 보완하고자 일위대가를 작성한다.

일위대가를 작성한 후 그 결과값만을 가져와서 내역서에 삽입하면 내역서가 한결 간결해지고 보기가 수월해진다. 일위대가는 공사에 소요되는 재료비, 노무비, 경비를 합하여 단위 단가

57) 출처 : 「NCS학습모듈 경보설비 실시설계」 2020.12.31.

로 나타낸 것으로 간단히 설명할 수 있겠다. 단위 단가는 일위대가를 표현하는 기준 단가를 의미하는 것으로 개소, 개, m, ㎡, m3, kg 등 여러 단위가 사용되고 있다.

3.1.3 소방공사 표준품셈

이전에는 소방공사 표준품셈이 없어서 건설, 토목, 기계설비, 전기, 정보통신의 표준품셈을 사용하여 왔다. 현재는 한국소방시설협회의 '소방공사 표준품셈'이 발간되어 꾸준히 개정되고 있으므로 이를 내역서 작성에 활용하면 되겠다. 물론 '소방공사 표준품셈'에 내용이 없거나 적용이 곤란한 사항은 건설, 토목, 기계설비, 전기, 정보통신의 표준품셈에서 합리적인 근거를 찾아봐야 한다.

다음은 한국소방시설협회의 '2024년 소방공사 표준품셈' 중 앞부분을 나타낸 그림이다. 표준품셈 적용에 도움이 되었으면 한다.

2024년 소방공사

표 준 품 셈

(정부승인)

본 표준품셈은 소방공사 원가계산의 기초자료로 활용되도록 소방청의 「소방공사 표준품셈 관리규정」에 따라 소방공사 표준품셈 관리기관으로 지정받은 "한국소방시설협회"에서 정부·공공기관·학계·용역업계·시공업계 등의 전문가로 구성한 "소방공사 표준품셈 심의위원회"의 심의·의결을 받아 객관적이고 공정한 표준품셈으로 제정하여 적정 공사비 산정을 위한 척도로 활용하고자 합니다.

소방청 지정 표준품셈 관리기관

한 국 소 방 시 설 협 회

<그림 77> 2024년 소방공사 표준품셈(정부승인)

1) 소방공사 표준품셈의 제, 개정 현황[58)]

① 2019년
- 한국소방시설협회가 소방공사 표준품셈 관리기관으로 지정
- 소방공사 표준품셈 제정으로 195항목 신설

② 2020년 : 154항목 신설, 13항목 개정, 11항목 삭제

③ 2021년 : 9항목 신설, 66항목 개정, 11항목 삭제

④ 2022년 : 1항목 신설, 24항목 개정

⑤ 2023년 : 6항목 신설, 49항목 개정

⑥ 2024년 : 5항목 신설, 30항목 개정

2) 소방공사 표준품셈의 적용 기준[59)]

(1) 목적

본 표준품셈은 정부 등 공공기관에서 시행하는 소방시설공사의 적정한 예정가격을 산정하기 위한 일반적인 기준을 제공하는데 있다.

(2) 적용 범위

국가, 지방자치단체, 공기업·준정부기관, 기타 공공기관 및 위 기관의 감독과 승인을 요하는 기관에서 본 표준품셈을 소방시설공사의 예정가격 산정을 위한 기초자료로 활용한다.

(3) 적용 방법

(1) 소방시설공사의 예정가격 산정은 본 표준품셈을 활용한다.

(2) 본 표준품셈에서 제시된 품은 일일 작업시간 8시간을 기준한 것이다.

(3) 본 표준품셈은 소방시설공사 중 대표적이고 보편적이며 일반화된 공종, 공법을 기준한 것이며, 현장여건과 기후의 특성 및 기타 조건에 따라 조정하여 적용하되, 예정가격작성기준 제2조에 따라 부당하게 감액하거나 과잉 계산되지 않도록 한다.

(4) 본 표준품셈에 명시되지 않는 사항은 각종 사업을 시행하는 국가기관, 지방자치단체, 공기업·준정부기관, 기타 공공기관 등의 장의 책임하에 적정한 예정가격 산정 기준을 적합하게 결정하여 사용한다.

---

58) 출처 : 「2024년 소방공사 표준품셈」 2024.01.
59) 출처 : 「2024년 소방공사 표준품셈」 1-1-1～1-1-3, 2024.01.

(5) 소방시설공사의 예정가격 산정시 공사규모, 공사기간 및 현장조건 등을 감안하여 가장 합리적인 공법을 채택하여 적용한다.

(6) 소방시설공사의 표준품셈에 명시되지 아니하는 항목으로 타 부문(토목, 건축, 전기, 기계, 정보통신 등)의 표준품셈에 명시된 항목은 그 부문의 품셈을 적용하고, 타부문과 유사한 공종의 품셈은 본 표준품셈을 우선하여 적용한다.

(7) 전기공사업법, 건설산업기본법, 정보통신공사업법, 전기사업법, 전력기술관리법, 총포·도검·화약류 등의 안전관리에 관한 법률, 산업안전보건법, 산업재해보상보험법, 고용보험법, 국민건강보험법, 국민연금법, 건설기술진흥법, 대기환경보전법, 소음·진동규제법 등 관계법령이나 계약조건에 따라 소요되는 비용은 별도로 계상한다.

(8) 각 발주기관에서 4항[60]에 의거하여 별도로 결정하여 적용한 품셈이 표준품셈 보완에 반영할 필요가 있다고 인정될 경우에는 그 자료를 표준품셈 관리단체(한국소방시설협회, 한국건설기술연구원, 대한전기협회, 한국정보통신산업연구원)에 제출한다.

(9) 신기술로 지정·고시된 기술을 발주처에서 활용할 경우, 발주처가 동기술을 표준품셈에 반영할 필요가 있다고 판단되면 시공단체에 현장실사를 실시하여 그 자료를 표준품셈 주관기관에 제출한다.

3.1.4 공사 내역서

공사 내역서 작성은 발주처가 공공기관 또는 일정 규모 이상의 민간공사일 때 진행되는 설계업무이다. 발주처는 이 제출된 내역서의 총금액을 확인하여 소방공사의 예정가격을 결정할 수 있게 된다. 예정가격은 입찰을 통해 소방공사업체를 결정하는 데 기초금액으로 활용하게 된다.

발주처에서 요청하는 내역서의 구성은 발주처마다 다소 다를 수 있으나 보통은 공사 내역서(공사원가계산서, 세부 내역서), 수량 산출서, 일위대가표, 공량 산출서, 단가 비교표 등으로 이뤄진다.

1) 공사 내역서의 개념

공사 내역서는 사람마다 공사비 내역서, 내역서, 내역서 을지, 내역서 갑지, 세부 내역서 등 여러 가지로 불리고 있다. 여기서는 혼란을 방지하기 위해 큰 범위의 '공사 내역서' 속에 '공사원가계산서'와 '세부 내역서'가 있는 것으로 하여 설명하겠다.

60) (4)에 해당하는 것으로 해석된다.

'공사 내역서'는 크게 내역서 갑지인 '공사원가계산서'와 내역서 을지인 '세부 내역서'로 구성된다. 따라서 내역서 을지인 '세부 내역서'가 작성이 되어야 갑지인 '공사원가계산서'가 작성된다. '세부 내역서'는 품명별로 재료비, 노무비, 경비를 기입하여 합계를 산출할 수 있게 만든 표로 여기에 세부 내역의 산출 근거인 일위대가표, 수량 산출서, 공량 산출서, 단가 비교표가 첨부되어야 한다.

'공사원가계산서'는 '세부 내역서'의 재료비, 노무비의 합계에 각종 경비를 더하고, 여기에 일반관리비, 이윤, 부가가치세(VAT)를 합하여 계산하는 것으로서 최종적으로 총공사비를 산정하는 표이다.

세부 내역서, 공사원가계산서, 일위대가표, 수량 산출서, 공량 산출서, 단가 비교표 등 내역과 관련된 서식은 계산이 편리한 엑셀 프로그램으로 보통 작성되고 있다.

다음에 제시된 표는 '세부 내역서'와 '공사원가계산서'의 한 예이다. 이해에 도움이 되었으면 한다.

<표 42> 세부 내역서(ㅇㅇㅇ 공간확충 소방전기공사)

품 명	규 격	단위	수량	재 료 비		노 무 비		경 비		합 계	비 고
				단가	금액	단가	금액	단가	금액		
1종 금속제가요전선관	16mm 비방수	m	300	1,040	312,000					312,000	
1종 금속제가요전선관	28mm 비방수	m	67	1,950	130,650					130,650	
450V난연절연전선(친환경)	HFIX 1.5(1.38mm)	m	107	285	30,495					30,495	
450V난연절연전선(친환경)	HFIX 2.5(1.78mm)	m	1,134	418	474,012					474,012	
아우트렛박스	8각 54mm	개	6	704	4,224					4,224	
SWITCH BOX-1	54mm	개	6	704	4,224					4,224	
SWITCH BOX-2	54mm	개	1	650	650					650	
풀박스	300×300×200(천장)	개	4	12,670	50,680					50,680	
발신기세트	옥내소화전 내장형	개소	1	17,170	17,170	229,472	229,472			246,642	일위1호표
사이렌	DC24V	개	1	25,000	25,000					25,000	
화재감지기(신설)	연기식(광전식2종)	개	4	18,000	72,000					72,000	
화재감지기(철거 후 신설)	차동식 2종	개	3	5,000	15,000					15,000	
시각경보기	15cd	개	2	40,000	80,000					80,000	
시각경보기(철거 후 신설)	15cd	개	1	40,000	40,000					40,000	
피난구유도등(신설)	대형, 천장	개	2	180,000	360,000					360,000	
피난구유도등(철거 후 신설)	대형, 천장	개	1	180,000	180,000					180,000	
피난구유도등(철거 후 신설)	중형, 천장	개	1	55,000	55,000					55,000	
비상조명등		개	2	180,000	360,000					360,000	
벽관통 구멍뚫기	50A, 200mm이하	개소	9								노임적용
전선관부속재료비	전선관의 15%	식	1	66,397	66,397					66,397	
잡재료비	배관배선의 2%	식	1	18,943	18,943					18,943	
노무비	내선전공	인	31.60			269,968	8,530,988			8,530,988	
노무비	특별인부	인	1.89			208,527	394,116			394,116	
공구손료	노무비의 3%	식	1	262,813	262,813					262,813	
합 계					2,559,258		9,154,576			11,713,834	

<표 43> 공사원가계산서

구 분			금 액	구 성 비	비 고
순공사비	재료비	직접(간접)재료비	10,368,110		
		작업부산물			
		소 계	10,368,110		
	노무비	직접노무비	20,980,696		
		간접노무비	2,559,644	〈직접노무비〉 × 12.2%	
		소 계	23,540,340		
	경 비	기계경비			
		산재보험료	870,992	〈노무비〉 × 3.7%	
		고용보험료	237,757	〈노무비〉 × 1.01%	
		건강보험료	743,765	〈직접노무비〉 × 3.545%	
		노인장기요양보험료	95,276	〈건강보험료〉 × 12.81%	
		연금보험료	944,131	〈직접노무비〉 × 4.5%	
		퇴직공제부금비		〈직접노무비〉 × 2.3%	공사예정금액 1억원 이상
		안전관리비	918,520	〈재료비 + 직접노무비〉 × 2.93%	2천만원 이상 건설공사
		기타경비	1,966,690	〈재료비 + 노무비〉 × 5.8%	
		소 계	5,777,131		
일 반 관 리 비			2,381,134	〈재료비 + 노무비 + 경비〉 × 6%	
이 윤			4,754,790	〈노무비 + 경비 + 일반관리비〉 × 15%	
공 사 손 해 배 상 보 험 료			170,430	〈재료비 + 노무비 + 경비 + 일반관리비 + 이윤〉 × 0.364%	소방산업공제조합(5억 미만)
소 계			7,306,354		
총 원 가			46,991,935	〈재료비 + 노무비 + 경비 + 일반관리비 + 이윤 + 보험료〉	
부 가 가 치 세			4,699,194	〈총원가〉 × 10%	
도 급 공 사 비			51,691,000		천원미만 절사
관 급 자 재 비(관 급 자 설 치)					
총 공 사 비			51,691,000	〈총원가 + 부가가치세 + 도급공사비〉	

2) 산출서의 개념

세부 내역서에 첨부하는 산출서에는 수량 산출서와 공량 산출서가 있다. 수량 산출서는 재료비의 양을 산출한 근거를 나타내는 것으로 설계자가 직접 작성한 도면을 보고 작성한다. 공량 산출서는 인건비의 양(작업 일수)을 산출한 근거를 나타내는 서식으로 설계자가 표준품셈을 보고 작성한다.

수량 산출서와 공량 산출서의 간단한 예를 다음 표에 나타내었다.

<표 44> 수량 산출서 [예]

구분	배선	배관	산출식	전선관		전선		박스			발신기세트	감지기	시각 경보기	피난구유도등
				FLEX		HFIX		OUT LET	SWITC H-1	PULL	옥내소화전 함내장형	광전식		
				비방수 16C	비방수 28C	1.5 mm^2	2.5 mm^2	54mm	54mm	300×300 ×200	COVER :SUS	2종	DC24V	대형
1) 간선공사														
3F발신기세트~ 도어릴리즈 풀박스	HFIX 2.5Sq-2	FLEX 16C	2+4+2	8			16			1	1			
	HFIX 2.5Sq-2	FLEX 16C	2+4+2	8			16							
	HFIX 2.5Sq-7	FLEX 28C	2+4+2	8			56							
도어릴리즈 풀박스~ 지하1층 수신반	HFIX 2.5Sq-2	FLEX 16C	9+2+9+20+11+2	53			106			2				
	HFIX 2.5Sq-2	FLEX 16C	9+2+9+20+11+2	53			106							
	HFIX 2.5Sq-3	FLEX 16C	9+2+9+20+11+2	53			159							
	HFIX 2.5Sq-7	FLEX 28C	9+2+9+20+11+2		53		371							
2) 자동화재탐지설비공사														
3F발신기세트~ 감지기	HFIX 1.5Sq-2	FLEX 16C	2+6+5+9+9+9+4+3+2			98		4				4		
	HFIX 1.5Sq-4	FLEX 16C	2+1+7+2	12		48		1				1		
3F발신기세트~ 시각경보기	HFIX 2.5Sq-2	FLEX 16C	2+16+8+2	28			56		2				2	
	HFIX 2.5Sq-2	FLEX 16C	2+8+12+2	24			48		1				1	
3) 유도등공사														
3F분전반~유도등	HFIX 2.5Sq-2	FLEX 16C	2+2+13+13+2	32			64	2	2					4
	HFIX 2.5Sq-2	FLEX 16C	2+10+10+2	24			48	1	1					2
합 계				303	53	146	1,046	8	6	3	1	5	3	6

※ 수신기 및 시각경보기 전원반이 포함되어야 하나, 참고용이므로 생략하여 나타내었다.

<표 45> 공량 산출서 [예]

품명	규격	단위	실수량	재료 할증	할증 후 수량	노임 할증	공량 1		
							직종	품셈	공량
1종금속제가요전선관	16mm 비방수	m	273	110%	300	0.9	내선전공	0.044	10.81
1종금속제가요전선관	28mm 비방수	m	61	110%	67	0.9	내선전공	0.072	3.953
450V난연절연전선(친환경)	HFIX 1.5(1.38mm)	m	98	110%	107	1	내선전공	0.01	0.98
450V난연절연전선(친환경)	HFIX 2.5(1.78mm)	m	1,031	110%	1,134	1	내선전공	0.01	10.31
아우트렛박스	8각 54mm	개	6	100%	6	0.9	내선전공	0.12	0.648
SWITCH BOX-1	54mm	개	6	100%	6	0.9	내선전공	0.12	0.648
SWITCH BOX-2	54mm	개	1	100%	1	0.9	내선전공	0.12	0.108
풀박스	300×300×200(천장)	개	4	100%	4	1	내선전공	0.35	1.4
발신기세트	옥내소화전 내장형	개소	1	100%	1	1	일위1호표		
사이렌	DC24V	개	1	100%	1	1	내선전공	0.15	0.15
화재감지기(신설)	연기식(광전식2종)	개	4	100%	4	1	내선전공	0.13	0.52
화재감지기(철거 후 신설)	차동식 2종	개	3	100%	3	1.3	내선전공	0.13	0.507
시각경보기	15cd	개	2	100%	2	1	내선전공	0.15	0.3
시각경보기(철거 후 신설)	15cd	개	1	100%	1	1	내선전공	0.15	0.15
피난구유도등(신설)	대형, 천장	개	2	100%	2	1	내선전공	0.2	0.4
피난구유도등(철거 후 신설)	대형, 천장	개	1	100%	1	1.3	내선전공	0.2	0.26
피난구유도등(철거)	중형, 천장	개	1	100%	1	0.3	내선전공	0.2	0.06
비상조명등		개	2	100%	2	1	내선전공	0.2	0.4
벽관통 구멍뚫기	50A, 200mm이하	개소	9	100%	9	1	특별인부	0.21	1.89
공량 합계	내선전공	인	31.60						
	특별인부	인	1.89						

[수행 내용]

3.1.5 물량 산출 및 세부 내역서를 작성한다.

내역서 작성은 물량 산출 → 공량 산출 → 가격 조사(인건비 단가, 재료비 단가) → 일위대가표 작성 → 세부 내역서 작성 → 공사원가계산서 작성 순으로 이뤄진다. 세부 내역서를 작성함에 있어 일위대가표를 사용하지 않는 경우에는 일위대가표 작성 과정을 생략할 수 있다.

결국 내역서를 작성한다는 것은 총괄표인 공사원가계산서를 완성한다는 것을 의미하며 그 출발점은 자신이 그린 설계도면에서 세세하게 물량을 산출하는 것이라 할 수 있다.

(1) 물량을 산출한다.

물량을 산출한다는 것은 설계자가 그린 도면을 대상으로 하여 얼마만큼의 자재가 소요될 것인지를 계산해 보는 것이다. 물량을 산출하는 방법은 크게 2가지로 구분해 볼 수 있다. 하나는 캐드도면에서 화면상으로 산출하는 방법이다. 이 방법은 캐드를 이용하므로 수치가 정확한 반면 산출속도가 느리고 산출한 부분과 미산출한 부분이 헷갈릴 수 있어 많이는 사용하지 않는다.

다음은 도면을 출력하여 스케일자로 산출하는 방법이다. 이 방법은 혼동되는 부분을 표시할 수 있어 산출속도가 빠른 반면 산출자의 경향에 따라 스케일자 눈금을 조금 더 또는 조금 덜 선택할 수 있어 약간의 오차가 발생할 수 있으나, 그리 큰 문제가 되지는 않는다.

도면에서 산출할 때 주의해야 할 점은 도면 축적과 스케일 축적을 일치시켜야 한다는 점이다. 보통 사용되는 스케일자는 1/100, 1/200, 1/300, 1/400, 1/500, 1/600 축적만 측정이 가능하다. 따라서 물량을 산출해야 하는 도면은 스케일자 축적과 같은 1/100, 1/200, 1/300, 1/400, 1/500, 1/600 축적이어야 산출이 편리하다. 물론 축적이 같지 않은 경우에는 비례식을 이용하여 계산할 수도 있으나, 매번 계산해야 하는 수고로움을 감수해야 한다.

다음은 스케일자의 3면과 1면의 일부분을 보여주는 그림이다. 참고가 되었으면 한다.

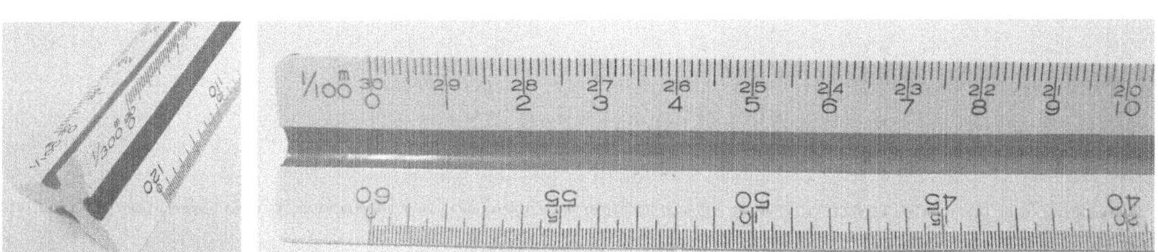

<그림 78> 스케일자

<table>
<tr><td>[예제 37]</td><td>자동화재탐지설비 설계도면의 축적을 1/150으로 설계하였다. 물량 산출은 스케일자 또는 육안으로 한다. 스케일자로 산출하는 경우에는 설계도면 축적과 가장 가까운 1/100 축적을 사용한다. 도면에서 산출된 물량을 표에 나타내었으니 최종 물량을 계산하시오.

<table>
<tr><th>구분</th><th>도면 산출 물량</th><th>최종 물량</th></tr>
<tr><td>HI-PVC 16 mm</td><td>50 m (스케일자 산출)</td><td></td></tr>
<tr><td>HFIX 1.5 ㎟</td><td>200 m (스케일자 산출)</td><td></td></tr>
<tr><td>아우트렛박스 8각 54 mm</td><td>6개 (육안 산출)</td><td></td></tr>
<tr><td>차동식 2종 감지기</td><td>6개 (육안 산출)</td><td></td></tr>
</table>
</td></tr>
<tr><td>풀이</td><td>1. HI-PVC 16 mm 최종 물량 계산
$100 : 50m = 150 : \chi \Rightarrow \chi = \frac{50m \times 150}{100} = 75m$
2. HFIX 1.5 ㎟ 최종 물량 계산
$100 : 200m = 150 : \chi \Rightarrow \chi = \frac{200m \times 150}{100} = 300m$
3. 아우트렛박스(8각, 54 mm)와 차동식 2종 감지기는 육안으로 산출되었기 때문에 스케일을 환산할 필요가 없어, 그대로 각각 6개가 정답이 된다.</td></tr>
</table>

(2) 산출 물량에 할증을 적용한다.

산출된 재료 물량을 공사 현장에 바로 적용하기에는 다소 무리가 있다. 이는 공사과정에서 운반, 절단, 가공 등에 따른 재료의 손실이 발생하기 때문이다. 따라서 이런 손실량을 원재료량에 가산해 주어야 한다. 이렇게 가산해 주어야 하는 비율(%)을 '재료의 할증'이라 한다.

정부에서 승인된 한국소방시설협회의 '2024년 소방공사 표준품셈'에서 소방전기공사에 적용할 수 있는 재료의 할증 규정을 찾아볼 수 있다. 이 규정[61]은 전선(옥외, 옥내), 케이블(옥외, 옥내), 전선관(옥외, 옥내), 케이블 트레이, 동대, 애자류 등으로 구분하여 할증률을 제시하고 있다.

소방전기공사에 사용할 수 있는 내용 위주로 간단히 정리하여 다음 표에 나타내었다.

61) 출처 :「2024년 소방공사 표준품셈」 1-1-9-3, 2024.01.

<표 46> 할증률 및 철거손실률

종류	할증률(%)	철거손실률(%)
옥외전선	5	2.5
옥내전선	10	
Cable(옥외)	3	1.5
Cable(옥내)	5	-
전선관(옥외)	5	-
전선관(옥내)	10	-
케이블 랙(트레이), 덕트, 레이스웨이	5	-
합성수지파형전선관 (파상형 경질폴리에틸렌전선관)	3	-

[주] 철거손실률이란 전기설비공사에서 철거작업시 발생하는 폐자재를 환입할 때 재료의 파손, 손실, 망실 및 일부 부식 등에 의한 손실률을 말함.

[예제 38] 다음 그림에서 자동화재탐지설비의 물량을 산출하고자 한다. 조건을 참조하여 주어진 표의 물량을 계산하시오.

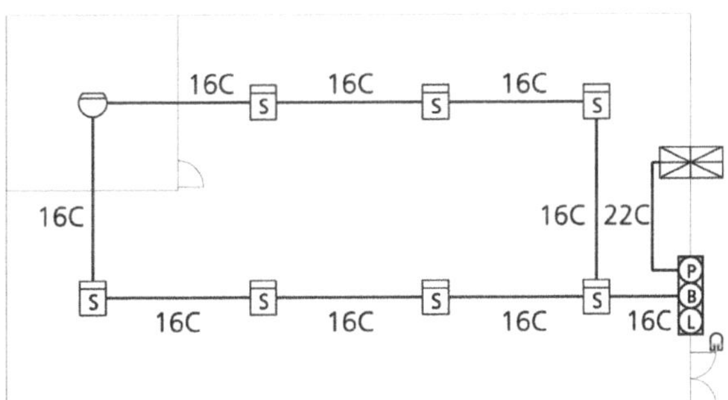

(조건)

- 감지기와 감지기 사이의 거리는 각각 8 m이다.
- 감지기와 발신기세트와의 거리는 15 m이다.
- 발신기세트와 수신기 사이의 거리는 5 m이다.
- 감지기~감지기 사이 및 감지기~발신기세트 사이의 전선은 1.5 ㎟를 사용한다.
- 발신기세트와 수신기 사이의 전선은 2.5 ㎟를 사용한다.
- 전화선은 연결하는 것으로 하고, 경종 직근에 단락보호장치를 설치한다.
- 수신기에는 Pull Box를 설치하고, 감지기는 8각 Box를 설치한다.
- 소수점 첫째 자리에서 반올림한다.

구분		단위	물량 계산
배관	16C(mm)	m	
	22C(mm)	m	
전선	1.5㎟	m	
	2.5㎟	m	
발신기세트함	매립형	조	
Pull Box		개	
8각 Box		개	

풀이

1. 배관 물량 계산
   1) 16C(mm)
      (1) 8개 × 8 m/개 = 64 m
      (2) 1개 × 15 m/개 = 15 m
      (3) 64 m + 15 m = 79 m → 할증 처리 : 79 m × 1.1 = 86.9 m → 87 m
   2) 22C(mm)
      (1) 1개 × 5 m/개 = 5 m
      (2) 5 m → 할증 처리 : 5 m × 1.1 = 5.5 m → 6 m
2. 전선 물량 계산
   1) 1.5㎟
      (1) 8개 × 8 m/개 × 2 = 128 m
      (2) 1개 × 15 m/개 × 4 = 60 m
      (3) 128 m + 60 m = 188 m → 할증 처리 : 188 m × 1.1 = 206.8 m → 207 m
   2) 2.5㎟
      (1) 1개 × 5 m/개 × 7 = 35 m
      (2) 35 m → 할증 처리 : 35 m × 1.1 = 38.5 m → 39 m
3. 발신기세트함(매립형) : 1조
4. Pull Box : 1개
5. 8각 Box : 8개

[예제 39] 다음 그림에서 자동화재탐지설비의 물량을 산출하고자 한다. 조건을 참조하여 각 물음에 답하시오.

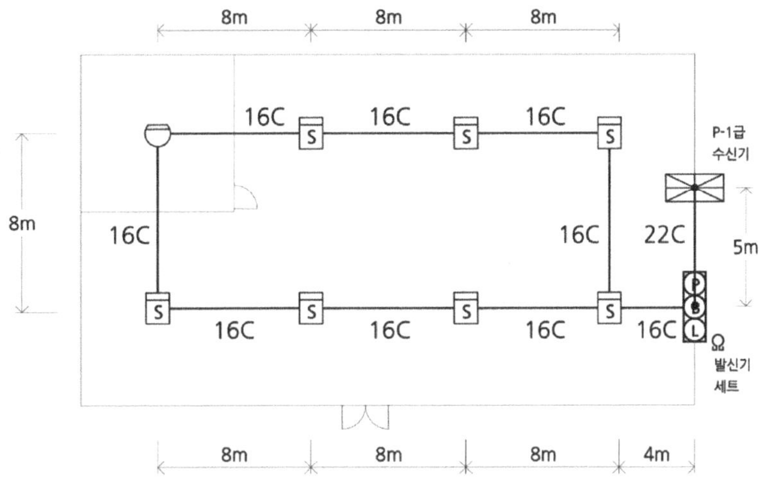

(조건)

- 층고는 4 m이고, 반자는 없다.
- 발신기세트와 수신기의 설치 높이는 바닥에서 1m 위에 설치되어 있다.
- 감지기~감지기 사이 및 감지기~발신기세트 사이의 전선은 1.5㎟를 사용한다.
- 발신기세트와 수신기 사이의 전선은 2.5㎟를 사용한다.
- 전화선은 연결하는 것으로 하고, 경종 직근에 단락보호장치를 설치한다.
- 소수점 첫째 자리에서 반올림한다.

배관 16C(mm)의 물량은 몇 m인가?
배관 16C(mm)에 입선되는 전선의 물량은 몇 m인가?
배관 22C(mm)의 물량은 몇 m인가?
배관 22C(mm)에 입선되는 전선의 물량은 몇 m인가?

풀이

1. 배관 16C(mm)의 물량 계산
   1) 8개 × 8 m/개 = 64 m
   2) 1개 × 4 m/개 = 4 m
   3) 4 m - 1 m = 3 m

∴ 64 m + 4 m + 3 m = 71 m → 할증 처리 : 71 m × 1.1 = 78.1 m → 78 m

2. 배관 16C(mm)에 입선되는 전선 물량 계산
   1) 8개 × 8 m/개 × 2 = 128 m
   2) 1개 × 4 m/개 × 4 = 16 m

	3) (4 m − 1 m) × 4 = 12 m ∴ 128 m + 16 m + 12 m = 156 m → 할증 처리 : 156 m × 1.1 = 171.6 m → 172 m 3. 배관 22C(mm)의 물량 계산 1) 1개 × 5 m/개 = 5 m 2) (4 m − 1 m) × 2 = 6 m ∴ 5 m + 6 m = 11 m → 할증 처리 : 11 m × 1.1 = 12.1 m → 12 m 4. 배관 22C(mm)에 입선되는 전선 물량 계산 1) 1개 × 5 m/개 × 7 = 35 m 2) (4 m − 1 m) × 2 × 7 = 42 m ∴ 35 m + 42 m = 77 m → 할증 처리 : 77 m × 1.1 = 84.7 m → 85 m

(3) 공량을 산출한다.

공량은 품의 양으로, 공량 산출은 각 재료에 소요되는 품을 더하여 노무비(인건비)를 계산하는 것으로 이해할 수 있다. 공량은 임의로 적용해서는 안되며 공신력 확보를 위해 정부에서 승인된 한국소방시설협회의 '2024년 소방공사 표준품셈'의 공량을 적용하여야 한다.

한국소방시설협회의 '2024년 소방공사 표준품셈'에는 다양한 품셈표가 수록되어 있다. 경보설비 설계에 필요한 품셈표를 기재하는 것만으로도 내용이 많아서 중요한 몇 가지 사항만을 정리하여 수록하도록 하겠다.

① 전선관 배관

전선관 배관 품셈은 HI-VE관(HI-PVC관), CD관을 적용하는 합성수지 전선관, 강제전선관을 적용하는 후강 전선관, 2종 금속제 가요전선관을 적용하는 금속가요 전선관으로 구성되어 있다. 관경도 14 mm에서 125 mm까지로 제시되어 있으나 설계에 사용되는 42 mm까지만 아래 표에 나타내었다.

<표 47> 전선관 배관 품셈(단위 : m)

합성수지 전선관		후강 전선관		금속가요 전선관	
규격	내선전공	규격	내선전공	규격	내선전공
14 mm 이하	0.04	−	−	−	−
16 mm 이하	0.05	16 mm 이하	0.08	16 mm 이하	0.044
22 mm 이하	0.06	22 mm 이하	0.11	22 mm 이하	0.059
28 mm 이하	0.08	28 mm 이하	0.14	28 mm 이하	0.072
36 mm 이하	0.10	36 mm 이하	0.20	36 mm 이하	0.087
42 mm 이하	0.13	42 mm 이하	0.25	42 mm 이하	0.104

[주]
① 콘크리트 매입 기준
② 블록벽체 및 철근콘크리트 노출은 120%, 목조건물은 110%, 철강조 노출은 125%, 조적 후 배관 및 건축방음재(150 mm이상)내 배관 시 130%
③ 천정속, 마루밑 공사 130%
④ 관의 절단, 나사내기, 구부리기, 나사조임, 관내청소, 관통시험 포함
⑤ 폴리에틸렌 전선관 및 합성수지제 가요전선관(CD관)은 합성수지 전선관 품의 80%. 다만, 지름이 100 mm 이상의 직관은 100%
⑥ [주] 항목이 더 있으나, 중요도 및 지면 관계상 생략함.

② 박스(BOX) 설치

박스는 전선관을 연결할 때 설치하는 것으로 배관을 매립하는 경우에도 사용하고 노출하는 경우에도 사용한다. 일반적으로 박스를 콘크리트박스와 아웃렛박스로 구분한다. 고정(연결)할 수 있는 구멍이 박스 밖에 있는 것이 콘크리트박스이고 이 고정(연결) 구멍이 박스 안에 설치되어 있는 것이 아웃렛박스가 된다.

박스의 각 수에 따라 8각 박스와 4각 박스로 분리하기도 한다. 8각 박스는 배관 인출 구멍이 한 방향에 한 개뿐이며, 4각 박스는 한 방향에 2개가 있다.따라서 한 방향에 2개의 배관이 형성되는 경우에는 4각 박스로 설계하는 것이 합리적이다.

감지기 배관은 보통 8각 박스로 설계하고 감지기 이외의 배관은 4각 박스의 모양을 갖고 있는 콘크리트박스, 아웃렉박스, 스위치박스(2구용)로 설계하고 있다.

<표 48> 박스(BOX) 설치 품셈 (단위 : 개)

종별	내선전공
Concrete Box	0.12
Outlet Box	0.20
Switch Box (2개용 이하)	0.20
Switch Box (3개용 이상)	0.25

[주]
① 콘크리트 매입 기준
② Box위치의 먹줄치기, 첨부커버 포함
③ Block 벽체 및 철근콘크리트 노출은 120%, 목조건물은 110%, 철강조 노출은 125%, 조적 후 배관 및 건축방음재(150 mm이상)내 배관 시 130%
④ 종별 항목과 [주] 항목이 더 있으나, 중요도 및 지면 관계상 생략함.

③ 풀박스(Pull Box) 설치

풀박스는 일반 박스(콘크리트박스, 아웃렛박스, 스위치박스)를 사용하기에는 전선 수가 많아 결선 공간이 부족한 경우에 설치한다. 경보설비에서는 수신반을 설치하기 위한 벽체 또는 찬장에 주로 설계된다.

<표 49> 풀박스(Pull Box) 설치 품셈 (단위 : 개, 적용직종 : 내선전공)

규격	천정면	벽면
100 mm × 100 mm × 100 mm 이하	0.04	0.17
250 mm × 250 mm × 250 mm 이하	0.22	0.55

[주]
① 콘크리트 매입 기준
② 규격 항목과 [주] 항목이 더 있으나, 중요도 및 지면 관계상 생략함.

④ 옥내배선

이 품셈은 옥내 전선관에 전선을 입선하는 경우의 공량을 산출하기 위한 것으로 전선 단면적을 기준으로 제시되어 있다. 따라서 품셈의 규격에서 제시되는 ㎟은 전선 단면적을 나타내고 있음에 유의해야 한다.

보통 감지기는 450/750V HFIX 1.5 ㎟으로, 그 외의 것은 450/750 HFIX 2.5 ㎟으로 설계하고 있다. sq → Square → 제곱을 의미하는 것으로 2.5sq는 전선단면적 2.5 ㎟으로 이해하면 되겠다.

<표 50> 옥내배선 품셈 (단위 : m)

규격	내선전공
6 ㎟ 이하	0.010
16 ㎟ 이하	0.023

[주]
① 전선관 내 배선 기준, 직선 및 분기접속 포함
② 전선관 내 배선 품에는 도입선 넣기 품 포함
③ 규격 항목과 [주] 항목이 더 있으나, 중요도 및 지면 관계상 생략함.

⑤ 감지기

감지기 품셈은 스포트형 감지기 품셈, 공기관식 감지기 품셈, 불꽃 감지기 품셈, 이렇게 3가지로 구성되어 있다. 공기관식 감지기는 자주 설계되지 않는 관계로 생략하고, 스포트형 감지기 품셈과 불꽃 감지기 품셈만을 다음 표에 나타내었다.

<표 51> Spot형 감지기 품셈

공종	단위	내선전공	비고
Spot형 감지기※1 [(차동식·정온식·보상식) 노출형]	개	0.13	(1) 천장높이 4 m 기준. 1 m 증가시마다 5% 가산 (2) 매입형 또는 특수구조인 경우 조건에 따라서 산정

[주]
① 아파트의 경우는 노출 SPOT형 감지기(차동식, 정온식, 보상식) 설치품은 개당 내선전공 0.1인 적용
② 방폭형 200%
③ 취부상 목대를 필요한 경우 목대 매 개당 내선전공 0.02인 가산
④ 철거 30%, 재사용 철거 50%

※1 : 광전식스포트형 감지기는 품셈표에는 규정이 없으나, 스포트형 감지기의 일종이므로 스프트형 감지기의 품셈인 0.13인/개를 일반적으로 적용하고 있다.

<표 52> 불꽃감지기 품셈

공종	단위	내선전공	비고
불꽃감지기	대	0.24	동작시험(Test) 품 포함

[주]
① 노출설치 기준
② 본 품은 소운반, 조립·설치·결선, 지지금구류 설치, 각도조정 및 작업정리를 포함한다.
③ 설치높이 4 m 기준. 1 m 증가시마다 5% 가산
④ 철거 30%, 재사용 철거 50%

⑥ 발신기

발신기 품셈에는 발신기(P-1급, P-2급, P-3급), 경종, 표시등의 품이 제시되어 있어 발신기세트의 일위대가표를 작성할 때 이를 활용하면 된다. 여기서 경종은 지구경종을 의미하는 것이나, 수신기에 주경종을 설치하고 품을 적용하고자 한다면 이를 차용하여도 된다.

<표 53> 발신기 품셈

공종	단위	내선전공	비고
발신기 P-1	개	0.30	1급(방수형)
〃 P-2	〃	0.30	2급(보동형)
〃 P-3	〃	0.20	3급(푸시버튼만으로 응답확인 없는 것)
경종(전령)	개	0.15	
표시등(유도등)	개	0.20	

[주] ① 철거 30%, 재사용 철거 50%

⑦ 수신기 및 중계기

수신기 및 중계기 품셈에는 P형 수신기 품셈, R형 수신기 및 중계기 품셈, 부수신기 품셈이 있다. P형 시스템으로 설계를 한 경우에는 P형 수신기 품셈의 P-1급 수신기를 적용하면 된다. 또한 R형 시스템으로 설계를 한 경우에는 R형 수신기 및 중계기 품셈과 부수신기 품셈을 참조하면 되겠다.

<표 54> P형 수신기 품셈

<table>
<tr><th>공종</th><th>단위</th><th>내선전공</th><th>비고</th></tr>
<tr><td>수신기
P-1(기본공수)
(회선수 공수 산출 가산요)</td><td>대</td><td>6.0</td><td>[회선수에 대한 선정]
매 1회선에 대해서
<table>
<tr><th>형식 \ 직종</th><th>내선전공</th></tr>
<tr><td>P-1</td><td>0.3</td></tr>
<tr><td>P-2</td><td>0.2</td></tr>
</table>
※ 참고 : 산정 예 : [P-1의 10회분 기본공수는 6인, 회선당 할증수는 (10×0.3)=3] ∴ 6+3=9인</td></tr>
<tr><td>수신기
P-2(기본공수)
(회선수 공수 산출 가산요)</td><td>대</td><td>4.0</td><td></td></tr>
<tr><td colspan="4">[주]
① 시험품은 회로당 내선전공 0.025인 적용
② 철거 30%, 재사용 철거 50%</td></tr>
</table>

<표 55> R형 수신기 및 중계기 품셈

<table>
<tr><th>공종</th><th>단위</th><th>내선전공</th><th>비고</th></tr>
<tr><td>R형 수신반
(기본공수)
(회선수 공수 산출 가산요)</td><td>대</td><td>6.0</td><td>[회선수에 대한 선정]
매 1회선에 대해서
<table>
<tr><th>형식 \ 직종</th><th>내선전공</th></tr>
<tr><td>R형</td><td>0.2</td></tr>
</table>
※ R형은 수신반 인입감시 회선수 기준
참고 : 산정예 : [P-1[※1]의 10회분 기본공수는 6인, 회선당 할증수는 (10×0.3)=3] ∴ 6+3=9인</td></tr>
<tr><td>R형 중계기</td><td>개</td><td>0.30</td><td></td></tr>
</table>

[주]
① 시험품은 회로당 내선전공 0.025인 적용
② 철거 30%, 재사용 철거 50%

※1 : P-1급으로 기재되어 있어 R형에 맞게 수정이 필요해 보임.

<표 56> 부수신기 품셈

공종	단위	내선전공	비고
부수신기(기본공수)	대	3.0	

[주] ① 철거 30%, 재사용 철거 50%

⑧ 시각경보장치[62]

시각경보장치는 광원이 점멸하는 시각경보기와 시각경보기의 동작 전류를 보내주는 시각경보기 전원반으로 구성된다. 따라서 시각경보장치의 품은 시각경보기의 품과 시각경보기 전원반(비상전원반)의 품을 합하여 구해야 한다.

시각경보장치의 품을 산출할 때 참고할 수 있는 표를 다음에 나타내었다.

<표 57> 시각경보기 품셈

공종	단위	내선전공	비고
시각경보장치	대	0.116	동조작업 포함

[주]
① 노출설치 기준
② 본 품은 소운반, 조립·설치·결선 및 작업정리를 포함한다.
③ 철거 30%, 재사용 철거 50%

<표 58> 비상전원반 품셈

공종	단위	내선전공	비고
비상전원반	대	1.68	

[주]
① 시험품은 회로당 내선전공 0.025인 적용
② 취부상 목대를 필요로 할 경우 목대 매 개당 내선전공 0.02인 가산
③ 방폭형 200%
④ 철거 30%, 재사용 철거 50%

62) 법적으로 규정된 용어는 아니나 시각경보기와 구별하기 위해 사용하였다.

[예제 40]	자동화재탐지설비를 P형 시스템으로 설계하였다. P형 1급 수신기에 실제로 필요한 회로수는 21회로이다. 그러나 증축을 고려하여 25회로로 최종 선정하였다. P형 1급 수신기 설치를 위한 내선전공 인수를 계산하시오. 단, 계산 결과는 소수점 이하에서 올림 처리한다.
풀이	1. 수신기의 실제 결선하는 품을 계산하는 것이므로 여유 회로수가 아닌 실제 회로수로 인건비를 산출하는 것이 합리적이다. 2. 6인 + (21회로 × 0.3인/회로) = 6인 + 6.3인 = 12.3인 → 정답 : 13인

[예제 41]	자동화재탐지설비와 연동하는 시각경보장치를 설계하였다. 시각경보기 20개와 시각경보기 전원반 1대 설치를 위한 내선전공 인수를 조건을 참조하여 계산하시오. • 배관, 배선 등 주어지지 아니한 사항은 무시한다. • 품셈 적용에 있어 일반적이지 아니한 주기사항 등은 고려하지 않는다. • 계산 결과는 소수점 이하에서 올림 처리한다.
풀이	1. 시각경보기 설치 품 : 20개 × 0.116인/개 = 2.32인 2. 시각경보기 전원반 품 : 1대 × 1.68인/대 = 1.68인 시각경보기 전원반 품이 없어서 가장 유사한 비상전원반 품을 적용하였다. 3. 2.32인 + 1.68인 = 4인

[예제 42]	발신기세트를 층당 2개씩 총 10개층에 설계하였다. P형 1급 발신기세트 설치를 위한 내선전공 인수를 조건을 참조하여 계산하시오. (조건) • 발신기세트 품은 발신기, 경종, 표시등만 고려하며 배관, 배선 등 주어지지 아니한 사항은 무시한다. • 품셈 적용에 있어 일반적이지 아니한 주기사항 등은 고려하지 않는다. • 계산 결과는 소수점 이하에서 올림 처리한다.
풀이	1. 1개의 발신기세트 품 : 발신기 품 + 지구경종 품 + 위치표시등 품 = (0.30인 + 0.15인 + 0.20인)/개 = 0.65인/개 2. 20개의 발신기세트 품 : 0.65인/개 × 20개 = 13인

[예제 43] 다음 표와 같이 자동화재탐지설비와 시각경보장치의 수량이 산출되었다. 조건을 참조하여 각 물음에 답하시오.

품명	규격	단위	수량	내선전공 공량	내선전공 공량계(인)
경질비닐전선관	HI-PVC 16 mm	m	200	①	㉮
경질비닐전선관	HI-PVC 22 mm	m	20	②	㉯
450/750V HFIX전선	1.5 ㎟	m	300	③	㉰
450/750V HFIX전선	2.5 ㎟	m	500	④	㉱
아우트렛박스	8각, 54 mm	개	10	⑤	㉲
화재수신반	P형 1급 10회로	대	1	⑥	㉳
차동식 스포트형	2종	개	8	⑦	㉴
광전식 스포트형	2종	개	2	⑧	㉵
시각경보기	15CD	개	7	⑨	㉶
시각경보기 전원반	20개 수용	대	1	⑩	㉷
발신기세트	단독형, 매립형	조	2	⑪	㉸

(조건)

- 발신기세트 품은 발신기, 경종, 표시등만 고려한다.
- 배관, 배선 등 주어지지 않거나 언급되지 않은 사항은 무시한다.
- 품셈 적용에 있어 일반적이지 아니한 주기사항, 비고 등은 고려하지 않는다.

1. 1 m(개, 면, 조)에 해당하는 내선전공 공량을 표준품셈에서 찾아 ① ~ ⑪를 구하시오. 단, 단위를 반드시 기입하시오.
2. ㉮ ~ ㉸의 내선전공 공량계(인)을 구하시오.
3. 자동화재탐지설비와 시각경보장치를 설치하기 위한 내선전공의 총 인수를 구하시오. 단, 계산 결과는 소수점 이하에서 올림 처리한다.

풀이

1. 1 m(개, 면, 조)에 해당하는 내선전공의 공량
   ① 0.05인/m, ② 0.06인/m, ③ 0.01인/m, ④ 0.01인/m, ⑤ 0.20인/개
   ⑥ 9인/대 (기본공수 + 추가 공수 = 6인 + (10회로 × 0.3인/회로))
   ⑦ 0.13인/개, ⑧ 0.13인/개, ⑨ 0.116인/개, ⑩ 1.68인/대
   ⑪ 0.65인/조 ((0.30인, P-1급 발신기) + (0.15인, 지구경종) + (0.20인, 위치표시등))/개 = 0.65인/개
2. ㉮ ~ ㉸의 내선전공 공량계(인)
   ㉮ 200 m × 0.05인/m = 10인, ㉯ 20 m × 0.06인/m = 1.2인
   ㉰ 300 m × 0.01인/m = 3인, ㉱ 500 m × 0.01인/m = 5인
   ㉲ 10개 × 0.20인/개 = 2인, ㉳ 1대 × 9인/대 = 9인
   ㉴ 8개 × 0.13인/개 = 1.04인, ㉵ 2개 × 0.13인/개 = 0.26인
   ㉶ 7개 × 0.116인/개 = 0.812인, ㉷ 1대 × 1.68인/대 = 1.68인

	㉪ 2조 × 0.65인/조 = 1.3인 3. 내선전공 총 인수 10인 + 1.2인 + 3인 + 5인 + 2인 + 9인 + 1.04인 + 0.26인 + 0.812인 + 1.68인 + 1.3인 = 35.292인 → 36인

(4) 인건비 단가를 조사한다.

설계업체에서는 인건비 단가를 여러 군데에서 찾아볼 수 있으나 보통은 대한건설협회의 발표 자료를 사용하고 있다. 대한건설협회의 자료는 '건설업 임금실태 조사 보고서(시중노임단가)'로 상반기, 하반기 각각 1번씩 발표되고 있다.

현재가 2024년 7월이므로 '2024년 상반기 적용 건설업 임금실태 조사 보고서(시중노임단가)'를 인용해서 인건비 단가에 적용하면 되겠다.

① 시중노임 적용 근거[63)]

「국가를 당사자로 하는 계약에 관한 법률 시행규칙」 제7조 및 「지방자치단체를 당사자로 하는 계약에 관한 법률 시행규칙」 제7조에는 '원가계산을 할 때 단위당 가격은 「통계법」 제15조의 규정에 의한 지정기관이 조사하여 공표한 가격을 말한다'라고 규정하고 있다.

대한건설협회는 통계법에 의해 승인된 기관(승인번호 제365004호)으로 제공된 자료를 인건비 단가에 적용하여도 무리가 없어 보인다.

② 임금 적용 시점[64)]

대한건설협회의 노임 단가는 상반기에는 1월, 하반기에는 9월에 보통 공포되고 있다. 따라서 설계되는 시점에 따라 상반기에 해당하면 상반기 노임단가를, 하반기에 해당하면 하반기 노임단가를 적용하면 되겠다.

참고로 2024년의 상반기 노임단가는 1월 1일에 공포되었고, 하반기 노임단가는 9월 1일에 공포될 예정이다.

③ 개별 직종 노임 단가 및 직종 해설

소방전기설계에서 가장 많이 나오는 직종은 내선전공이며, 그 다음은 저압케이블전공과 특별인부를 예상할 수 있다. 대한건설협회의 여러 직종 중에 필요한 3가지 직종만 정리하여 다음 표에 나타내었다.

63) 출처 : 「2024년 상반기 적용 건설업 임금실태 조사 보고서」 Ⅱ-1, 2024.01.
64) 출처 : 「2024년 상반기 적용 건설업 임금실태 조사 보고서」 Ⅱ-3, 2024.01.

<표 59> 주요 노임단가 및 직종 해설

번호	직종명	노임단가※1	직종 해설
1003	특별인부※2	214,222원	보통인부보다 다소 높은 기능정도를 요하며, 특수한 작업조건하에서 작업하는 사람
1075	내선전공	270,251원	옥내전선관, 배선 및 등기구류 설비의 시공 및 보수에 종사하는 사람
1078	저압케이블전공※3	295,784원	저압케이블 및 제어용 케이블 설비의 시공 및 보수에 종사하는 사람(교류 600 V이하, 직류 750 V이하)

※1 : 공표일 : 2024.01.01.
※2 : 벽을 관통하여 구멍을 뚫는 경우에 품을 적용할 수 있음.
※3 : 케이블(TFR전선, NFR전선, F-CVV-SB전선 등)을 사용하는 경우의 품을 적용할 수 있음.

(5) 재료비 단가를 조사한다.

재료비 단가는 발주처에 따라 다소 다를 수 있으나 품명별로 보통 2 ~ 3개 업체의 단가를 조사하여 그중 최저단가의 적용을 요구한다. 물론 발주처의 업무지시서나 발주처와 계약한 설계계약서의 내용을 우선으로 하여 재료비 단가를 조사하여야 한다. 실무에서는 3개 업체를 조사하는 것이 힘들어 보통은 2개 업체를 조사하는 것으로 통상 진행하고 있다.

조사된 업체별 재료비 단가를 '단가 비교표'에 정리한다. 이후 '세부 내역서'와 함께 발주처에 제출하면 된다. 다음 표는 '단가 비교표'중 몇 가지 품명만 간단히 나타낸 예이다. 참고가 되었으면 한다.

<표 60> 단가 비교표

품명	규격	단위	물가자료		물가정보		최저 단가
			페이지	단가	페이지	단가	
450/750 V HFIX전선	1.5sq	m	1,098	285	1,197	386	285
450/750 V HFIX전선	2.5sq	m	1,098	418	1,197	629	418
아우트렛박스	8각 54 mm	개	1,127	790	1,239	704	704
SWITCH BOX-1	54 mm	개	1,127	790	1,239	704	704
SWITCH BOX-2	54 mm	개	1,127	650	1,239	657	650
감지기	광전식 2종	개	988	30,000	1,437	18,000	18,000
감지기	차동식 2종	개	988	5,000	1,433	5,000	5,000
위치표시등	DC 24 V	개	989	2,000	1,429	2,000	2,000
지구경종	DC 24 V	개	989	7,000	1,429	7,500	7,000
발신기	P형 1급	개	989	4,500	1,429	5,000	4,500
시각경보기	15cd	개	989	40,000	1,419	60,000	40,000

재료비 단가는 물가자료, 물가정보, 거래가격, 유통물가 등의 가격정보지에서 찾아보고 단가 비교표에 적용하고 있다. 가격정보지는 공식적으로 허가, 등록된 가격조사업체에서 발행된 것이어야 공신력을 확보할 수 있다. 따라서 기획재정부에 등록되거나 허가된 전문가격 조사기관인지를 확인하고, 이 업체에서 발행된 가격정보지를 우선으로 하여 단가를 적용해야 한다. 가격정보지는 매월 발간되므로 설계에 해당하는 월이나 그전 월 단가를 적용하면 되겠다.

설계를 하다 보면 최신 제품을 사용해야 하는 경우가 있다. 이런 경우에는 가격정보지에 수록이 되지 않는다. 가격정보지에 단가가 없는 경우에는 불가피하게 시공업체의 견적서를 받아 재료비 단가를 적용하여야 한다.

다음은 여러 가격정보지 중에서 물가자료[65]와 물가정보[66]의 겉표지만 나타낸 그림이다. 참고가 되었으면 좋겠다.

<그림 79> 가격정보지

(6) 일위대가를 작성한다.

소방전기설계에서는 보통 발신기세트에 일위대가를 작성한다. 물론 일위대가를 작성하지 않고 세부내역서에 발신기세트의 각 품명을 그대로 다 넣어도 된다. 세부내역서에 기재되어야 할 품명은 발신기함, 지구경종, 위치표시등, 발신기, 단자대로 세부내역서가 불필요하게 길어지게 된다.

---

65) 출처 :「월간 물가자료 7월호」상권, 2024.06.30.
66) 출처 :「종합 물가정보 7월호」Ⅰ권, 2024.07.01.

세부내역서에 포함되지 않는 경우에는 발신기세트를 '1개소'로 하여 일위대가표를 작성한다. 일위대가표에는 발신기함, 지구경종, 위치표시등, 발신기, 단자대, 노무비(내선전공)를 포함하여 계산하고, 그 결괏값 만을 세부내역서에 기재하면 된다.

따라서 세부내역서의 단위가 '개소'인 일위대가로 처리한 경우에는 그 근거 서류인 일위대가표를 반드시 첨부하여 세부내역서와 함께 제출되어야 한다.

여러 종류의 발신기세트 중에 단독형, 매립형인 경우의 일위대가표를 간단하게 표로 나타내었다. 단가는 별 의미가 없으나 품명 구성을 눈여겨보길 권한다.

<표 61> 발신기세트(단독형, 매립형) 일위대가표

품명	규격	단위	수량	재료비		노무비	
				단가	금액	단가	금액
[일위 01호표] 발신기세트 (단독형, 매립형)							
발신기함※1	SUS 커버	개	1	25,000	25,000		
경종	DC 24 V 90 dB	개	1	7,000	7,000		
표시등	DC 24 V	개	1	2,000	2,000		
발신기	P형 1급	개	1	4,500	4,500		
단자대	20A 10P	개	1	1,900	1,900		
노무비	내선전공	인	1.31			270,250	354,027
합계					51,021		354,027

※1 : 발신기함이 단독형(옥내소화전함과 겸용되지 않는 경우), 노출형(매립공사가 불가능한 경우)일 때는 발신기함 규격을 A11 SUS로 적용하여야 하며, 옥내소화전함과 겸용되는 경우에는 발신기함이 소방기계 내역에 포함되므로 일위대가 품명에서 삭제되어야 한다.

(7) 세부내역서를 작성한다.

① 세부내역서 구성 및 작성 방법

세부내역서 양식은 품명, 규격에 따라 단위와 수량을 기입하고 해당하는 단가를 집어넣어 재료비, 노무비, 경비의 금액을 작성하게끔 구성되어 있다.

지면의 한계로 인해 중요하지 않은 경비(단가, 금액), 합계, 비고를 삭제하여 아래 표에 세부내역서 작성 예를 나타내었다. 각 항목별로 작성 방법을 추가하였으니 도움이 되었으면 한다.

<표 62> 세부내역서 작성 방법

품명	규격	단위	수량	재료비		노무비	
				단가	금액	단가	금액
[작성 예]							
경질비닐전선관	HI-PVC 16 mm	m	①	④	⑨		
450/750 V HFIX전선	1.5 ㎟	m	①	④	⑨		
아우트렛박스	8각, 54 mm	개	②	④	⑨		
화재수신반	P형 1급 10회로	대	②	④	⑨		
차동식 스포트형	2종	개	②	④	⑨		
광전식 스포트형	2종	개	②	④	⑨		
발신기세트	단독형, 매립형	조	②	⑤	⑨	⑤	⑪
. .							
. .							
전선관부속재료비	전선관의 15%	식	1	⑥	⑨		
잡재료손료	전선관전선의 2%	식	1	⑦	⑨		
노무비	내선전공	인	③			⑩	⑪
노무비	저압케이브전공	인	③			⑩	⑪
공구손료	노무비의 3%	식	1	⑧	⑨		
. .							
. .							
합계					⑫		⑬

[작성 방법]
① : '수량 산출서' 합계(실수량)의 재료할증(110%) 후 수량을 기입한다.
② : '수량 산출서' 합계(실수량)의 수량을 기입한다.
③ : '공량 산출서'의 최종 인수를 기입한다.
④ : '단가 비교표'의 최저단가를 기입한다.
⑤ : '일위대가표'에서 최종 산출된 합계 재료비와 합계 노무비를 각각 기입한다.
⑥, ⑦, ⑧ : 지면 제한으로 다음에서 설명하고자 한다.
⑨(재료비 금액)은 수량 × 재료비 단가로 구한다.
⑩ : 대한건설협회의 '건설업 임금실태 조사 보고서(시중노임단가)'를 적용한다.
⑪(노무비 금액)은 수량 × 노무비 단가로 구한다.
⑫(재료비 합계)는 재료비 금액(⑨)를 다 더해서 구한다.
⑬(노무비 합계)는 노무비 금액(⑪)를 다 더해서 구한다.

② 전선관 부속 재료비

전선관과 전선관을 연결하는 경우에는 커플링이 필요하고, 전선관과 박스를 연결하는 경우에는 커넥터와 로크너트가 필요하다. 그러나 세부 내역서에는 이러한 전선관 부속품을 일일이 다 기재하기에는 너무 많아서 '전선관 부속 재료비'로 일괄 적용한다.

'전선관 부속 재료비'의 근거는 한국소방시설협회의 '표준품셈'에서 찾아볼 수 있다. 최근 표준품셈에서 관련 내용을 찾아 간단히 다음 표에 나타내었다.

<표 63> 전선관 부속품률

<table>
<tr><th>구분</th><th>내용</th></tr>
<tr><td>1</td><td>전선관의 상호접속, 굴곡, 가공 및 전선관과 박스의 접속에는 많은 부속품을 필요로 하므로 부속품 가격은 전선관 가격에 다음 표의 부속품률을 곱하여 얻어진 가격을 1식으로 계상하다.</td></tr>
<tr><td>2</td><td>단, 부속품률은 건물의 크기, 용도(아파트, 복합건물, 공장, 사무실 등)에 따라 이 비율 범위 내에서 적절하게 적용하다.
<table>
<tr><th>품명</th><th>부속품률</th></tr>
<tr><td>후강전선관, 합성수지전선관(PVC)</td><td>15 ~ 20%</td></tr>
<tr><td>CD 전선관(주름관)</td><td>40%</td></tr>
<tr><td colspan="2">[주]
① 은폐 및 콘크리트 매입배관 기준
② 전선관 부속품에는 커플링, 부싱, 커넥터, 로크너트를 포함
③ 노멀밴드, 금속가요전선관 커넥터, 나사없는 전선관용 이음쇠는 실소요량을 별도 계상
④ 특수한 장소에서 공사하는 경우에는 실소요량을 별도 계상</td></tr>
</table>
</td></tr>
</table>

가장 많이 설계하는 Hi-PVC관의 전선관 부속품률은 15 ~ 20%로, 15%에서 20% 이내의 범위에 한해 세부 내역서에 적용할 수 있다. 15%에서 20% 이내의 어떠한 부속품률을 적용하여도 무방하며 이는 설계자의 재량에 해당한다고 볼 수 있다. 보통은 가장 낮은 15%를 적용하고 있으니 참고하기 바란다.

③ 공구손료와 잡재료 손료[67)]

세부 내역서에 포함되어야 할 내용에는 공구손료와 잡재료 손료가 있다. 공구손료는 펜치, 드라이버 등의 손실액을 말하며, 잡재료 손료는 사용되는 피스/너트류 등과 소모성 재료인 전기테이프 등의 손실액을 말한다.

공구손료와 잡재료 손료 역시 한국소방시설협회의 표준품셈에서 그 근거를 찾아볼 수 있다. 관련 근거를 찾아 주요 내용만을 다음 표에 정리하였다.

67) 잡재료 손료는 잡재료와 소모재료를 포함한 손료이다.

<표 64> 공구손료와 잡재료 손료

구분	내용
1	공구손료 : 공구손료는 일반공구 및 시험용 계측기구류의 손료로서 공사중 상시 일반적으로 사용하는 것을 말하며 인력품(노임할증과 작업시간 증가에 의하지 않은 품할증 제외)의 3%까지 계상하며 특수공구(철골공사, 석공사 등) 및 검사용 특수계측기류의 손료는 별도 계상한다. [일반공구 및 일반시험용 계측기구] 스패너류, 렌치류, 턴버클, 샤클, 스프레이건, 바이스, 클립 또는 클램프류, 용접봉건조통, 게이지류, V블록, 마이크로미터, 버니어캘리퍼스 및 이와 유사한 것으로 공사중 상시 일반적으로 사용하는 것으로서 별도의 동력을 필요로 하지 않는 것.
2	잡재료 및 소모재료 : 잡재료 및 소모재료는 설계내역에 표시하여 계상하되 주재료비와 직접재료비(전선, 케이블 및 배관자재비)의 2~5%까지 계상한다.
3	잡재료(전기) : 재료비의 산출에는 필요한 재료를 가능한 한 품목별로 계상하는 것을 원칙으로 하고 있으나 소량이나 소금액의 재료는 명세서 작성이 곤란하므로 잡재료로 일괄 계상한다. 잡재료에는 Bolt류(지름 10 mm, 길이 10 cm 이하), Nut류(지름 10 mm 이하), Plug류, 소나사(지름 10 mm, 길이 5 cm 이하), 목나사, 단자류(8 ㎟ 이하), 못, Sleeve, Staple, Saddle, 보수재료 등이 포함된다.
4	소모재료(전기) : 작업중에 소모하여 없어지거나 작업이 끝난 후에 모양이나 형태가 변하여 남아 있는 재료로 땜납, Paste, 테이프류, Gasoline, Oil, 절연니스, 방청도료, 용접봉, 왁스, 아세틸렌가스, 산소가스 등이 포함된다.

표준품셈에 따라 공구손료는 노무비의 0 ~ 3% 범위에서 세부 내역서에 삽입이 가능하나 소방전기 설계에서는 최대치인 노무비의 3%를 보통 적용하고 있다.

잡재료 손료(잡재료비, 소모잡자재)는 주재료비의 2 ~ 5% 범위 내에서 설계자가 임의대로 적용이 가능하나, 소방전기 설계에서는 최소치인 전선관/전선의 2%를 주로 적용하고 있는 실정이다.

[예제 44] 다음 표와 같이 자동화재탐지설비 수량 및 단가가 산출되었다. 각 물음에 답하시오.

(금액 : 원)

품명	규격	단위	수량	재료비		노무비	
				단가	금액	단가	금액
경질비닐전선관	HI-PVC 16 mm	m	200	300	①		
경질비닐전선관	HI-PVC 22 mm	m	20	400	②		
450/750V HFIX전선	1.5 ㎟	m	500	200	③		
내열케이블(FR-3)	6C, 2.5 ㎟	m	1,000	50	④		
전선관부속재료비	전선관의 15%	식	1		⑤		
잡재료손료	전선관전선의 2%	식	1		⑥		
노무비	내선전공	인	10			280,000	⑦
노무비	저압케이블전공	인	5			300,000	⑧
공구손료	노무비의 3%	식	1		⑨		
합계					⑩		⑪

1. ① ~ ④의 재료비 금액을 구하시오.
2. ⑤에 해당하는 전선관부속재료비(배관부속재)의 금액을 구하시오.
3. ⑥에 해당하는 잡재료손료(잡재료비, 소모잡자재)의 금액을 구하시오.
4. ⑦ ~ ⑧의 노무비 금액을 구하시오.
5. ⑨에 해당하는 공구손료의 금액을 구하시오.
6. ⑩ ~ ⑪의 재료비 합계와 노무비 합계를 구하시오.

풀이

1. ① ~ ④의 재료비 금액
   ① 200 m × 300원/m = 60,000원　② 20 m × 400원/m = 8,000원
   ③ 500 m × 200원/m = 100,000원　④ 1,000 m × 50원/m = 50,000원
2. ⑤에 해당하는 전선관부속재료비(배관부속재)의 금액
   ① 전선관 금액 : ① + ② = 60,000원 + 8,000원 = 68,000원
   ② 전선관의 15% : 68,000원 × 0.15 = 10,200원
3. ⑥에 해당하는 잡재료손료(잡재료비, 소모잡자재)의 금액
   ① 전선관, 전선 금액 : ① + ② + ③ + ④ = 60,000원 + 8,000원 + 100,000원 + 50,000원 = 218,000원
   ② 전선관, 전선의 2% : 218,000원 × 0.02 = 4,360원
4. ⑦ ~ ⑧의 노무비 금액
   ① ⑦ : 10인 × 280,000원/인 = 2,800,000원
   ② ⑧ : 5인 × 300,000원/인 = 1,500,000원
5. ⑨에 해당하는 공구손료의 금액
   ① 노무비 금액 : ⑦ + ⑧ = 2,800,000원 + 1,500,000원 = 4,300,000원
   ② 노무비의 3% : 4,300,000원 × 0.03 = 129,000원

6. ⑩ ~ ⑪의 재료비 합계와 노무비 합계

① ⑩ 재료비 합계 : ① + ② + ③ + ④ + ⑤ + ⑥ + ⑨ = 60,000원 + 8,000원 + 100,000원 + 50,000원 + 10,200원 + 4,360원 + 129,000원 = 361,560원

② ⑪ 노무비 합계 : ⑦ + ⑧ = 2,800,000원 + 1,500,000원 = 4,300,000원

3.2 공사원가계산서 작성

[필요 지식]

3.2.1 공사원가

공사원가는 공사에 직접적으로 소요되는 재료비, 노무비, 경비의 순 공사비에 추가적으로 발생하는 일반관리비, 이윤, 부가가치세를 합산하여 구한 금액이다.

이 공사원가가 소방공사 입찰을 위한 기초금액이 되며 발주처는 이 기초금액의 ±2% 금액 범위 내에서 15개의 복수 예비가격을 작성하게 된다. 입찰과정에서 가장 많이 선택된 4개의 복수 예비가격을 산술 평균하여 나온 금액으로 최종 낙찰자가 선정되게 된다. 따라서 공사원가 계산은 발주자의 입찰을 위한 기초금액을 산출하는 것이라고 쉽게 설명할 수 있겠다.

설계 실무에서는 순공사비에 해당하는 재료비, 노무비, 경비가 기재되는 서식을 내역서와 구별하기 위해 내역서 을지, 세부 내역서라고 한다. 그리고 공사원가계산서는 내역서 을지와 구별할 수 있도록 내역서 갑지로 칭하고 있다. 그러므로 내역서라고 하면 세부 내역서와 공사원가계산서를 함께 지칭하는 것으로 이해하면 되겠다.

3.2.2 공사원가 관련 근거

1) (계약예규) 예정가격작성기준[68)]

예정가격작성기준은 총칙, 원가계산에 의한 예정가격 작성, 표준시장단가에 의한 예정가격작성, 복수예비가격에 의한 예정가격의 결정 등으로 크게 구분되어 있다. 소방설계에서는 원가계산서를 작성하므로 이 중에서 '총칙'과 '원가계산에 의한 예정가격 작성'이 주된 내용이 된다.

총칙의 여러 내용 중에서 주요한 내용만을 추려 내어 간단히 아래에 정리하였다.

1) 목적[69)]

이 예규는「국가를 당사자로 하는 계약에 관한 법률 시행령」및「국가를 당사자로 하는 계약에 관한 법률 시행규칙」에 의한 원가계산에 의한 예정가격 작성, 표준시상난가에 의한 예정가격 작성 및 전문가격조사기관의 등록 등에 있어 적용하여야 할 기준을 정함을 목적으로 한다.

---

68)「(계약예규) 예정가격작성기준」(시행 2023.6.30.)
69)「(계약예규) 예정가격작성기준」제1조 (시행 2023.6.30.)

2) 계약담당공무원의 주의사항[70]

(1) 계약담당공무원은 예정가격 작성등과 관련하여 이 예규에 정한 사항에 따라 업무를 처리한다.

(2) 계약담당공무원은 이 예규에 따라 예정가격 작성시에 표준품셈에 정해진 물량, 관련 법령에 따른 기준가격 및 비용 등을 부당하게 감액하거나 과잉 계상되지 않도록 하여야 하며, 불가피한 사유로 가격을 조정한 경우에는 조정사유를 예정가격조서에 명시하여야 한다.

3) 원가계산의 비목[71]

원가는 재료비, 노무비, 경비, 일반관리비 및 이윤으로 구분하여 작성한다.

4) 비목별 가격결정의 원칙[72]

(1) 재료비, 노무비, 경비는 각각 아래에서 정한 산식에 따른다.

○ 재료비 = 재료량 × 단위당가격

○ 노무비 = 노무량 × 단위당가격

○ 경 비 = 소요(소비)량 × 단위당 가격

(2) 재료비, 노무비, 경비의 각 세비목별 단위당가격은 시행규칙 제7조에 따라 계산한다.

(3) 계약담당공무원은 재료비, 노무비, 경비의 각 세비목 및 그 물량(재료량, 노무량, 소요량) 산출은 계약목적물에 대한 규격서, 설계서 등에 의하거나 원가계산자료를 근거로 하여 산정하여야 하며, 일정률로 계상하는 일반관리비, 간접노무비 등에 대해서는 사전 공고한 공사원가 제비율을 준수하여야 한다.

5) 원가계산에 의한 예정가격 작성시 주의사항[73]

(1) 계약담당공무원은 표준품셈을 이용하여 원가계산을 하는 경우에는 가장 최근의 표준품셈을 이용하여야 한다.

(2) 계약담당공무원은 원가계산의 단위당 가격을 산정함에 있어 소요물량·거래조건 등 제반 사정을 고려하여 객관적으로 단가를 산정하여야 한다.

---

70) 「(계약예규) 예정가격작성기준」 제2조 (시행 2023.6.30.)
71) 「(계약예규) 예정가격작성기준」 제4조 (시행 2023.6.30.)
72) 「(계약예규) 예정가격작성기준」 제5조 (시행 2023.6.30.)
73) 「(계약예규) 예정가격작성기준」 제6조 (시행 2023.6.30.)

2) 원가계산 간접공사비(제비율) 적용기준

공사원가계산서를 작성하려면 간접노무비, 일반관리비, 이윤 등의 적용 비율을 정해야 한다. 이런 비율을 일일이 찾아보고 적용하기에는 무리가 있으므로 보통은 조달청의 발표자료를 참조하고 있다.

조달청의 발표자료에는 '원가계산 간접공사비(제비율) 적용기준'이 있는데 이는 건축·산업환경설비공사, 토목·조경·산업환경설비공사, 문화재수리로 구분되어 있다. 소방설계에서는 이 중 '건축·산업환경설비공사 원가계산 간접공사비(제비율) 적용기준'을 인용하여 공사원가계산서를 작성하고 있다.

현재에는 2024년 7월 1일 이후 적용되는 '2024년 건축·산업환경설비공사 원가계산 간접공사비(제비율) 적용기준'[74]에 의한 제비율표를 참조하고 있다. 이 제비율표에는 적용과 관련된 사항을 함께 공지하고 있으니 소방설계업무에 도움이 되도록 아래에 별도로 추가하였다.

1) 본 자료는 조달청에서 예정가격산정 시 활용하는 자료로서 조달청 분석률을 타기관에서 준용할 의무는 없다.
2) 산재·고용보험료율 등 법정 요율은 해당 부처(국토교통부, 고용노동부 등)에 문의가 필요하다.
3) 전기, 통신, 소방 제비율 적용기준은 없으며, 건축 또는 토목 제비율 적용기준을 준용하여 사용한다.

[수행 내용]

3.2.3 노무비의 간접노무비를 산정한다.

간접노무비는 '직접노무비 × %'로 산출된다. 여기서 직접노무비는 세부내역서의 노무비를 다 더한 금액이므로 세부내역서 작성이 끝났다면 직접노무비를 산출하는 데는 별 문제가 없다.

적용 비율은 조달청의 '2024년 건축·산업환경설비공사 원가계산 간접공사비(제비율) 적용기준'[75]에서 찾아야 한다. 간접노무비율은 직접공사비에 따라 여러 개로 구분하고 있으나 보통 사용하는 직접공사비 300억 미만으로 하여 간단히 다음 표에 나타내었다.

74) 출처 : 「2024년 건축·산업환경설비공사 원가계산 간접공사비(제비율) 적용기준」, 2024.06.21.
75) 출처 : 「2024년 건축·산업환경설비공사 원가계산 간접공사비(제비율) 적용기준」, 2024.06.21.

<표 65> 간접노무비 요율

<table>
<tr><th rowspan="2">공사규모
(직접공사비)</th><th rowspan="2">공사기간</th><th colspan="2">간접노무비 : (직노) × 율</th></tr>
<tr><th>건축</th><th>산업설비(건축)※1</th></tr>
<tr><td rowspan="4">50억 미만</td><td>6개월 이하 (183일)</td><td>12.6</td><td>12.6</td></tr>
<tr><td>7~12개월(365일)</td><td>12.6</td><td>12.6</td></tr>
<tr><td>13~36개월(1095일)</td><td>12.8</td><td>12.8</td></tr>
<tr><td>36개월 초과(1096일)</td><td>12.9</td><td>12.9</td></tr>
<tr><td rowspan="4">50억 미만 ~
300억 미만</td><td>6개월 이하 (183일)</td><td>12.3</td><td>12.3</td></tr>
<tr><td>7~12개월(365일)</td><td>12.4</td><td>12.4</td></tr>
<tr><td>13~36개월(1095일)</td><td>12.5</td><td>12.5</td></tr>
<tr><td>36개월 초과(1096일)</td><td>12.7</td><td>12.7</td></tr>
<tr><td colspan="4">※1 산업설비(건축) 해당공종 : 지열공사, 소각시설 등</td></tr>
</table>

3.2.4 경비의 각종 보험료, 안전관리비, 기타경비를 산정한다.

경비에서 계산해야 할 보험료 등에는 산재보험료, 고용보험료, 건강보험료, 노인장기요양보험료, 연금보험료가 있다. 여기에다 퇴직공제부금비, 산업안전보건관리비, 기타경비를 추가로 산출하여 공사원가계산서에 반영해야 한다.

역시 조달청의 '2024년 건축·산업환경설비공사 원가계산 간접공사비(제비율) 적용기준'[76]에서 소방설계에 필요한 부분만 찾아서 간단히 표로 나타내었다.

<표 66> 각종 보험료와 퇴직공제부금비 요율

<table>
<tr><th>구분</th><th>요율 및 적용 공사</th></tr>
<tr><td rowspan="2">산재보험료</td><td>(노) × 3.56</td></tr>
<tr><td>모든 건설공사 적용</td></tr>
<tr><td rowspan="3">고용보험료</td><td>(노) × 율</td></tr>
<tr><td><table>
<tr><th>공사배정규모(추정금액)※1</th><th>요율</th></tr>
<tr><td>[6등급] 130억 ~ 210억 미만</td><td>1.02</td></tr>
<tr><td>[7등급] 고시금액 ~ 130억 미만</td><td rowspan="2">1.01</td></tr>
<tr><td>7등급 미만</td></tr>
<tr><td colspan="2">※1 : 자주 사용되지 않는 1 ~ 5등급은 제외하였다.</td></tr>
</table></td></tr>
<tr><td>모든 건설공사에 적용</td></tr>
<tr><td rowspan="2">건강보험료</td><td>(직노) × 3.545</td></tr>
<tr><td>공사기간 1개월(30일) 이상인 모든 건설공사</td></tr>
</table>

76) 출처 :「2024년 건축·산업환경설비공사 원가계산 간접공사비(제비율) 적용기준」, 2024.06.21.

노인장기요양보험료	(건강보험료) × 12.95
	공사기간 1개월(30일) 이상인 모든 건설공사
연금보험료	(직노) × 4.5
	공사기간 1개월(30일) 이상인 모든 건설공사
퇴직공제부금비	(직노) × 2.3
	추정금액이 1억 이상인 건설공사

<표 67> 산업안전보건관리비 요율

<table>
<tr><th>도급자관급 미포함 공사</th><th colspan="3">(재+직노)×율+기초액</th></tr>
<tr><th>도급자관급 포함 공사</th><th colspan="3">(재+직노+도급자관급)×율+기초액과
[(재+직노)×율+기초액]×1.2 중에 작은 금액</th></tr>
<tr><th>안전관리비 대상액※1</th><th>구분</th><th>요율</th><th>기초액(천원)</th></tr>
<tr><td>5억 미만</td><td>건축공사※3</td><td>2.93</td><td></td></tr>
<tr><td>5억 ~ 50억 미만※2</td><td>건축공사(갑)</td><td>1.86</td><td>5,349</td></tr>
<tr><td colspan="4">총 공사금액(도급금액+도급자관급금액) 2천만원 이상 건설공사</td></tr>
</table>

※1 : 안전관리비(산업안전보건관리비) 대상액 : 공사원가계산서 구성항목 중 직접재료비, 간접재료비와 직접노무비, 도급자설치 관급금액을 합한 금액
※2 : 50억 이상 항목도 있으나 자주 사용되지 않아 생략함.
※3 : 건축공사 : 「건설산업기본법 시행령」 (별표1) 제1호 '나'목 / 제2호의 전문공사로서 건축물과 관련하여 분리하여 발주되었고 시간적·장소적으로도 독립하여 행하는 공사

<표 68> 기타경비 요율

<table>
<tr><th rowspan="2">공사규모
(직접공사비)</th><th rowspan="2">공사기간</th><th colspan="2">기타경비※1 : (재+노) × 율</th></tr>
<tr><th>건축</th><th>산업설비(건축)※2</th></tr>
<tr><td rowspan="4">50억 미만</td><td>6개월 이하 (183일)</td><td>5.2</td><td>5.2</td></tr>
<tr><td>7~12개월(365일)</td><td>5.2</td><td>5.2</td></tr>
<tr><td>13~36개월(1095일)</td><td>5.6</td><td>5.6</td></tr>
<tr><td>36개월 초과(1096일)</td><td>5.8</td><td>5.8</td></tr>
<tr><td rowspan="4">50억 미만 ~
300억 미만</td><td>6개월 이하 (183일)</td><td>5.5</td><td>5.5</td></tr>
<tr><td>7~12개월(365일)</td><td>5.5</td><td>5.5</td></tr>
<tr><td>13~36개월(1095일)</td><td>5.8</td><td>5.8</td></tr>
<tr><td>36개월 초과(1096일)</td><td>6.0</td><td>6.0</td></tr>
</table>

※1 기타경비 항목 : 수도광열비, 복리후생비, 소모품비 및 사무용품비, 여비·교통·통신비, 세금과공과, 도서인쇄비
※2 산업설비(건축) 해당공종 : 지열공사, 소각시설 등

3.2.5 일반관리비를 산정한다.

일반관리비는 기업의 유지를 위한 관리활동부문에서 발생하는 제비용으로 임원급료, 사무실 직원의 급료, 제수당, 퇴직급여충당금, 복리후생비, 여비, 교통·통신비, 수도광열비, 세금과 공과, 지급임차료, 감가상각비, 운반비, 차량비, 경상시험연구개발비, 보험료 등을 말한다.77)

조달청의 '2024년 건축·산업환경설비공사 원가계산 간접공사비(제비율) 적용기준'78)에서 소방설계에 필요한 일반관리비 사항을 찾아서 간단히 표로 나타내었다.

<표 69> 일반관리비 요율

공사규모※1 (추정가격)	일반관리비 (재+노+경) × 율 전문·전기·통신·소방·기타
5억 미만	6.0
5억 ~ 30억 미만	5.5
30억 ~ 100억 미만	5.0
※1 : 100억 이상도 있으나 자주 사용하지 않아 생략함.	

3.2.6 이윤을 산정한다.

이윤은 영업이익을 말하는 것으로 당연히 소방공사에서도 소방공사업체의 공사이익을 보장해 주어야 한다. 이윤과 관련된 사항을 조달청의 '2024년 건축·산업환경설비공사 원가계산 간접공사비(제비율) 적용기준'79)에서 찾아서 간단하게 아래 표에 나타내었다.

<표 70> 이윤 요율

공사규모※1 (추정가격)	이윤 (노+경+일) × 율
5억 미만	15.0
5억 ~ 50억 미만	15.0
50억 ~ 300억 미만	12.0
※1 : 300억 이상도 있으나 자주 사용하지 않아 생략함.	

77) 「(계약예규) 예정가격작성기준」 제12조 (시행 2023.6.30.)
78) 출처 : 「2024년 건축·산업환경설비공사 원가계산 간접공사비(제비율) 적용기준」, 2024.06.21.
79) 출처 : 「2024년 건축·산업환경설비공사 원가계산 간접공사비(제비율) 적용기준」, 2024.06.21.

3.2.7 공사손해(배상)보험료를 산정한다.

공사손해보험료는 공사손해보험에 가입할 때에 지급하는 보험료를 말한다. 이는 보험가입대상 공사부분의 총공사원가(재료비, 노무비, 경비, 일반관리비 및 이윤의 합계액을 말한다.)에 공사손해 보험료율을 곱하여 계상한다고 「예정가격작성기준」[80]에 나와 있다.

소방설계에서의 공사손해배상보험료 산정은 최근에는 주로 소방산업공제조합의 자료를 사용하고 있다. 소방산업공제조합[81]의 배상보험료와 관련된 공제요율을 찾아 아래 표에 나타내었으니 참고하기 바란다.

<표 71> 공사손해배상보험료 요율

순계약 금액※1	기본 요율
5억원 이하	0.364%
5억원 초과 ~ 10억원 이하	0.351%
10억원 초과 ~ 20억원 이하	0.345%
20억원 초과 ~ 30억원 이하	0.338%
30억원 초과 ~ 40억원 이하	0.325%
40억원 초과 ~ 50억원 이하	0.319%
50억원 초과 ~ 70억원 이하	0.312%
70억원 초과 ~ 100억원 이하※2	0.305%

※1 : 순계약금액(공제가입금액) : 총원가(재료비+노무비+경비+일반관리비+이윤) + 관급자재(소방업자 설치 및 관리)
※2 : 100억 초과 구간도 있으나 자주 사용하지 않아 생략함.

3.2.8 부가가치세를 산정한다.

부가가치세는 소방공사 과정에서 얻어지는 부가가치(이윤)에 대하여 과세하는 세금으로 소방시설 공사업자가 납부해야 한다. 보통 공급가액의 10%가 부가가치세가 되므로 소방설계에서는 '총원가 × 10%'를 부가가치세로 반영하고 있다.

따라서 기초금액이 되는 최종 총공사비는 다음과 같이 구할 수 있다.

- 총공사비 = 총원가 + 부가가치세(총원가 × 10%)
- 총공사비 = 총원가 + 0.1 총원가 = 1.1 총원가

80) 「(계약예규) 예정가격작성기준」 제22조 (시행 2023.6.30.)
81) 출처 : 소방산업공제조합 홈페이지, 2024.07.08.

[예제 45] 다음 표와 같이 공사원가계산서를 작성하고 있다. 구성비를 참조하여 ① ~ ⑱까지의 금액을 계산하시오. 단 금액은 소수점 첫째 자리에서 반올림한다.

(금액 : 원)

구 분			금 액	구 성 비
순공사비	재료비	직접(간접)재료비	50,000,000	
		작업부산물	-	해당사항 없음
		소 계	50,000,000	
	노무비	직접노무비	70,000,000	
		간접노무비	①	〈직접노무비〉 × 12.6%
		소 계	②	
	경비	기계경비	-	해당사항 없음
		산재보험료	③	〈노무비〉 × 3.56%
		고용보험료	④	〈노무비〉 × 1.01%
		건강보험료	⑤	〈직접노무비〉 × 3.545%
		노인장기요양보험료	⑥	〈건강보험료〉 × 12.95%
		연금보험료	⑦	〈직접노무비〉 × 4.5%
		퇴직공제부금비	⑧	〈직접노무비〉 × 2.3%
		산업안전보건관리비	⑨	〈재료비 + 직접노무비〉 × 2.93%
		기타경비	⑩	〈재료비 + 노무비〉 × 5.2%
		소 계	⑪	
일 반 관 리 비			⑫	〈재료비 + 노무비 + 경비〉 × 6%
이 윤			⑬	〈노무비 + 경비 + 일반관리비〉 × 15%
공 사 손 해 배 상 보 험 료			⑭	〈재료비 + 노무비 + 경비 + 일반관리비 + 이윤〉 × 0.364%
총 원 가			⑮	〈재료비 + 노무비 + 경비 + 일반관리비 + 이윤 + 공사손해배상보험료〉
부 가 가 치 세			⑯	〈총원가〉 × 10%
도 급 공 사 비			⑰	
관 급 자 재 비(관 급 자 설 치)			-	해당사항 없음
총 공 사 비			⑱	〈총원가 + 부가가치세 + 도급공사비〉

풀이

① 간접노무비 : 직접노무비 × 12.6% = 70,000,000원 × 0.126 = 8,820,000원

② 노무비 (소계) : 직접노무비 + 간접노무비 = 70,000,000원 + 8,820,000원 = 78,820,000원

③ 산재보험료 : 노무비 × 3.56% = 78,820,000원 × 0.0356 = 2,805,992원

④ 고용보험료 : 노무비 × 1.01% = 78,820,000원 × 0.0101 = 796,082원

⑤ 건강보험료 : 직접노무비 × 3.545% = 70,000,000원 × 0.0355 = 2,485,000원

⑥ 노인장기요양보험료 : 건강보험료 × 12.95% = 2,485,000원 × 0.1295 → 321,808원
⑦ 연금보험료 : 직접노무비 × 4.5% = 70,000,000원 × 0.045 = 3,150,000원
⑧ 퇴직공제부금비 : 직접노무비 × 2.3% = 70,000,000원 × 0.023 = 1,610,000원
⑨ 산업안전보건관리비 : (재료비 + 직접노무비) × 2.93% = (50,000,000원 + 70,000,000원) × 0.0293 = 3,516,000원
⑩ 기타경비 : (재료비 + 노무비) × 5.2% = (50,000,000원 + 78,820,000원) × 0.052 = 6,698,640원
⑪ 경비 (소계) : 산재보험료 + 고용보험료 + 건강보험료 + 노인장기요양보험료 + 연금보험료 + 퇴직공제부금비 + 산업안전보건관리비 + 기타경비 = 2,805,992원 + 796,082원 + 2,485,000원 + 321,808원 + 3,150,000원 + 1,610,000원 + 3,516,000원 + 6,698,640원 = 21,383,522원
⑫ 일반관리비 : (재료비 + 노무비 + 경비) × 6% = (50,000,000원 + 78,820,000원 + 21,383,522원) × 0.06 → 9,012,211원
⑬ 이윤 : (노무비 + 경비 + 일반관리비) × 15% = (78,820,000원 + 21,383,522원 + 9,012,211원) × 0.15 → 16,382,360원
⑭ 공사손해배상보험료 : (재료비 + 노무비 + 경비 + 일반관리비 + 이윤) × 0.364% = (50,000,000원 + 78,820,000원 + 21,383,522원 + 9,012,211원 + 16,382,360원) × 0.0036 → 632,153원

⑮ 총원가 : 재료비 + 노무비 + 경비 + 일반관리비 + 이윤 + 공사손해배상보험료 = 50,000,000원 + 78,820,000원 + 21,383,522원 + 9,012,211원 + 16,382,360원 + 632,153원 = 176,230,246원
⑯ 부가가치세 : 총원가 × 10% = 176,230,246원 × 0.1 → 17,623,025원
⑰ 도급공사비 : 총원가 + 부가가치세 = 176,230,246원 + 17,623,025원 = 193,853,271원
⑱ 총공사비 : 도급공사비 + 관급자재비 = 193,853,271원 + 0원 = 193,853,271원

Chapter 4

설계 완료보고서 작성하기

Chapter 4

4.1 설계 완료보고서 작성

[필요 지식]

4.1.1 설계 완료보고서

소방설계가 끝나면 발주처에 설계 완료계를 제출하게 된다. 설계 완료계의 첨부서류에는 보통 설계도면, 시방서, 계산서 등을 포함한다. 발주처에 따라 완료보고서를 포함한 완료계 제출을 요구하기도 하고, 완료보고서 없는 완료계를 요청하기도 한다.

우선 완료계(완료보고서) 제출 전에 설계 계약서와 과업 지시서를 검토해야 한다. 설계 계약서와 과업 지시서에서 설계 완료 시 제출해야 할 문서 목록, 부수, 제출 형태 등을 찾아보아야 하고 이를 수행하기 위한 구체적인 방법을 발주처와 협의해야 한다. 이렇게 협의된 내용으로 설계 완료계(완료보고서)를 준비하면 된다.

다음은 설계 완료 신고를 위한 회사 공문에 첨부되는 서류 목록의 한 예이다. 참고하기 바란다.

- 완료 검사원
- 용역 완료계
- 성과품 목록
- 설계 도면 (A3, A4, 설계자 날인 후 제본 제출)
- 내역서 등 (A4, 제본 제출)
  - 내역서 (공사 원가 계산서, 세부 내역서)
  - 산출서 (수량 산출서, 공량 산출서)
  - 단가비교표, 일위대가표, 견석서
  - 관련 법규 요약 등
- 공사 시방서 (A4, 제본 제출)
- 계산서 (A4, 제본 제출)
- 설계 CD, USB
- 사진 대장
- 설계용역 완료 내역서

4.1.2 소방시설 설계기록부

발주처에 설계 완료계(완료보고서)를 제출하게 되면 그 건에 대한 소방설계 업무는 종료하게 된다. 설계업무는 종료하게 되나 기록을 남겨야 하는 사항이 있다.

「소방시설공사업법 시행규칙」[82]에는 소방시설 설계업자가 보관해야 하는 서류를 '소방시설 설계기록부'와 '설계도서'로 규정하고 있다. 따라서 기 작성된 설계도면 및 시방서 등은 잘 보관해야 하고, 설계기록부는 별도로 작성해서 보관해야 한다.

다음은 「소방시설공사업법 시행규칙」[83]의 별지 제10호 서식인 '소방시설 설계기록부'를 나타낸 표이다. 작성 전 상태로 작성 방법은 이후에서 살펴보기로 하겠다.

<표 72> 소방시설 설계기록부

■ 소방시설공사업법 시행규칙 [별지 제10호 서식] 〈개정 2016. 1. 27.〉

소방시설 설계기록부

설계업체명 :

일련번호	특정소방대상물				설계자		설계기간	시정 또는 통보사항	설계 소방시설
	대상명	소재지	소유자	전화번호	기술인력구분	성명			

210mm×297mm[백상지(80g/㎡) 또는 중질지(80g/㎡)]

82) 「소방시설공사업법 시행규칙」 제8조 (시행 2024.1.4.)
83) 「소방시설공사업법 시행규칙」 제8조제1호 (시행 2024.1.4.)

[수행 내용]

소방설계가 끝나면 제일 먼저 수행해야 할 일은 설계 완료계(완료보고서)를 작성하여 발주처에 제출하는 일이다. 설계 완료계(완료보고서) 제출이 마무리되면 마지막으로 소방시설 설계기록부를 작성하여 보관하여야 한다.

설계 완료계(완료보고서)는 발주처나 회사의 자체 서식에 의해 진행하므로 자체 서식을 수행 내용으로 선정하는 것은 다소 무리가 있어 보인다.

소방시설 설계기록부는 발주처나 회사의 자체 서식이 아닌 「소방시설공사업법 시행규칙」에서 규정하는 법적 서식이다. 공적인 법적 서식이므로 수행 내용으로 선정하는 것은 무리가 없어 보이나 서식이 간단하다. 간단한 내용이지만 수행 내용으로 선정하여 진행하도록 하겠다.

4.1.3 최근 서식을 내려받기한다.

소방시설 설계기록부는 「소방시설공사업법 시행규칙」에서 규정하고 있으므로 「소방시설공사업법 시행규칙」을 법제처의 국가법령정보센터에서 검색하여야 한다.

법제처 국가법령정보센터에서 〈 소방시설공사업법 시행규칙 입력 후 검색 〈 현행법령인지 확인, 자동으로 현행법령으로 선택된다. 〈 법령 하단의 별지 제10호 서식인 소방시설 설계기록부를 내려받기한다.

설계가 끝난 현장을 이전부터 작성하는 서식에 추가로 정리하여도 되고, 새로운 서식에 현장별로 각각 정리하여도 된다.

4.1.4 기 작성된 기록부를 참고한다.

소방시설 설계기록부의 작성 방법은 그리 어려운 것도 아니며 규정으로 정해진 사항도 없다. 따라서 설계자가 임의적으로 작성하여도 되나 타 업체의 작성된 소방시설 설계기록부를 참고하면 보다 객관적인 작성이 가능하다 하겠다.

다음 표는 소방시설 설계기록부가 작성된 한 예이다. 작성에 참고가 되었으면 한다.

<표 73> 소방시설 설계기록부 [예]

■ 소방시설공사업법 시행규칙 [별지 제10호 서식] 〈개정 2016. 1. 27.〉

소방시설 설계기록부

설계업체명 : O O O O O

일련 번호	특정소방대상물				설계자		설계기간	시정 또는 통보사항	설계 소방시설
	대상명	소재지	소유자	전화 번호	기술인력 구분	성명			
1	OOOO 공영주차장 복층화사업 설계용역	OO도 OO시 OO동 111	OOO		주인력	OOO	2024.01.20. ~ 2024.06.10.		소화기구, 옥내소화전설비, 스프링클러설비, 자동화재탐지설비, 시각경보기, 피난기구, 유도등설비
2	OOOO 공동주택 신축공사 설계용역	OO도 OO시 OO동 222	OOO		주인력	OOO	2024.02.05. ~ 2024.03.16.		소화기구, 자동화재탐지설비, 시각경보기, 유도등설비
3									

210mm×297mm[백상지(80g/㎡) 또는 중질지(80g/㎡)]

4.1.5 설계 현장에 맞게 기록부를 작성한다.

(1) 일련번호를 기입한다.

① 일련번호는 아라비아 숫자로 기입한다.

② 설계 계약된 날짜를 기준으로 하여 순서대로 작성한다.

기입 순서는 설계 계약된 날짜, 계약 종료된 날짜 등 어떤 날짜를 기준으로 하여도 되나 통상 설계 계약된 날짜를 기준으로 작성하고 있다.

(2) 특정소방대상물은 기입한다.

① 대상명은 어느 대상명으로 작성여도 되나 설계 계약서의 대상명 또는 소방시설 설치계획표의 대상명을 기입하는 것이 좋다. 소방시설 설계기록부는 관할소방서에서 소방설계업체 점검 시 종종 확인하는 서식이다. 따라서 관할소방서의 서식과 일치하도록 소방시설 설치계획표의 대상명으로 기재하는 것을 추천한다.

② 소재지, 소유자, 전화번호 또한 설계 계약서 또는 소방시설 설치계획표를 참고하여 작성한다. 가능하면 소방시설 설치계획표와 일치시키는 것이 좋겠다.

전화번호는 설계 계약서, 소방시설 설치계획표에 미기재하는 경우가 많으므로 이것 역시 기재하지 아니하여도 된다.

(3) 설계자를 기입한다.

① 기술인력 구분은 소방시설 설계업체의 주된 기술인력과 보조 기술인력을 구분하여 기재하는 난이다. 보통 설계도면에 주된 기술인력의 도장을 날인하여 설계자가 누구인지를 나타내고 있다. 따라서 소방시설 설계기록부에는 실제 설계한 주된 기술인력만 기재하여도 되겠다. 물론 별도의 줄을 만들어 설계 당시의 보조 기술인력도 기재할 수 있으나 별 의미는 없다.

② 성명난은 주된 기술인력의 이름을 기재하는 난이다. 물론 보조 기술인력의 이름을 추가로 기재할 수는 있겠다.

(4) 설계기간을 기입한다.

설계기간은 실제 계약시의 계약기간을 준용하는 것이 좋다. 설계 계약서의 시작일과 종료일을 기재하면 되겠다.

(5) 시정 또는 통보사항을 검토한다.

시정, 통보사항을 기재하는 난이나 보통은 기입사항이 없는 공란으로 처리한다. 소방시설 설계기록부에는 비고란이 없어 설계건에 대한 특이사항이 있는 경우에는 이 란에 특이사항을 기입하는 것으로 사용하여도 되겠다.

(6) 설계한 소방시설을 기입한다.

소방시설 설계기록부에 기재하는 항목 중에 가장 중요한 사항이라 여겨진다. 설계한 소방시설의 종류를 기입하는 난으로 소방시설 설치계획표의 소방시설을 인용하여 작성하면 되겠다. 소방시설의 종류는「소방시설 설치 및 관리에 관한 법률 시행령」[별표 1]에서 규정하고 있으니 이를 참고하면 된다.

[참고 자료]

1) 「소방시설 설치 및 관리에 관한 법률, 시행령, 시행규칙」, 법제처 국가법령정보센터, 2023. 07. 04.

2) 「화재의 예방 및 안전관리에 관한 법률, 시행령, 시행규칙」, 법제처 국가법령정보센터, 2023. 10. 12.

3) 「소방시설공사업법 시행규칙」, 법제처 국가법령정보센터, 2024. 01. 04.

4) 「건축법, 시행령」, 법제처 국가법령정보센터, 2023. 6. 11.

5) 「건축물의 피난·방화구조 등의 기준에 관한 규칙」, 법제처 국가법령정보센터, 2023. 8. 31.

6) 「소방시설 자체점검사항 등에 관한 고시」, 법제처 국가법령정보센터, 2022. 12. 01.

7) 「(계약예규) 예정가격작성기준」, 법제처 국가법령정보센터, 2023. 06. 30.

8) 「비상경보설비 및 단독경보형감지기의 화재안전기술기준(NFTC 201)」, 법제처 국가법령정보센터, 2022. 12. 01.

9) 「비상방송설비의 화재안전기술기준(NFTC 202)」, 법제처 국가법령정보센터, 2023. 02. 10.

10) 「자동화재탐지설비 및 시각경보장치의 화재안전기술기준(NFTC 203)」, 법제처 국가법령정보센터, 2022. 12. 01.

11) 「고층건축물의 화재안전기술기준(NFTC 604)」, 법제처 국가법령정보센터, 2023. 12. 20.

12) 「표시등의 성능인증 및 제품검사의 기술기준」, 법제처 국가법령정보센터, 2023. 11. 30.

13) NCS학습모듈 경보설비 실시설계, 교육부, 2020. 12. 31.

14) 2024년 건축·산업환경설비공사 원가계산 간접공사비(제비율) 적용기준, 조달청, 2024.06.21.

15) KS C 0301, 옥내배선용 그림 기호, e나라표준인증, 2020. 11. 20.

16) 2022 소방공사 표준시방서, 소방청/한국소방시설협회, 2021. 11. 09.

17) 2024년 소방공사 표준품셈, 한국소방시설협회, 2024. 01.

18) 소방산업공제조합 홈페이지(http://www.figu.or.kr). 2024. 07. 08.

19) 2024년 상반기 적용 건설업 임금실태 조사 보고서(시중노임단가), 대한건설협회, 2024. 01.

20) KEC 시공 가이드북, 한국전기공사협회, 2021. 11.

21) 한국전기설비규정 핸드북, 사단법인 대한전기협회, 2024. 03. 01.

22) 월간 물가자료 7월호 상권, 사단법인 한국물가협회, 2024. 06. 30.

23) 종합 물가정보 7월호 Ⅰ권, 사단법인 한국물가정보, 2024. 07. 01.

24) 그림·사진으로 보는 옥내소화전설비 실무, 동화기술, 2022. 01. 03.
25) 쉽게 배우는 소방전기 설비 및 설계 제4판, 동화기술, 2022. 09. 10.
26) 2024 최신개정판 소방설비기사 전기4 실기, 성안당, 2024. 01. 24
27) 지멘스 R형 중계기 회로 결선도, 2024.
28) 지멘스 Fire Alarm System Cataloque, 2024.
29) 화경산업 카달로그, 2014. 05. 21.
30) Johnson Controls(동방전자산업) 카달로그, 2023. 03. 08.
31) 인터엠 2023 종합제품 카달로그, 2023.08.30.
32) 가온전선 전력케이블 카달로그, 2022.12.
33) 네이버쇼핑, 소방자재전문 119MART, 2024. 04. 17.

김영호

소방기술사, 가스기술사, 소방시설관리사

현) 웅진엔지니어링 이사

현) 제주국제대학교 소방방재학과 겸임교수

현) 한국폴리텍대학 제주캠퍼스 소방시스템과 시간강사

현) 소방청 중앙기술심의위원회 위원

현) 국립소방연구원 화재안전기술기준전문위원회 위원

김용규

제주대학교 풍력대학원 박사 수료

현) 한국폴리텍대학 제주캠퍼스 소방시스템과 교수

현) 한국폴리텍대학 제주캠퍼스 소방시스템과 학과장

현) 제주특별자치도 소방장비매뉴얼평가심의회 위원

현) 제주특별자치도 명장심의위원회 위원

새로운 NCS 경보설비 실시설계

2024년 9월 10일 인쇄 발행

저　　　　자 김영호, 김용규

발　행　인 송기수

발　행　처 도서출판 위즈덤플

편　집　처 도서출판 위즈덤플

편　집　인 공예서

표지디자인 도서출판 위즈덤플

인　쇄　처 트윈벨미디어

등 록 번 호 제 2015-000009 호

I S B N 979-11-89342-62-3(93550)

주　　소 서울 은평구 증산로 15길 69, 2층

전　　화 02-976-7898, 02-3272-7898.

팩　　스 02-6468-7898

홈페이지 gsintervision.kr

E-Mail gsinter7@gmail.com

정 가 25,000원